“双一流”建设精品出版工程
“十三五”国家重点出版物出版规划项目
先进制造理论研究与工程技术系列

机械原理

THEORY OF MACHINES AND MECHANISMS

（少学时）

于红英　主编　邓宗全　主审

内 容 简 介

本书是作者在总结多年教学研究和实践经验的基础上，针对近机械类专业学生而编写的少学时教材。本书具有强调传授知识与能力培养并重、加强逻辑思维与形象思维一体化培养、引入科研成果更新传统教学内容等突出特点。

本书共分8章，主要内容有绪论、机构的结构分析、平面连杆机构的分析与设计、凸轮机构及其设计、齿轮机构及其设计、轮系及其设计、其他常用机构和机械的运动方案及机构的创新设计。除绪论之外，各章后均附有习题，以便课程内容的理解、消化与加深。

本书可作为普通高等学校近机械类专业学生教材，也可供相关技术人员参考。

图书在版编目(CIP)数据

机械原理：少学时/于红英主编. —哈尔滨：哈尔滨工业大学出版社，2021.6(2023.7重印)

(先进制造理论研究与工程技术系列)

ISBN 978-7-5603-9502-9

Ⅰ.①机… Ⅱ.①于… Ⅲ.①机械原理－高等学校－教材 Ⅳ.①TH111

中国版本图书馆CIP数据核字(2021)第113666号

策划编辑 张 荣
责任编辑 李长波 惠 晗
出版发行 哈尔滨工业大学出版社
社 址 哈尔滨市南岗区复华四道街10号 邮编 150006
传 真 0451－86414749
网 址 http://hitpress.hit.edu.cn
印 刷 黑龙江艺德印刷有限责任公司
开 本 787mm×1092mm 1/16 印张 12.5 字数 296千字
版 次 2021年6月第1版 2023年7月第2次印刷
书 号 ISBN 978-7-5603-9502-9
定 价 42.00元

前　言

本书是根据教育部高等学校机械基础课程教学指导委员会的《高等学校机械原理课程教学基本要求》和《机械原理课程改革建议》精神要求，在总结编者多年的教学经验，特别是近年来开展计算机辅助教学研究与实践经验的基础上，为近机械类专业学生而编写的机械原理教材。

本书具有以下特点。

(1)强调传授知识与培养能力并重。

本书在阐述课程的基本内容时，不仅强调传授课程的基本概念、基本理论和基本方法，还注重促使学生在掌握和运用基本理论和方法的过程中，能够结合具体工程对象思考和研究问题，启发他们思考和总结，以探索新设计方法，提高创新能力。

(2)加强逻辑思维能力与形象思维能力一体化培养。

“机械原理”课程的基本理论都经过严密的推导和论证，以此来培养学生的逻辑思维能力。本书在注重培养学生理论思维能力的基础上，引入了许多栩栩如生的机构运动仿真模型，以开发学生的形象思维能力，让学生把抽象的逻辑推理和形象的机构运动时空关系结合起来处理问题，促使其建立工程实践观念。

(3)引入科研成果更新传统教学内容。

本书为适应新的要求，用新的设计思想和新的研究成果去更新传统教材中那些失去实用价值的内容。例如，书中引入“嫦娥三号”中将月球车从着陆器转移到月面上的转移机构等，其目的不只是提供机构设计的新的实用的方法，更主要的是促进学生去思考和探索如何用最新科技成果解决那些尚未很好解决的技术问题，以培养学生的创新能力、激发学生的学习兴趣、推动机械科学技术的发展。

本书由哈尔滨工业大学于红英教授主编。

邓宗全教授精心审阅了全书，并提出了许多宝贵意见，在此表示衷心感谢。

由于编者水平所限，书中疏漏与不足之处在所难免，诚望同行教师和广大读者批评指正。

编　者

2021 年 3 月

目　录

第 1 章　绪论……………………………………………………………………… 1
1.1　机械原理课程的研究对象 ……………………………………………… 1
1.2　机械原理课程的学习目的和作用 ……………………………………… 2
1.3　本书的特点与学习方法 ………………………………………………… 4
第 2 章　机构的结构分析……………………………………………………… 6
2.1　机构结构分析的基本内容 ……………………………………………… 6
2.2　机构的组成及其运动简图的绘制 ……………………………………… 6
2.3　平面机构自由度的计算………………………………………………… 12
2.4　平面机构的组成原理和结构分析……………………………………… 18
习题 ………………………………………………………………………… 22
第 3 章　平面连杆机构的分析与设计 ……………………………………… 24
3.1　概述……………………………………………………………………… 24
3.2　平面四杆机构的基本类型及其演化…………………………………… 24
3.3　平面四杆机构有曲柄的条件及几个基本概念………………………… 32
3.4　平面连杆机构的运动分析……………………………………………… 38
3.5　平面连杆机构的力分析和机械效率…………………………………… 48
3.6　平面四杆机构设计……………………………………………………… 59
习题 ………………………………………………………………………… 65
第 4 章　凸轮机构及其设计 ………………………………………………… 71
4.1　凸轮机构的应用及分类………………………………………………… 71
4.2　从动件运动规律及其选择……………………………………………… 74
4.3　按预定运动规律设计盘形凸轮轮廓…………………………………… 79
4.4　盘形凸轮机构基本尺寸的确定………………………………………… 86
4.5　空间凸轮机构简介……………………………………………………… 91
习题 ………………………………………………………………………… 93
第 5 章　齿轮机构及其设计 ………………………………………………… 95
5.1　齿轮机构的类型和应用………………………………………………… 95
5.2　瞬时传动比与齿廓曲线………………………………………………… 97
5.3　渐开线和渐开线齿廓啮合传动的特点………………………………… 99
5.4　渐开线圆柱齿轮及其基本齿廓 ……………………………………… 101
5.5　渐开线标准直齿圆柱齿轮的啮合传动 ……………………………… 105
5.6　渐开线齿廓的加工原理 ……………………………………………… 109
5.7　渐开线变位直齿圆柱齿轮啮合传动计算 …………………………… 115

5.8 斜齿圆柱齿轮传动 …… 122
习题 …… 128
第 6 章 轮系及其设计 …… 130
6.1 轮系的类型 …… 130
6.2 轮系的应用 …… 132
6.3 轮系的传动比计算 …… 133
6.4 行星轮系的设计 …… 141
6.5 特殊行星传动简介 …… 143
习题 …… 146
第 7 章 其他常用机构 …… 150
7.1 棘轮机构 …… 150
7.2 槽轮机构 …… 155
7.3 不完全齿轮机构 …… 159
7.4 万向联轴器 …… 162
7.5 凸轮式间歇运动机构 …… 164
习题 …… 165
第 8 章 机械的运动方案及机构的创新设计 …… 167
8.1 概述 …… 167
8.2 传动机构的选择 …… 167
8.3 机构的运动协调及运动循环图 …… 169
8.4 机械运动方案的拟定 …… 172
8.5 机构的创新设计 …… 179
习题 …… 182
附录 …… 184
附录Ⅰ 常用Ⅱ级杆组的运动分析数学模型 …… 184
附录Ⅱ 位移矩阵与坐标变换 …… 188
参考文献 …… 191

第1章 绪论

1.1 机械原理课程的研究对象

“机械原理”主要研究机器与机构的设计与分析，是一门在基础课与专业课之间起着承上启下作用的重要技术基础课。

“机械”是“机器”和“机构”的总称。经常见到的缝纫机、洗衣机、复印机、汽车、拖拉机、起重机、各种机床、发电机、电动机、机器人及计算机等，都称为“机器”。各种机器的构造、用途和性能虽然各不相同，但从它们的组成、运动和功能等方面来看，可以对机器进行如下定义：机器是一种人为实物组合的具有确定机械运动的装置，可用它来完成有用功、转换能量或处理信息，以代替或减轻人类的劳动与拓展劳动能力。例如，各种机床用变换物料的状态做功，汽车、起重机等用来传递物料做有用功，发电机或电动机用来转换能量以及计算机用来拓展人类处理各种信息的能力等。

通常，一台完整的机器具有四个组成部分，即原动机、传动机构、执行机构和控制系统。原动机用于提供动力，如电动机等；传动机构将运动和动力传递给执行机构，如齿轮、丝杠等；执行机构用于实现机器的功能，如机床的刀架、机器人的手爪等；控制系统用于协调机器各组成部分之间的工作以及与外部其他机器的关联关系。例如，用各种传感器收集机器内、外部的信息，输入计算机进行处理并向机器各部分发出指令，使之协调地进行工作，达到提高工作质量和生产效率以及降低能耗的目的。正是由于机器具有上述组成部分，所以绝大部分机器都具有机械运动，以完成机械功、转换机械能或处理信息。

机器中的机械运动大多是通过各种“机构”来实现的。机构是一个具有相对机械运动的构件系统，或称它是用来传递与变换运动和动力的可动装置。例如，常见的连杆机构(图1.1(a))、凸轮机构(图1.1(b))、齿轮机构(图1.1(c))、蜗轮蜗杆传动机构(图1.1(d))、带传动机构(图1.1(e))和链传动机构(图1.1(f))等，它们都是实现某种运动和进行动力传递的可动装置。

机构是机器的重要组成部分，一台机器通常包含一个或若干个机构。例如，图1.2所示为单缸内燃机，它由曲柄滑块机构、齿轮机构和凸轮机构组成。其中，曲柄1、连杆2和活塞3组成曲柄滑块机构；齿轮4和齿轮5及齿轮5和齿轮6组成齿轮机构；凸轮7和排气阀顶杆8及凸轮9和进气阀顶杆10组成凸轮机构。

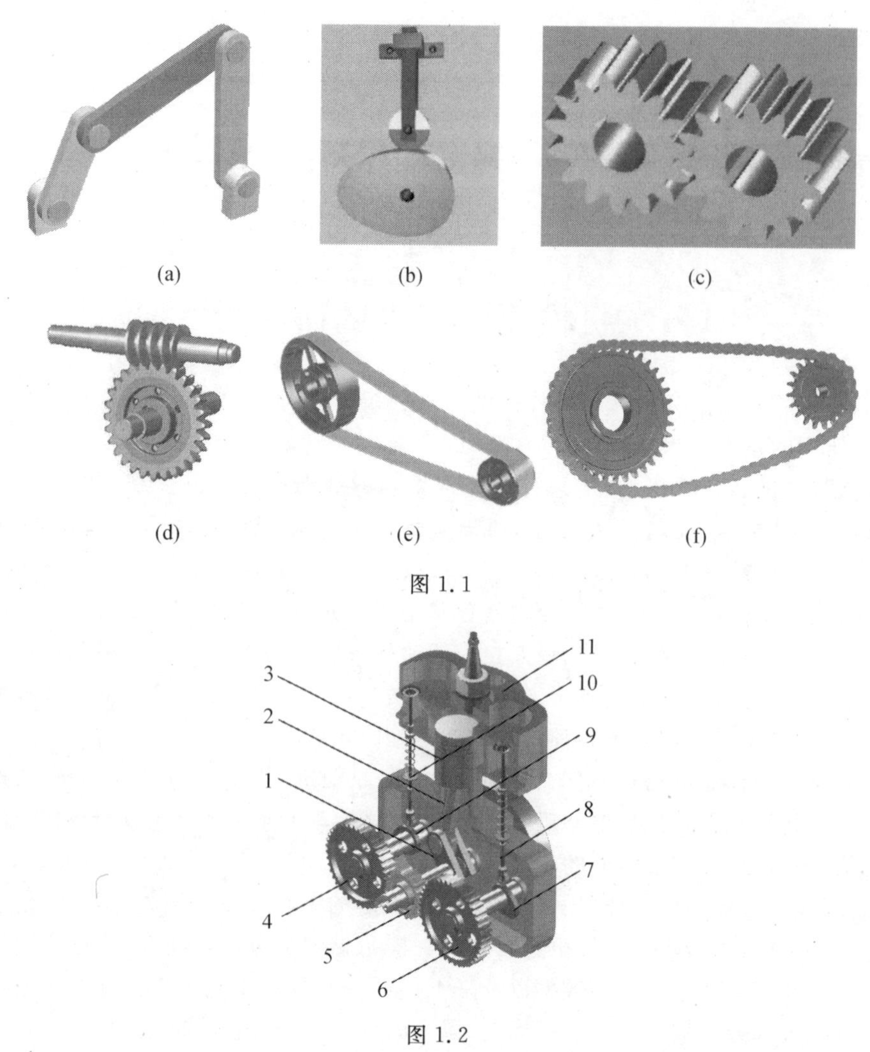

图 1.1

图 1.2

1—曲柄;2—连杆;3—活塞;4、5、6—齿轮;7、9—凸轮;
8—排气阀顶杆;10—进气阀顶杆;11—气缸体

1.2 机械原理课程的学习目的和作用

学习“机械原理”课程的目的和作用,概括起来有以下四个方面。

1. 认识机械,了解机械

“机械原理”课程中对机械的组成原理、工作原理、运动分析乃至设计理论和方法都做了基本的介绍,这对工科各专业的学生在认识实习、生产实习以及以后的工作中认识机械、了解机械和学会使用机械都会很有帮助。例如,认识并了解铣床工作台进给速度的调整、车削螺纹时不同螺距的形成都是通过齿轮传动并按一定传动比计算挂轮实现的;牛头刨床加工时进给量大小的调整可以通过连杆机构和棘轮机构实现等。当然,这些有关机械的基本理论与知识还将为学生以后学习专业课程打下基础。

2. 掌握方法，分析机械

机构的特点是具有确定的相对运动，因此运动的相对性和运动几何学的基本概念贯穿本课程的始终。例如，根据相对运动原理而提出的“反转法”的基本思想，在凸轮轮廓设计和行星轮系传动比计算中得到了应用，在连杆机构设计和机构演化中的“转换机架”等也都是基于“反转法”的思想；根据机械运动包络的原理，进行凸轮轮廓和齿轮齿廓设计与加工。这些基本概念和方法，经常用于机构的分析与设计中，掌握和运用这些基本方法去分析现有的机构，从而对机构达到理性认识的高度，是本课程的一个重要的目的。

3. 开阔思路，创新设计机械

“机械原理”课程所讲授的机构分析与设计的基本理论与基本方法，不仅用于解决本课程所学的机构设计，而且对后续的课程设计、毕业设计以及今后在工作中所遇到的技术问题的解决，都会提供必备的基础知识。如为了实现某种运动要求，在选择合适机构类型、构思并设计基本机构和机械系统方面，“机械原理”课程所讲授的基本思想和方法，将起到十分重要的作用。例如，为构思一个实现直线运动的机械系统，当选用回转运动作为驱动源时，可以用图1.1(b)所示的凸轮机构，凸轮的回转推动从动件做往复直线运动；可以用图1.3(a)所示的齿轮齿条机构，齿轮回转带动齿条做直线运动；也可以用图1.3(b)所示的曲柄滑块机构，做回转运动的曲柄1通过连杆2带动滑块3做往复直线运动；还可以利用图1.3(c)所示的曲柄摇杆机构，其连杆上的一点M可近似实现直线运动轨迹$a_1d_1b_1$。当然，若选用液压或气动作为驱动源，结构简单的油缸或气缸就成为直线运动机构。实际设计中究竟选用何种直线运动机构，必须全面地分析比较各种机构的优缺点，根据现场动力源的实际情况，权衡利弊，选择合适的机构，进而创造新的机械系统。

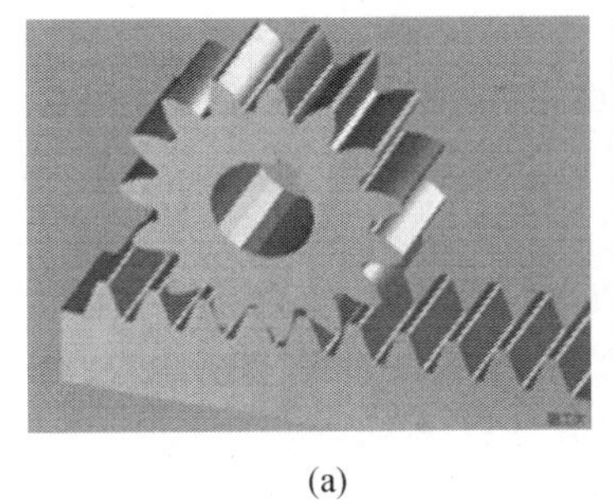

(a)

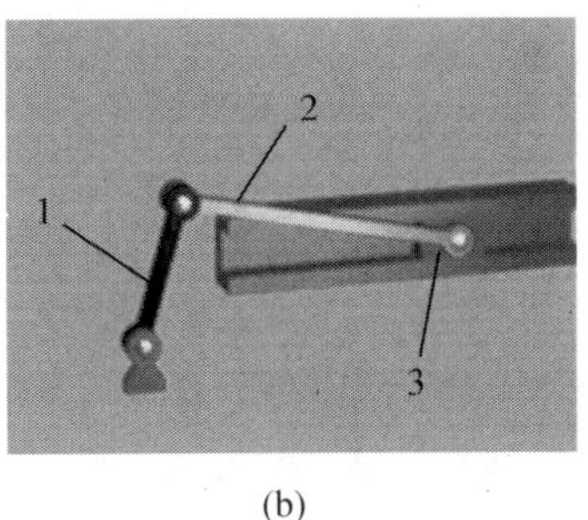

(b)

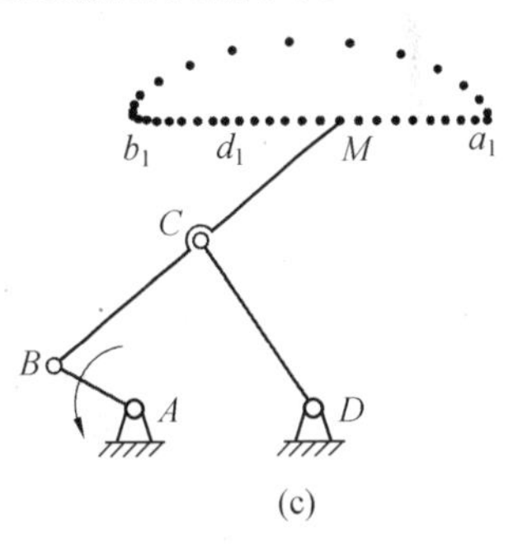

(c)

图1.3

4. 更新观念，发展机械

随着社会的进步和发展，国民经济各部门在逐步实现机械化、自动化和信息化，以不断提高劳动生产率、降低产品成本、提高产品质量。在创新机器过程中，机构的正确运用、机械运动方案的合理选择、各种机构的设计与创新都需要“机械原理”课程的知识。在计算机和计算技术快速发展的21世纪，需要把计算机快速计算和图形处理功能引入机械设计当中，去改进和革新机械分析与设计方法，把机械设计的方法与技术推向新阶段。例如，文献[1]第5章提出的连杆机构设计的数值比较法，就是应用计算机的最新技术，把连杆机构分析与设计结合起来，突破原有的连杆机构设计的思维模式，实现了设计过程和设计结果的可视化，为工程应用创造了方便条件。

在学习和研究机构分析与设计基本理论的同时,应注意更新观念,把机、电、液、气的应用技术,计算机与计算技术以及数字控制技术等充分地结合起来,发展和创新机械,推动机械学科的发展。例如,利用6自由度空间并联机构动平台可以实现工作空间内任意位置和姿态的特点,把它开发成一种新型的数控机床——并联机床,用以加工复杂空间曲面零件,推动机械学科和机床工业生产的发展。

图1.4(a)所示为并联机床原理仿真图,它是由6根变长杆通过球铰与固定平台(上平台)和活动平台(下平台)相连接而组成的。当各杆杆长发生变化时,带动动平台的位置和姿态变化,固连在动平台上的铣刀就可以加工出空间任意曲面。图1.4(b)所示为并联机床原型样机的三维仿真图,图1.4(c)所示为已在生产线上正式投入使用的并联机床。

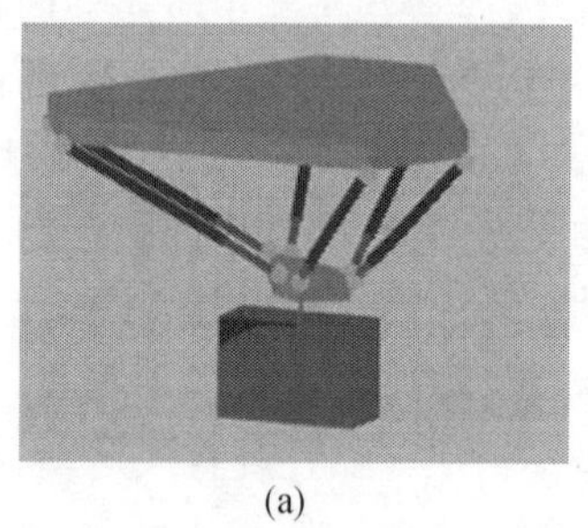

(a)

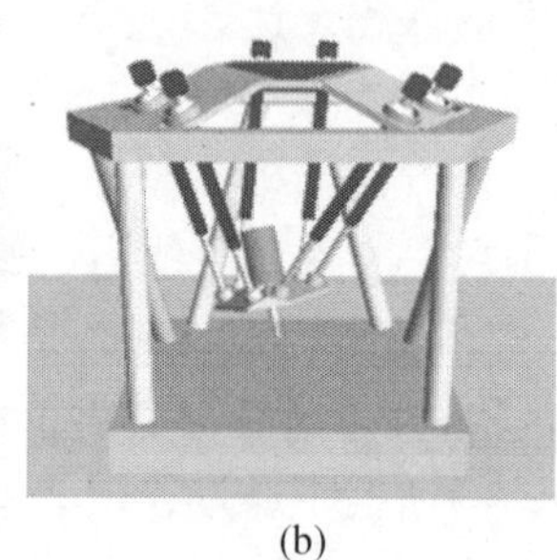

(b)

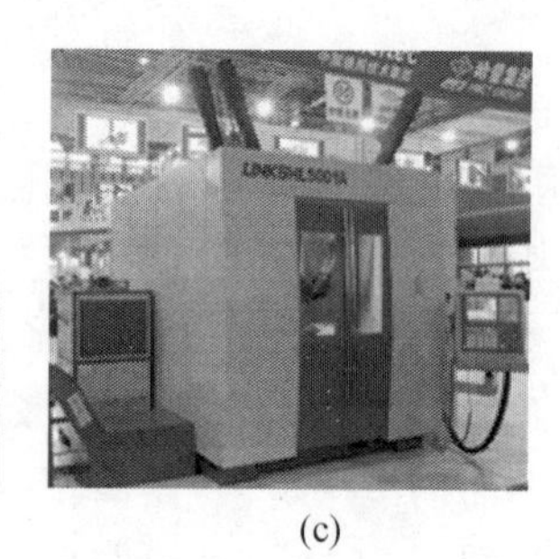

(c)

图1.4

1.3 本书的特点与学习方法

本书主要为满足教师参考和学生自学、复习的需要,在文字上力求简练,少而精。因此,使用本书,应掌握它的以下特点。

1. 内容、体系上的特点

(1)贯彻以设计为主的思想,加强了机构综合与设计的内容,以适应当前机械工业发展的需要。如增加了机械运动方案设计及创新设计等内容,这些将会对新的设计思想和设计方法的学习、研究与推广起到推动作用。

(2)书中基本减少了图解法的内容。图解法虽具有概念清晰、使用简便的特点,但随着计算机的计算和图形功能的提高,原来的图解法,如机构运动分析图解法、凸轮设计图解法等已失去实际应用价值,书中基本予以删除。

(3)引入科研成果更新传统教学内容。本书为适应新的要求,用新的设计思想和新的研究成果去更新传统教材中那些失去实用价值的内容。例如,引入"嫦娥三号"中将月球车从着陆器转移到月面上的转移机构等,其目的是促进学生去思考和探索如何用最新科技成果解决那些尚未很好解决的技术问题,以培养学生的创新能力、激发学生的学习兴趣、推动机械科学技术的发展。

2. 学习方法

"机械原理"是一门技术基础课,它比基础课中的"物理""理论力学"等课程更加结合工程实际,但又不像专业课程中研究的一些具体机械结构那样详尽,因此学习本门课程时一定要注意以下几方面的问题。

(1)学习掌握把具体机器抽象形成机构运动简图的方法,以便从本质上搞清机构的运动原理,建立基本概念。

本课程主要研究机构的组成原理和运动学等问题,而不研究机器的具体结构。例如,为了研究图1.5(a)所示的蒸汽机车的运动问题,并不需要对它的详细结构进行研究,只要研究图1.5(b)所示的运动简图中的机构尺寸与运动关系就足够了。学习运用机构运动简图去理解机构运动过程中的时空关系,认识其运动本质,这也是培养逻辑思维能力和机构创新能力的一种有效方法。

(a)

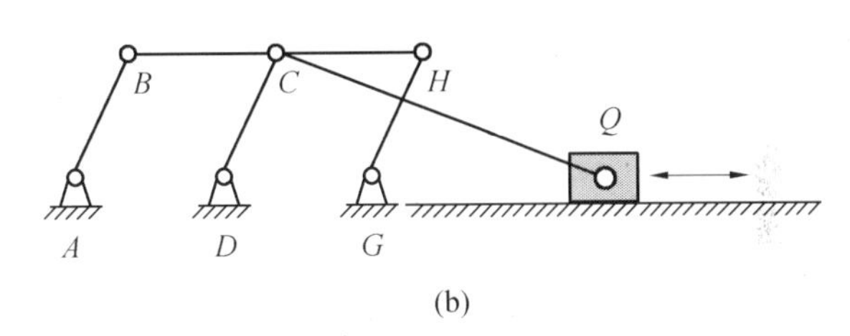

(b)

图1.5

(2)学习掌握本课程中的一些基本概念和基本方法。

例如,为使机构或机器顺利地完成传递运动、传递力或做功的任务,当它通过其运动循环中的任一位置时,都应使驱动力的方向与运动速度方向的夹角相对小,为此,在齿轮机构、凸轮机构、连杆机构或其他各种机构中经常强调"压力角"这一基本概念。在这些机构的分析与设计中,或在创新某种新机构时,都必须注意满足一些基本要求。

(3)学习研究各种机构的设计方法。

了解机构运动与动力性能时,不仅应掌握每种机构各自的相关内容,更要注意把各种机构的具体的分析与设计内容与一般的原理和方法联系起来,如"相对运动""反转法"及"转换机架"等概念和方法已成为多种机构分析、演化和设计方法的基础。只有弄清其本质所在,才易于掌握和运用机构的分析与设计的基本思想去创造新的机械系统。

第2章 机构的结构分析

2.1 机构结构分析的基本内容

机构的结构分析主要包括以下三方面研究内容。

(1)机构的组成及其运动简图的绘制。即研究机构是如何组成的,以及为了方便对机构进行运动分析和力分析,研究如何撇开构件、运动副的外形和具体构造,绘制机构运动简图。

(2)机构的自由度及机构具有确定运动的条件。机构是具有相对运动的构件组合体,为了判别机构是否具有确定的运动,必须研究机构的自由度及机构具有确定运动的条件。

(3)机构的组成原理及结构分类。机构虽然形式多样,但从结构上来讲,它们都遵循同一组成原理。根据机构的结构特点可把机构分解成若干个基本杆组,同一类基本杆组,可应用相同的方法对其进行运动分析和力分析。把机构中所含基本杆组的最高级数定义为机构的级数。

2.2 机构的组成及其运动简图的绘制

2.2.1 机构的组成

1. 构件

任何机器都是由许多零件组成的。在这些零件中,有的作为一个独立的运动单元而运动,而有的则与其他零件刚性地连接在一起作为一个整体而运动。这种刚性连接在一起的零件共同组成一个独立的运动单元,机器中每一个独立的运动单元称为一个构件。一个构件,既可以是不可拆分的单一整体,即为一个零件,也可以是由若干个零件连接而成的刚性体。因此,构件是运动的单元,而零件是制造的单元。图2.1(a)～(c)所示的轴、键和齿轮均为零件,但将它们装配在一起后,就构成了图2.1(d)所示的装配体,整个装配体是一个运动单元,因此它是一个构件。本课程将以构件作为研究的基本单元。

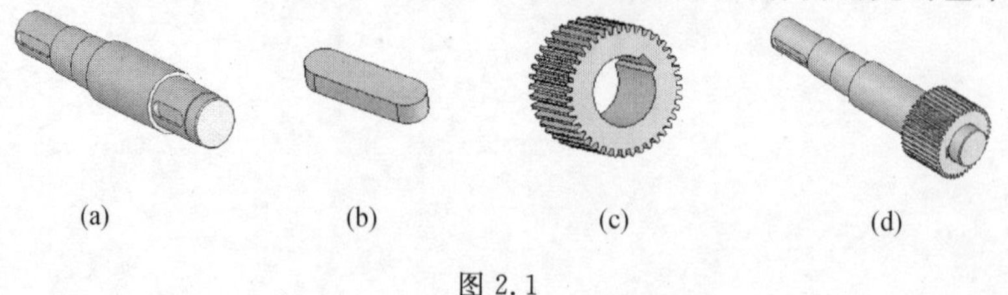

图2.1

2. 运动副

为传递运动和动力，机构中每个构件都以一定的方式与其他构件保持直接接触，而接触的两构件间又必须能产生一定的相对运动。两构件间的这种直接接触而又能产生一定相对运动的活动连接称为运动副，两构件上参与接触而构成运动副的部分称为运动副元素。如图2.2中的滑块与导路的接触面(或点、线)分别为两运动副元素，它们之间相互接触并能产生相对运动，构成了运动副。常用运动副及其简图见表2.1。

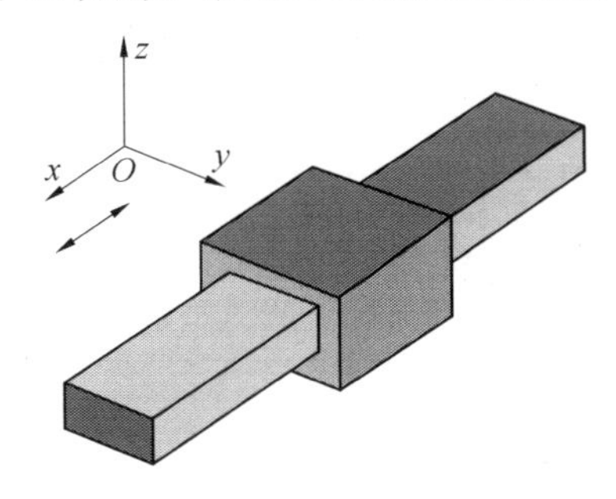

图2.2

表2.1 常用运动副及其简图

名称	图形	简图符号	级副	约束条件	自由度
球面高副			Ⅰ	S_z	5
柱面高副			Ⅱ	S_z、θ_y	4
球面低副			Ⅲ	S_x、S_y、S_z	3
球销副			Ⅳ	S_x、S_y、S_z、θ_z	2

续表 2.1

名称	图形	简图符号	级副	约束条件	自由度
圆柱副			Ⅳ	S_y、S_z、θ_y、θ_z	2
螺旋副			Ⅴ	S_x、S_y、S_z、θ_z、θ_y	1
平面高副			Ⅳ	S_y、S_z、θ_x、θ_y	2
转动副			Ⅴ	S_x、S_y、S_z、θ_x、θ_y	1
移动副			Ⅴ	S_y、S_z、θ_x、θ_y、θ_z	1

两构件间的运动副所起的作用是限制构件间的某些相对运动,这种相对运动的限制作用称为约束。由于运动副元素不同,因此相对运动受到约束的情况也不同。相对运动被约束而减少的数目称为约束数目。如图 2.3 所示的球碗限制了球体沿 3 个坐标轴的移动,球体只能绕 3 个坐标轴转动。这说明两构件以某种方式相连接而构成运动副,其相对运动便受到某些约束,从而使其相对运动的数目减少,其相对运动减少的数目就等于该运动副所引入的约束数目。

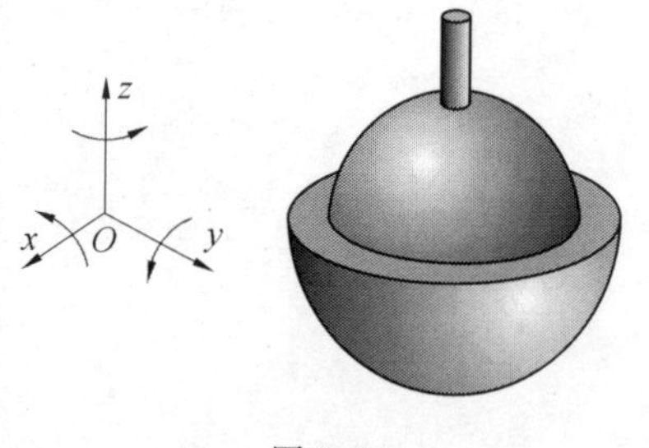

图 2.3

一个不受任何约束的构件在三维空间内有 6 个方向的运动,分别为沿 3 个坐标轴的移动和绕 3 个坐标轴的转动,则称该构件有 6 个自由度。当两个构件构成运动副后,有些相对运动就受到约束,自由度数就减少。运动副所引入约束数目的多少因运动副的结构和性质而异。显然,1 个运动副引入的约束数目最多只能为 5 个,最少为 1 个。

3. 运动链

若干个构件通过运动副连接而成的构件系统称为运动链。如果运动链中的各构件首尾封闭,则称该运动链为闭式链(图2.4(a)),否则称为开式链(图2.4(b))。在一般机械中,大多采用闭式链,而在机器人机构中大多采用开式链。

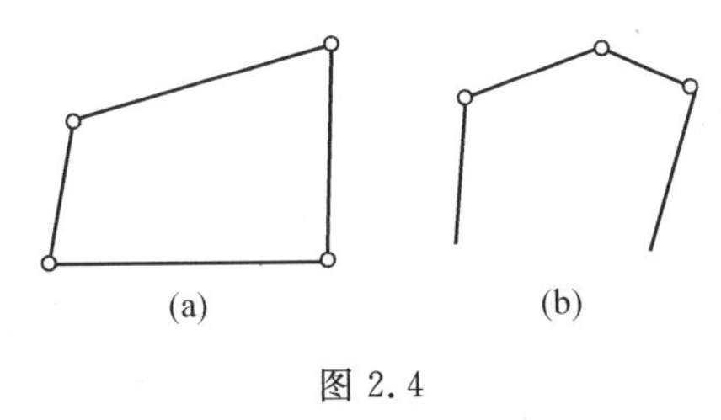

图2.4

4. 机构

运动链中若固定一个构件,并给定一个或数个构件按已知运动规律运动,使其余构件的运动随之确定,这种运动链便成了机构。机构中固定的构件称为机架,机架相对地面既可以是固定的,也可以是运动的(如在汽车、飞机等运动设备中的机构)。机构中按已知运动规律运动的构件称为主动件,也称原动件,其余随主动件运动的构件称为从动件。从动件的运动规律取决于主动件的运动规律和机构的结构及尺寸。机构中必有一个或几个从动件是执行预期运动并完成工作要求的,这类从动件又称为执行从动件,或简称为执行件。

2.2.2 运动副的分类

运动副的常见分类方法有以下三种。

1. 根据运动副所引入的约束数分类

把引入1个约束的运动副称为Ⅰ级副,引入2个约束的运动副称为Ⅱ级副,依此类推,最高为Ⅴ级副。例如,表2.1中的柱面高副引入的约束数为2(即限制了沿 z 轴方向的移动和绕 y 轴的转动),故称其为Ⅱ级副。

2. 根据构成运动副的两构件间接触情况分类

理论上,凡是以面接触的运动副称为低副,而以点或线相接触的运动副称为高副。例如,表2.1中的球面高副是点接触运动副,柱面高副是线接触运动副,平面高副是点或线接触运动副,故上述三种运动副都为高副;移动副中的滑块与导路之间和转动副中的两运动副元素之间都是面接触的运动副,故均为低副。

3. 根据构成运动副的两构件间相对运动形式分类

如果两运动副元素间只能相互做平面平行运动,则称为平面运动副,否则称为空间运动副。应用最多的是平面运动副,它包括平面低副和平面高副,而平面低副只有转动副和移动副两种形式。

2.2.3 机构运动简图的绘制

从运动学的观点来看,各种机构都是由构件通过运动副连接而构成的。构件的运动取决于运动副的类型和机构的运动尺寸（确定各运动副相对位置的尺寸），而与构件的外形、断面尺寸、组成构件的零件数目、固连方式及运动副的具体结构等无关。因此，在研究机构的运动时，可以撇开构件、运动副的外形和具体构造，而按一定比例定出各运动副的位置，并只用代表构件的线条和规定的运动副符号绘制出表示机构结构和运动特征的简明图形，以准确表达机构运动特性，这种简明图形就称为机构运动简图。机构运动简图与原机构具有完全相同的运动特性，可以根据运动简图对机构进行运动分析和力分析。

有时，只是为了表明机构的运动状态或各构件的相互关系，也可以不按比例来绘制运动简图，通常把这样的简单图形称为机构示意图。

绘制机构运动简图时，常用运动副、构件及机构的代表符号见表 2.2(摘自《机械制图 机构运动简图用图形符号》(GB/T 4460—2013))。

绘制机构运动简图时，必须搞清机构的实际构造和运动传递情况。首先确定机构的主动件和执行件，确定两者之间的传动构件，再分析构件间运动副的类型，最后用规定的符号和线条按比例画出机构运动简图。

表 2.2 常用运动副、构件及机构的代表符号

名称	两运动构件形成的运动副	两构件之一为机架时所形成的运动副
转动副		
移动副		

名称			
构件	二副元素构件	三副元素构件	多副元素构件
凸轮及其他机构	凸轮机构	棘轮机构	带传动

名称				
齿轮机构	外啮合齿轮	内啮合齿轮	圆锥齿轮	蜗杆蜗轮

为了使画出的机构运动简图能清楚地表达实际机构的运动特征，需要恰当地选择投影面。一般选择与多数构件的运动平面相平行的面作为投影面，必要时也可以就机械的不同部分选择两个或两个以上的投影面，然后展开到同一平面上。总之，绘制机构运动简图要以正确、简单、清晰为原则。

做完上述准备工作之后，便可选择适当的比例尺，根据机构的运动尺寸定出各运动副之间的相对位置，然后用规定的符号画出各类运动副，并将同一构件上的运动副符号用简单线条连接起来，这样便可绘制出机构的运动简图。

下面通过具体例子来说明机构运动简图的绘制过程。

例 2.1 绘制图 2.5 所示牛头刨床机构的运动简图。

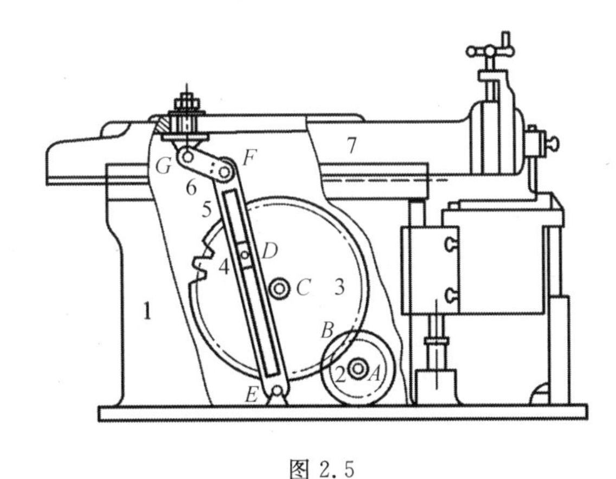

图 2.5

1—机架；2、3—齿轮；4—滑块；5—导杆；6—连杆；7—滑枕

解 (1) 从主动件开始，按运动传递顺序，分析各构件之间的相对运动性质，并确定连接各构件的运动副类型。图 2.5 中，安装于机架 1 上的主动齿轮 2 将回转运动传递给与之相啮合的齿轮 3，齿轮 3 带动滑块 4 而使摆动导杆 5 绕 E 点摆动，并通过连杆 6 带动滑枕 7 使刨刀做往复直线运动。齿轮 2、3 及导杆 5 分别与机架 1 组成转动副 A、C 和 E。构件 3 与 4、5 与 6、6 与 7 之间的连接组成转动副 D、F 和 G，构件 4 与 5、7 与机架 1 之间组成移动副，齿轮 2 与 3 之间的啮合为平面高副 B。

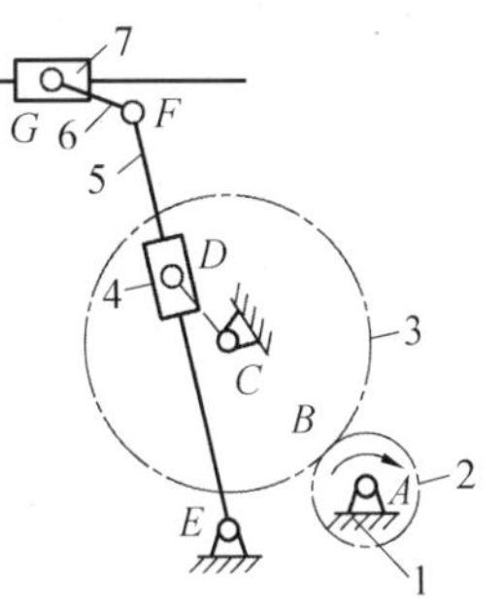

图 2.6

(2)合理选择投影面。本例题选择与各转动副回转轴线垂直的平面作为投影面。

(3)合理选择长度比例尺 μ_l(单位：mm/mm)，根据机构的实际运动尺寸和长度比例尺，定出各运动副之间的相对位置，用代表构件的线条和代表运动副的规定符号绘制机构运动简图，如图 2.6 所示。

2.3 平面机构自由度的计算

2.3.1 平面机构自由度的计算公式

在平面机构中,各构件只做平面运动。一个不受任何约束的构件(未与其他构件以运动副形式相连接)在平面内运动时有 3 个自由度,有 n 个活动构件(机架除外,因其相对固定不动)的平面机构,在各活动构件完全不受约束时,所有活动构件相对于机架共有 $3n$ 个自由度。但在构件通过运动副组成机构时,每个构件至少与另一构件连接组成运动副,其相对运动就受到约束,所以自由度将减少。自由度减少的数目,应等于运动副引入的约束数目。由于平面机构中的运动副只可能是转动副、移动副或平面高副,其中每个平面低副(转动副、移动副)引入的约束数为 2,每个平面高副引入的约束数为 1。因此,对于平面机构,若各构件之间共构成了 P_L 个低副和 P_H 个高副,则它们共引入 $2P_L+P_H$ 个约束。显然,机构的自由度 F 应为

$$F=3n-(2P_L+P_H)=3n-2P_L-P_H \tag{2.1}$$

这就是平面机构自由度的计算公式,也称为平面机构的结构公式。下面举例说明此式的应用。

例 2.2 计算图 2.6 所示的牛头刨床机构的自由度。

解 由图 2.6 所示的机构运动简图可以看出:该机构共有 6 个活动构件(即原动齿轮 2、从动齿轮 3、滑块 4、导杆 5、连杆 6 和滑枕 7)、8 个低副(即 A、C、D、E、F 和 G 这 6 个转动副,分别由滑块 4 与导杆 5、滑枕 7 与机架 1 构成的 2 个移动副)和 1 个高副(即由齿轮 2 与齿轮 3 构成的高副 B)。根据式(2.1)求得该机构的自由度为

$$F=3n-2P_L-P_H=3\times6-2\times8-1=1$$

2.3.2 机构自由度的意义及机构具有确定运动的条件

对于图 2.7 所示的平面四杆机构,如果给定杆 AB 的运动规律 $\varphi_1=\varphi_1(t)$,B 点的位置就确定了,此时其他各杆的运动也随之确定。这说明确定平面四杆机构的位置需要一个独立的运动参数,即它只有 1 个自由度,这与按式(2.1)的计算结果是一样的。而对于图 2.8 所示的平面五杆机构,如果只给定杆 AB 的运动规律 $\varphi_1=\varphi_1(t)$,构件 2、3 和 4 的位置并不确定,它们可以处在 BC、CD 和 DE 位置,也可以处于 BC'、$C'D'$ 和 $D'E$ 或其他位置。如果再给定一个杆的运动规律,例如使杆 DE 按运动规律 $\varphi_4(t)$ 运动,则此时五杆机构各构件的运动就完全确定了。这说明确定平面五杆机构的位置需要两个独立的运动参数,即它有 2 个自由度,这与按式(2.1)计算的结果也是一样的。

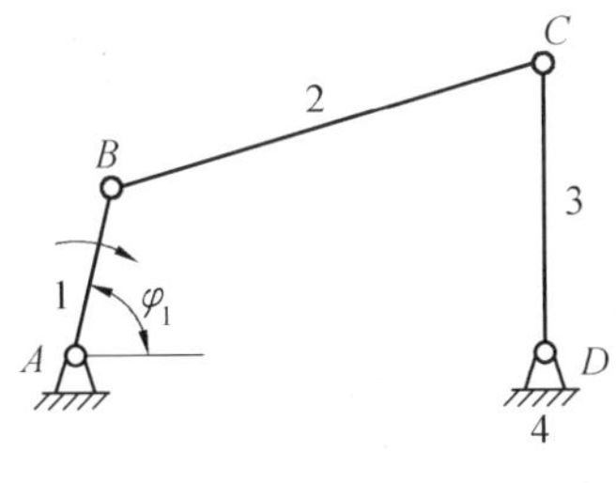

图 2.7

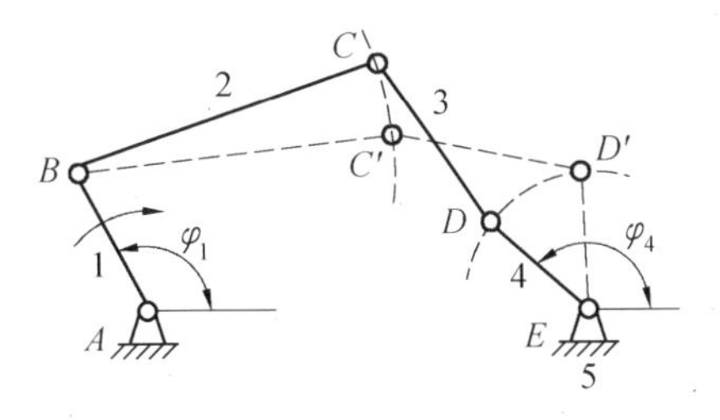

图 2.8

由此可见，所谓机构的自由度，实质上就是机构具有确定位置时所必须给定的独立运动参数的数目。在机构中引入独立运动参数的方式，通常是使某一构件按给定的运动规律运动。

综上所述，机构的运动状态与机构的自由度 F 和机构主动件数目的关系如下：

(1) 机构的自由度 F 大于零。

(2) 若 $F>0$，而主动件数 $<F$，则机构能动，但从动构件间的运动不确定。

(3) 若 $F>0$，而主动件数 $>F$，则构件间不能实现确定的相对运动或产生破坏。

(4) 若 $F>0$ 且与主动件数相等，则机构各构件间的相对运动是确定的。

因此，机构具有确定运动的条件是：机构的自由度数大于零，且机构的主动件数等于机构的自由度数。

例 2.3 图 2.9 所示为牛头刨床设计方案草图。动力由曲柄 1 输入，通过滑块 2 使摆动导杆 3 做往复摆动，并带动滑枕 4 做往复移动达到刨削加工目的。试问，图示的构件组合是否能达到此目的？如果不能，该如何修改？

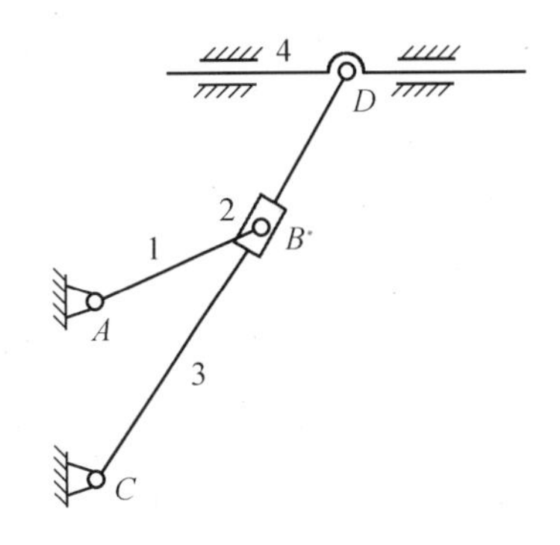

图 2.9

1—曲柄；2—滑块；3—摆动导杆；4—滑枕

解 此题是考核对机构具有确定运动条件的理解问题。解此类题首先要计算机构的自由度，然后判断主动件数和自由度数间的关系：如果机构的自由度大于零，且机构的主动件数等于机构的自由度数，则机构具有确定的运动；否则机构运动不确定、不能运动或产生破坏。

图 2.9 所示的设计方案草图中，活动构件数 $n=4$，低副数 $P_L=6$，高副数 $P_H=0$。机构的自由度为

$$F=3n-2P_L-P_H=3\times4-2\times6-0=0$$

机构的自由度等于零,不符合实际情况,所以该机构不能运动。修改措施是想办法使机构的自由度为1,可通过两种方法实现:①增加1个平面低副和1个活动构件;②用1个平面高副代替1个平面低副。图2.10给出6种修改方案,其中图2.10(a)~(e)为采用增加1个平面低副和1个活动构件的方法;图2.10(f)为采用1个平面高副代替1个平面低副的方法。

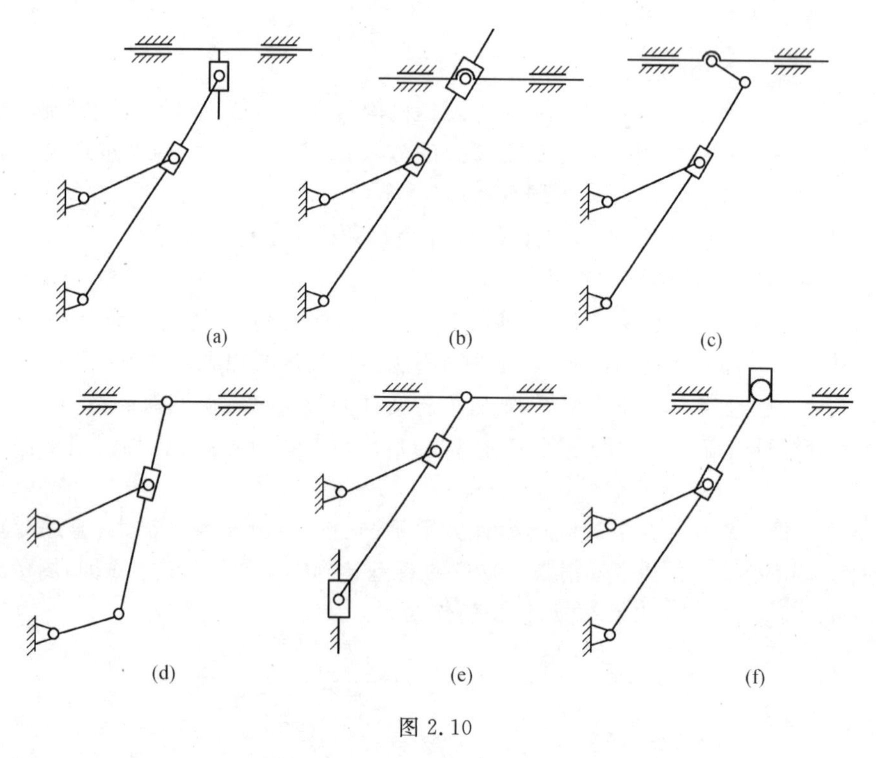

图2.10

2.3.3 计算机构自由度时应注意的事项

式(2.1)是计算机构自由度的一般公式,在使用时需注意如下三种情况,否则计算结果会发生错误。

1. 复合铰链

图2.11(a)表示构件1和构件2、3组成两个转动副,连接状况如图2.11(b)所示。在计算自由度时,必须按2个转动副来计算。像这种由2个以上构件在同一处构成的转动副称为复合铰链。由图2.11(c)可以看出,由m个构件汇集而成的复合铰链应当包含$m-1$个转动副。

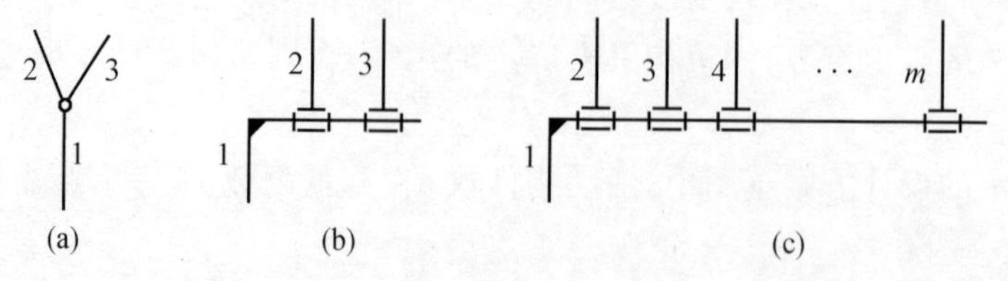

图2.11

例2.4 计算图2.12所示机构的自由度。

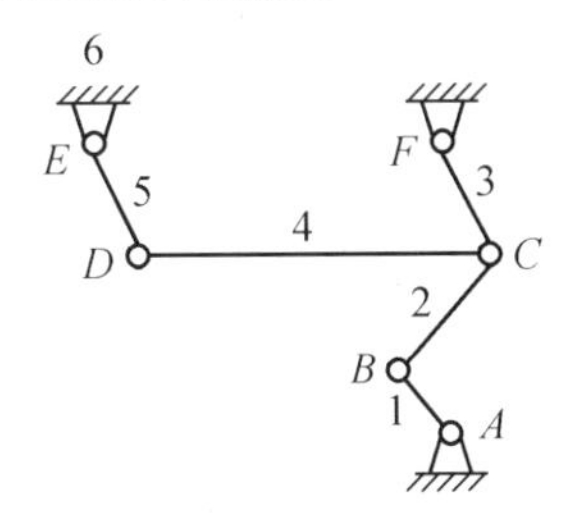

图2.12

解 在本机构中C处由3个构件2、3、4组成复合铰链，有2个转动副，所以在本机构中活动构件数$n=5$，低副数$P_L=7$，高副数$P_H=0$，由式(2.1)可得

$$F=3n-2P_L-P_H=3\times5-2\times7-0=1$$

2.局部自由度

如图2.13(a)所示的凸轮机构，为了减少高副元素接触处的磨损，在凸轮和从动件之间安装了圆柱形滚子，可以看出，滚子绕其本身轴线的自由转动(1个自由度)是局部运动，它丝毫不影响其他构件的运动。这种不影响整个机构运动的自由度，称为局部自由度。在计算机构自由度时，局部自由度应当舍弃不计。

为了防止计算差错，在计算自由度时，可以设想将产生局部运动的构件与其连接的构件视为焊接在一起，以达到消除局部自由度的目的。如先将图2.13(b)所示的滚子与从动件固连成一体，预先消除局部自由度，然后进行计算。

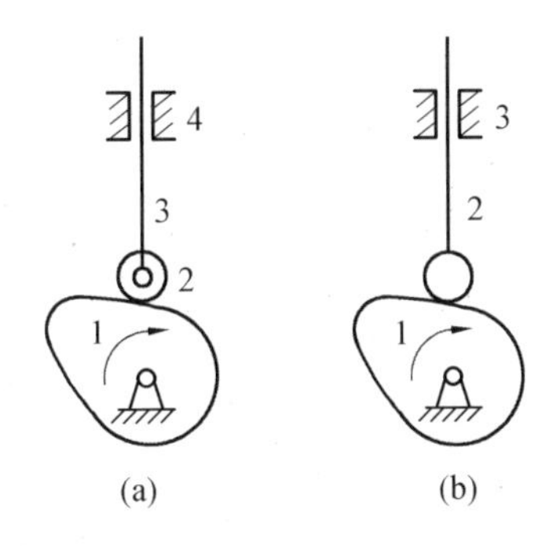

图2.13

3.虚约束

如图2.14(a)所示机构，$AB=CD=EF$，$BE=AF$，$BC=AD$，且$AB/\!/CD/\!/EF$，$BE/\!/AF$，$BC/\!/AD$。用式(2.1)计算该机构的自由度为

$$F=3n-2P_L-P_H=3\times4-2\times6-0=0$$

这个结果与实际情况不符。造成这个结果的原因是构件EF与构件AB、CD平行且相等，构件EF上E点的轨迹与构件BC上E点的轨迹是完全重合的，都是以F点为圆心，EF为半径的圆，因此构件EF的引入并不影响机构的运动。但引入构件EF后，带来了3个自由度，而同时增加了2个转动副，形式上引入了4个约束，即多引入了1个约束。多引入的这个约束并不影响机构的运动，只起重复限制作用，这种起重复限制作用的约束

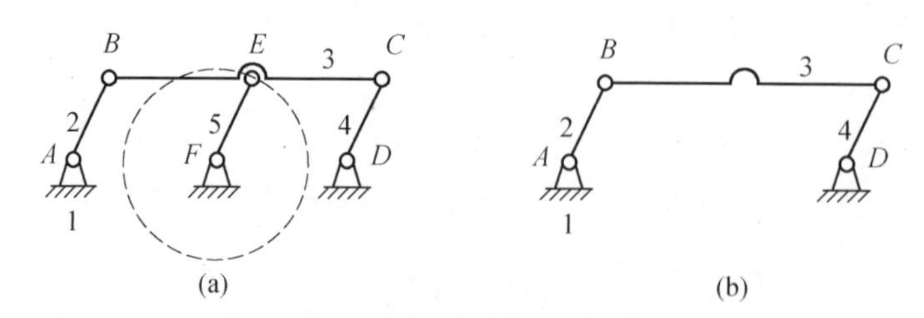

图 2.14

称为虚约束。由此可以看出:在使用公式(2.1)计算机构自由度时,应考虑虚约束的影响。通常预先将产生虚约束的构件和运动副去掉,然后再进行自由度计算。去掉产生虚约束的构件 EF 及其两端的转动副 E、F 之后的机构如图 2.14(b)所示,其自由度为

$$F=3n-2P_L-P_H=3\times3-2\times4-0=1$$

常见的虚约束有以下几种情况。

(1)当两个构件组成多个移动副,且其导路互相平行或重合时,则只有 1 个移动副起实际约束作用,其余的移动副都是虚约束。例如图 2.15 所示缝纫机下线机构中的构件 3 和轴承 4、4′组成 2 个移动副,由于这 2 个移动副的导路相平行,因此只能看作 1 个移动副起实际约束作用。

(2)当两个构件组成多个转动副,且转动副的轴线互相重合时,则只有 1 个转动副起实际约束作用,其余的转动副都是虚约束。例如图 2.16 所示四缸发动机的曲轴 1 和轴承 2、2′、2″组成 3 个转动副,由于这 3 个转动副的轴线互相重合,因此只能看作 1 个转动副起实际约束作用。

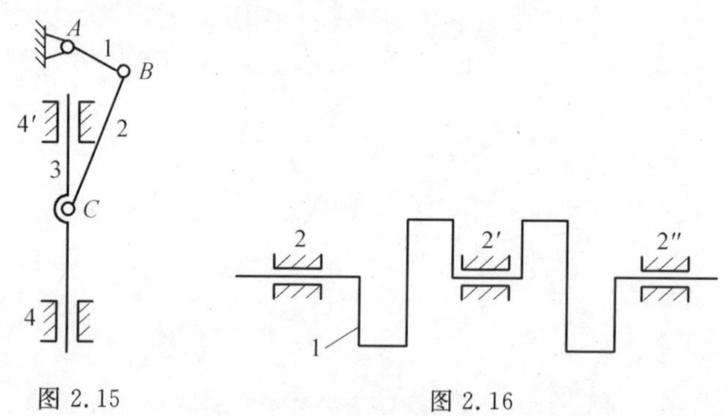

图 2.15　　图 2.16

(1)和(2)两种情况可以总结为一句话:两个构件只能组成 1 个运动副。

(3)如果机构中两个活动构件上某两点的距离始终保持不变,此时若用具有 2 个转动副的附加构件连接这两个点,则会引入 1 个虚约束。如在图 2.17 所示的机构中,$\triangle ABE\cong\triangle DCF$,当机构运动时,构件 1 上 E 和构件 3 上 F 两点间的距离始终保持不变,如果用构件 4 将 E、F 两点连接起来,则由此多引入的 1 个约束显然是虚约束。在计算自由度时,该机构可看作图 2.14(b)所示的机构进行计算。

(4)两个构件上点的轨迹重合时可能引入虚约束。如图 2.18 所示的椭圆仪机构中,$AC\perp AD$,$BC=BD$(即 B 为 CD 的中点),构件 CD 线上各点的运动轨迹均为椭圆。转动副 C 所连接构件 2 上的 C_2 和构件 3 上的 C_3 两点的轨迹是重合的,均沿 y 轴做直线运动,

故将引入 1 个虚约束。转动副 D 也为类似情况。

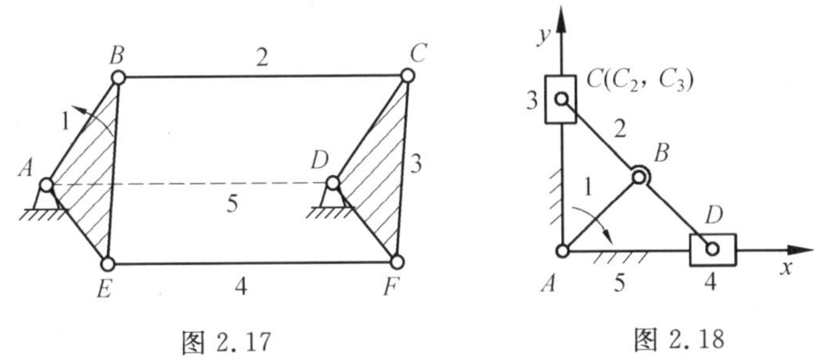

图 2.17　　　　图 2.18

(5)机构中对运动起重复限制作用的对称部分也往往会引入虚约束。如图 2.19 所示的行星轮系，为了受力均衡，采取 3 个行星轮 2、2′和 2″对称布置的结构，而事实上只需要 1 个行星轮便可满足运动要求，其他 2 个行星轮则引入 2 个虚约束。

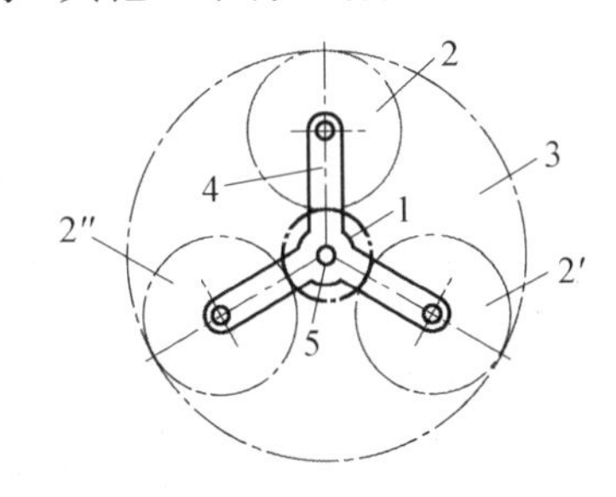

图 2.19

1—中心齿轮；2、2′、2″—行星轮；3—内齿轮；4—系杆；5—机架

在此要特别指出，机构中的虚约束都是在特定几何条件下出现的，如果这些几何条件不能满足，则虚约束就会成为实际有效的约束，从而使机构卡住不能运动。如图 2.14(a)中，若所加构件 5 不与构件 2、4 平行且相等，则机构就不能运动。所以，从保证机构运动和便于加工装配等方面而言，应尽量减少机构的虚约束，但为了改善构件的受力，增加机构的刚度，在实际机械中虚约束又被广泛地应用着。如图 2.16 中的曲轴，若从运动学观点看，曲轴 1 仅和轴承 2 组成一个转动副就可以了，但是考虑到曲轴很长，载荷又很大，为了改善曲轴的受力情况，必须再增加轴承 2′和 2″。而相应地，为了保证 3 个轴承的同轴度，要求提高制造精度，否则若 3 个轴孔的同轴度太低，安装后轴将产生变形，并在轴承中产生不容许的过大应力，曲轴运转就困难了。总之，在机械设计过程中，是否使用及如何使用虚约束，必须对现有的生产设备、加工成本、所要求的机器使用寿命和可靠性等方面进行全面考虑。在计算机构自由度时需要仔细分析，甚至需要通过几何证明来判别是否构成虚约束。

例 2.5　计算图 2.20(a)所示的大筛机构的自由度。

解　计算机构自由度时，一般先判断是否存在虚约束，然后找出复合铰链和局部自由度。在该机构中，E 和 F 为构件 4 和机架 8 组成的导路平行的移动副，其中之一为虚约束(本题假设 F 为虚约束)；C 处为复合铰链，含有两个转动副；滚子 G 处存在局部自由度，可将滚子与构件 4 固连在一起。处理后的机构运动简图如图 2.20(b)所示，此时 A、B、C、D、K 和 J 为转动副，E 和 M 为移动副，H 为高副。按图 2.20(b)分析，活动构件数 $n=7$，

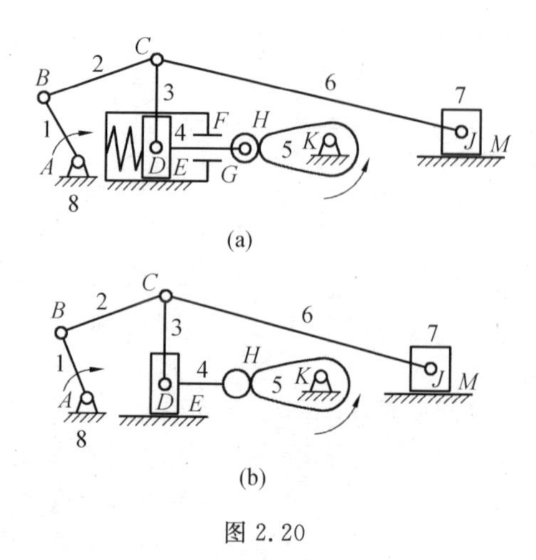

图 2.20

$P_L=9, P_H=1$,则机构自由度为

$$F=3n-2P_L-P_H=3\times7-2\times9-1=2$$

2.4 平面机构的组成原理和结构分析

2.4.1 平面机构的组成原理

任何机构都包含机架、主动件和从动件系统三部分。由于机构具有确定运动的条件是主动件的数目等于机构的自由度数目,因此如果将机构的机架以及和机架相连的主动件与从动件系统分开,则余下的从动件系统的自由度应该为零。有时,这种从动件系统还可以进一步分解为若干个更简单的、自由度为零的构件组。这种最简单的、不可再分的、自由度为零的构件组称为基本杆组或阿苏尔杆组。任何机构都可以看作是由若干个基本杆组依次连接于主动件和机架上所组成的系统,这就是平面机构的组成原理。

根据式(2.1),平面机构基本杆组应满足的条件为

$$F=3n-2P_L-P_H=0 \tag{2.2}$$

如果基本杆组的运动副全部为低副(后面将介绍高副低代),则式(2.2)可变为

$$F=3n-2P_L=0 \quad 或 \quad n=\frac{2}{3}P_L \tag{2.3}$$

由于活动构件数 n 和低副数 P_L 都必须是整数,所以根据式(2.3),n 应是 2 的倍数,P_L 应是 3 的倍数,它们的组合有 $n=2$、$P_L=3$;$n=4$、$P_L=6$;…。由此可见,最简单的平面基本杆组是由 2 个构件和 3 个低副组成的,称之为Ⅱ级杆组(简称Ⅱ级组),它是应用最广的基本杆组。由于平面低副中有转动副(常用 R 表示)和移动副(常用 P 表示)两种类型,对于由 2 个构件和 3 个低副组成的Ⅱ级杆组,根据其 R 副和 P 副的数目和排列的不同,它们共有 5 种形式(表 2.3)。

除Ⅱ级杆组外,还有Ⅲ、Ⅳ级等较高级别的基本杆组。表 2.3 中给出了两种Ⅲ级杆组和一种Ⅳ级杆组,它们都是由 4 个构件 6 个低副组成的,其中具有 3 个内运动副的杆组称

为Ⅲ级杆组，具有4个内运动副的杆组称为Ⅳ级杆组。在实际机构中，这些比较复杂的基本杆组应用较少，详细情况可参见其他资料。

表2.3 Ⅱ级及部分Ⅲ、Ⅳ级基本杆组结构形式

杆组中含有构件及运动副数	杆组结构形式	
$n=2$ $P_L=3$ 二杆三副 （Ⅱ级杆组）	(1)RRR 	(2)RRP 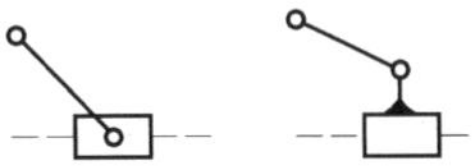
	(3)RPR 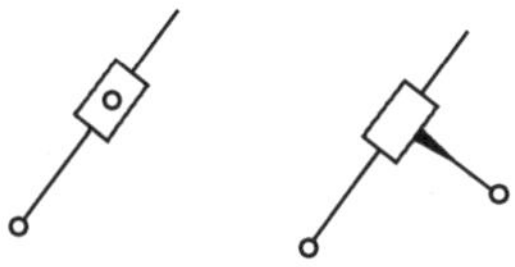	(4)PRP 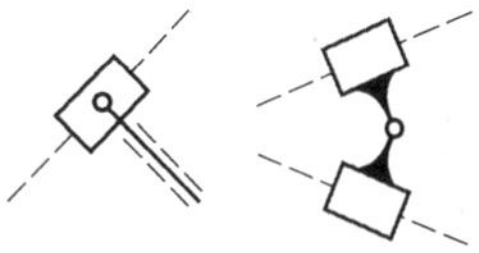
	(5)RPP 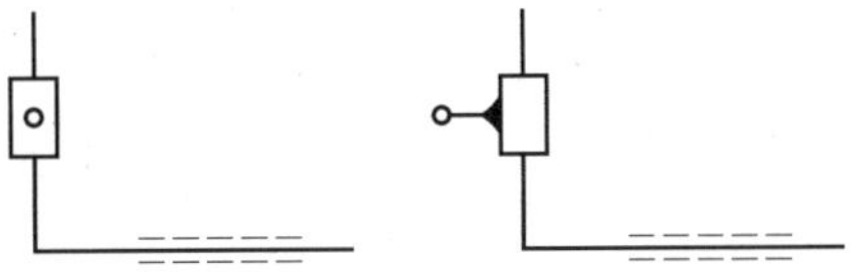	
$n=4$ $P_L=6$ 四杆六副（部分Ⅲ、Ⅳ级杆组）	(1)Ⅲ级杆组 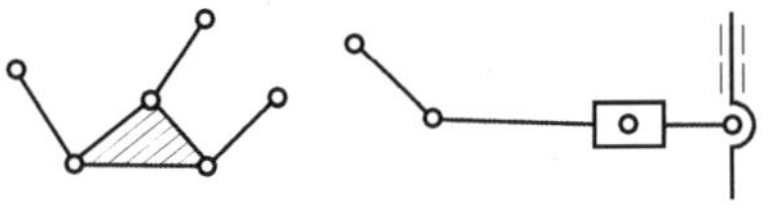	(2)Ⅳ级杆组 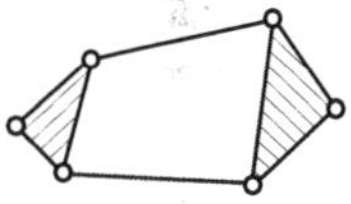

在同一机构中可包含不同级别的基本杆组，本书把机构中所包含的基本杆组的最高级别数作为机构的级别数，如把由最高级别为Ⅱ级杆组组成的机构称为Ⅱ级机构；如机构中既有Ⅱ级杆组，又有Ⅲ级杆组，则称其为Ⅲ级机构；而把由主动件和机架组成的机构（如杠杆机构、斜面机构和电动机等）称为Ⅰ级机构。这就是机构的结构分类方法。当给定Ⅰ级机构的运动规律后，机构中各基本杆组的运动是确定的、可解的。因此，机构的运动分析可以从Ⅰ级机构开始，通过逐次求解各基本杆组来完成。

2.4.2 平面机构的结构分析

平面机构的结构分析就是将已知机构分解为主动件、机架和若干个基本杆组，进而了解机构的组成，并确定机构的级别。平面机构结构分析的步骤如下。

(1)除去虚约束和局部自由度，计算机构的自由度并确定主动件。

(2)拆除Ⅰ级机构与机架，剩下自由度为零的从动件组。

(3)拆杆组。从远离主动件的构件开始对从动件组进行拆分，按基本杆组的特征，首先试拆Ⅱ级杆组,若不可能时再试拆Ⅲ级杆组。每拆出一个基本杆组后,剩下部分的自由度仍然为零。

(4)确定机构的级别。

例 2.6 计算图 2.21(a)所示机构的自由度,并确定机构的级别。

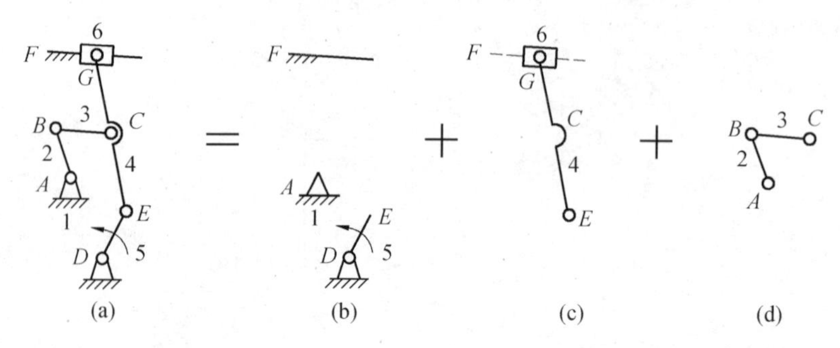

图 2.21

解 (1)计算机构的自由度。

该机构无虚约束和局部自由度,$n=5$,$P_L=7$,$P_H=0$,其自由度 F 为

$$F=3n-2P_L-P_H=3\times5-2\times7-0=1$$

(2)拆除主动件和机架。

构件 1 为机架,构件 5 为主动件,其与机架 1 组成Ⅰ级机构。将机架和主动件拆除,如图 2.21(b)所示。

(3)拆杆组。

从执行构件端开始拆杆组。构件 4 和构件 6 可以组成 RRP Ⅱ级杆组(图 2.21(c)),构件 2 和构件 3 可以组成 RRR Ⅱ级杆组(图 2.21(d))。

(4)确定机构的级别。

该机构由一个Ⅰ级机构和两个Ⅱ级杆组所组成,因此为Ⅱ级机构。

对于图 2.21(a)所示的机构,若以构件 2 为主动件(图 2.22(a)),则机构将成为Ⅲ级机构,拆分结果如图 2.22(b)和图 2.22(c)所示。这说明:当指定的机架或主动件不同时,拓扑结构相同的运动链可能形成级别不同的机构。因此,对一个具体机构,必须根据实际工作情况指定主动件,并用箭头标明其运动方向。

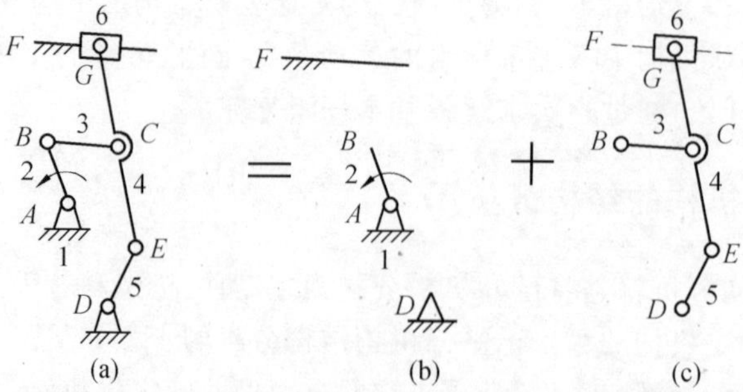

图 2.22

2.4.3 平面机构的高副低代

为使平面低副机构的结构分析和运动分析方法能适用于含有高副的平面机构，可根据一定的约束条件将平面机构中的高副虚拟地用低副代替，这就是所谓的高副低代，它表明了平面高副与平面低副间的内在联系。

为了不改变机构的结构特性及运动特性，高副低代的条件如下。

(1)代替前后机构的自由度完全相同。

(2)代替前后机构的瞬时运动状况(位移、速度和加速度)不变。

由于平面机构中，1个高副提供1个约束，而1个低副却提供2个约束，所以不能直接用1个低副代替1个高副。那么如何将高副替代成低副呢？现以图2.23所示机构为例说明替代的过程。图2.23中，构件1和构件2分别为绕A和B转动的两个圆盘，两圆盘的圆心分别为O_1、O_2，半径为R_1、R_2，它们在C点构成高副，当机构运动时，AO_1、O_1O_2和O_2B均保持不变。为此，设想在O_1、O_2间加入一个虚拟的构件4，它在O_1、O_2处分别与构件1和构件2构成转动副，形成虚拟的四杆机构，如图中虚线所示，用此机构代替原机构时，代替前后机构中构件1和构件2之间的相对运动完全一样，并且代替后机构中虽增加了一个构件(增加了3个自由度)，但又增加了2个转动副(引入了4个约束)，仅相当于引入了1个约束，与原来C点处高副所引入的约束数相等，所以代替前后两机构的自由度完全相同。因此，机构中的高副C完全可用构件4和位于O_1、O_2(曲率中心)的两个低副来代替。

上述代替方法可以推广应用到各种高副。如图2.24所示高副机构，两高副元素是非圆曲线，假设在某运动瞬时高副接触点为C，可以过接触点C作公法线$n-n$，在公法线上找出两轮廓曲线在C点处的曲率中心O_1和O_2，用在O_1、O_2处有2个转动副的构件4将构件1、2连接起来，便可得到它的代替机构，如图中虚线所示。需要注意的是，当机构运动时，随着接触点的改变，两轮廓曲线在接触点处的曲率中心也随着改变，O_1和O_2点的位置也将随之改变。因此，对于一般高副机构只能进行瞬时替代，机构在不同位置时将有不同的瞬时替代机构，但是替代机构的基本形式是不变的。

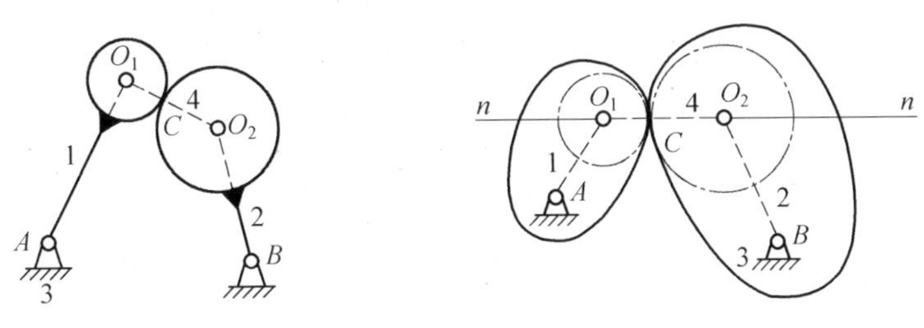

图2.23　　图2.24

可见，高副低代的关键是找出构成高副的两轮廓曲线在接触点处的曲率中心，再用1个构件和位于2个曲率中心的2个转动副代替该高副。如两接触轮廓之一为直线，如图2.25(a)所示，则可把直线的曲率中心看成趋于无穷远处，此时替代转动副演化成移动副，如图2.25(b)所示。若两接触轮廓之一为一点，如图2.26(a)所示，因点的曲率半径等于零，所以其替代机构如图2.26(b)所示。

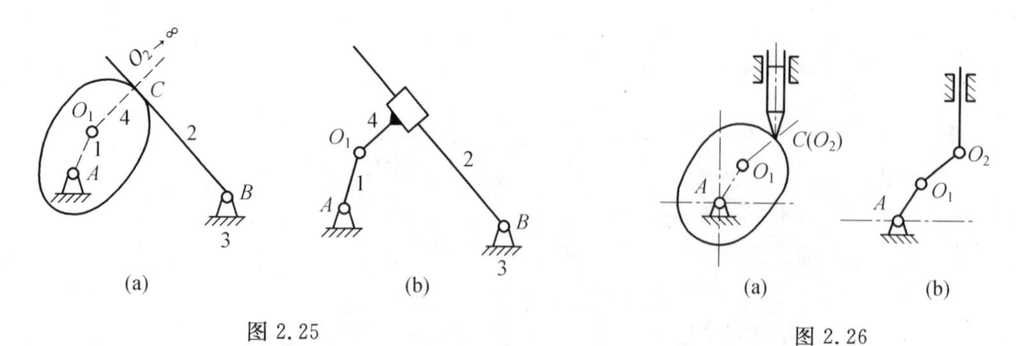

图 2.25　　　　图 2.26

应该指出的是,高副低代只是在对机构进行分析研究时采用的一种方法,并不意味着实际的高副都可以用低副来代替。

习　　题

2.1　解释下列概念:

构件;运动链;机构;运动副;机构自由度;机构运动简图;机构的组成原理;机构结构分析;高副低代。

2.2　判断题图 2.2 所示机构是否具有确定的运动,如果没有确定的运动,请给出一个修改方案。

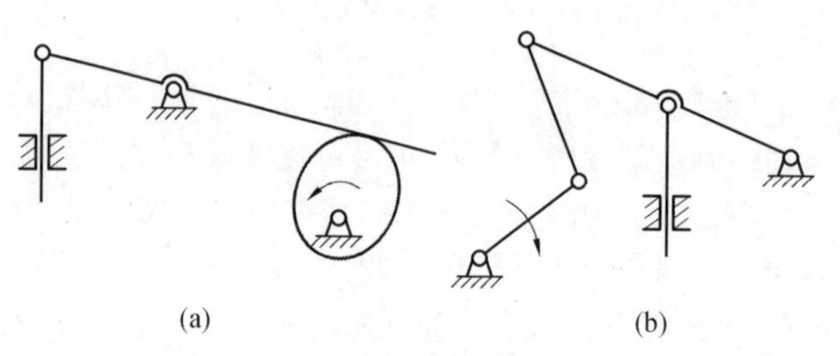

题图 2.2

2.3　绘出题图 2.3 所示机构的运动简图,并计算其自由度。

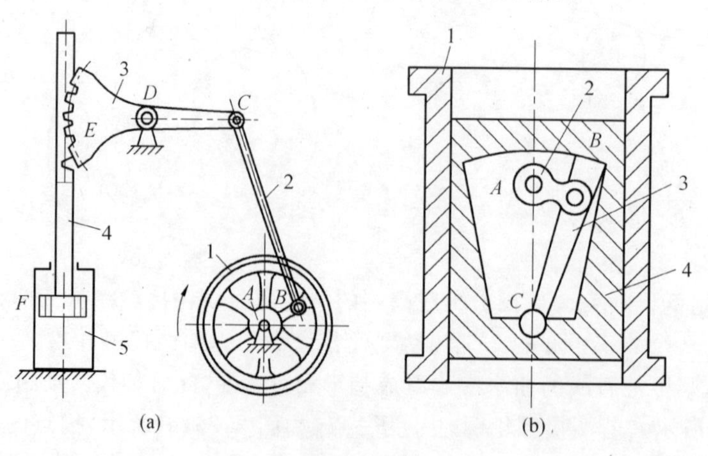

题图 2.3

2.4 计算题图2.4所示机构的自由度，若有复合铰链、局部自由度及虚约束，请注明。

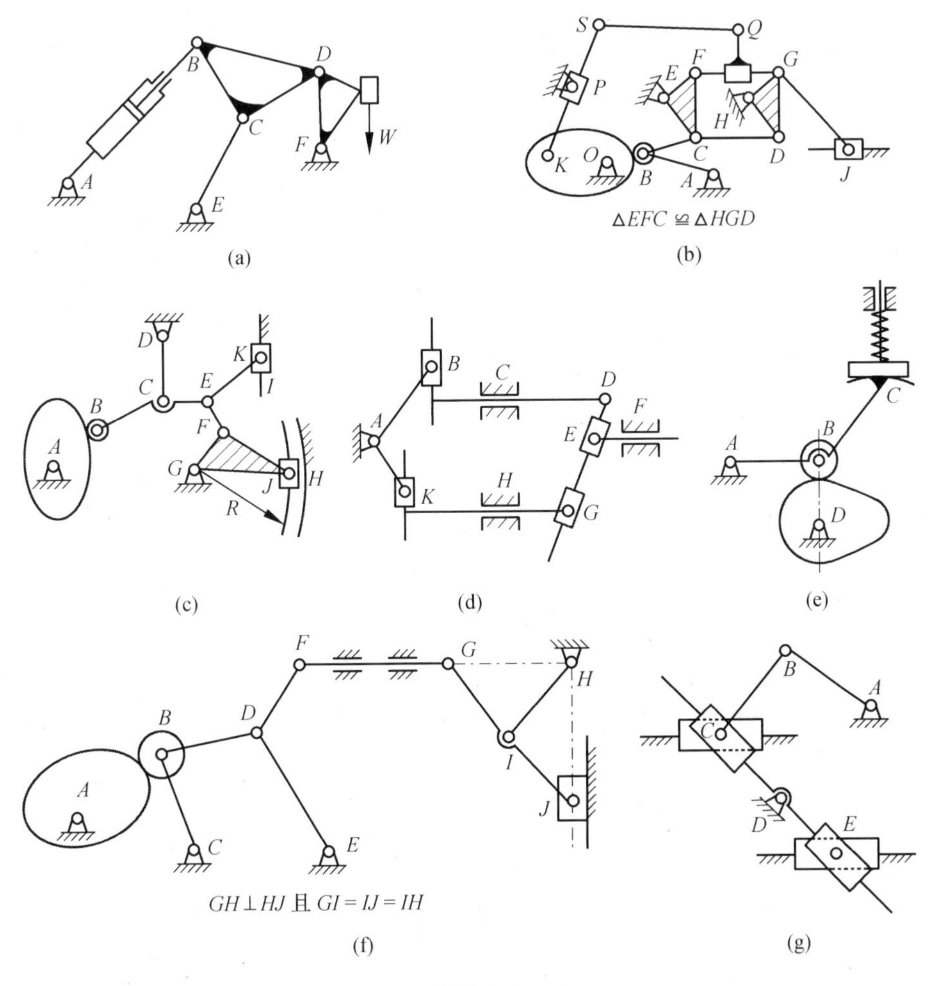

题图2.4

2.5 计算题图2.5所示机构的自由度，并确定杆组及机构的级别(题图2.5(a)分别以构件2、4、8为主动件)。

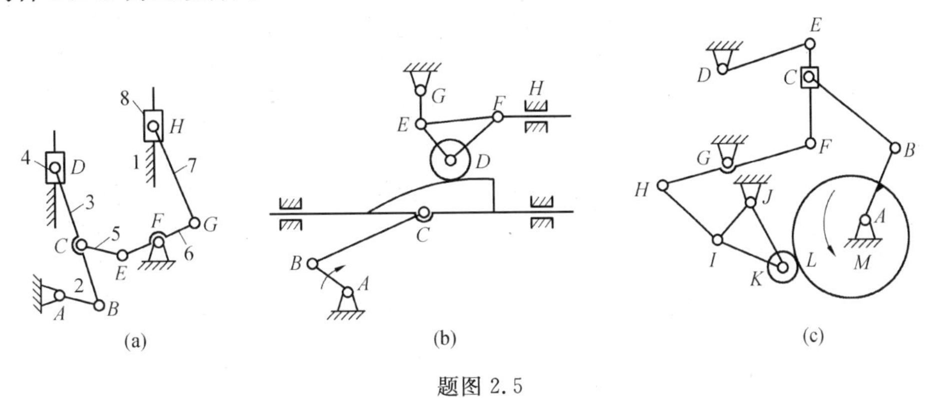

题图2.5

第3章 平面连杆机构的分析与设计

3.1 概　　述

连杆机构是由若干刚性构件用低副连接而成的机构，故又称为低副机构，其可分为平面连杆机构和空间连杆机构两大类。各构件都在相互平行的平面内运动的连杆机构称为平面连杆机构，反之称为空间连杆机构。

平面连杆机构承载能力大、便于润滑、易于制造、精度高，能较好地实现多种运动规律和运动轨迹，因此其被广泛地应用于各种机械和仪表中。平面连杆机构也因存在惯性力不容易平衡、不易精确地满足各种运动规律和运动轨迹的要求等缺点，其应用范围受到一些限制。

平面连杆机构中的平面四杆机构是多杆机构的基础，所以本章只讨论平面四杆机构的基本类型及其演化，平面四杆机构有曲柄的条件和几个基本概念，平面连杆机构的运动分析、力分析和机构效率以及平面四杆机构设计等基本问题。

3.2 平面四杆机构的基本类型及其演化

3.2.1 平面四杆机构的基本类型及应用

如图3.1所示，全部运动副均为转动副的四杆机构称为铰链四杆机构，它是平面四杆机构的最基本形式。在此机构中，固定不动的构件 AD 称为机架；与机架相连接的构件 AB、CD 称为连架杆，其中能做整周回转运动的连架杆 AB 称为曲柄，只能在一定范围内做往复摆动的连架杆 CD 称为摇杆；机构中做平面运动的构件 BC 杆称为连杆。如果以转动副连接的两个构件可以做整周相对转动，则称该运动副为周转副，反之称之为摆转副。

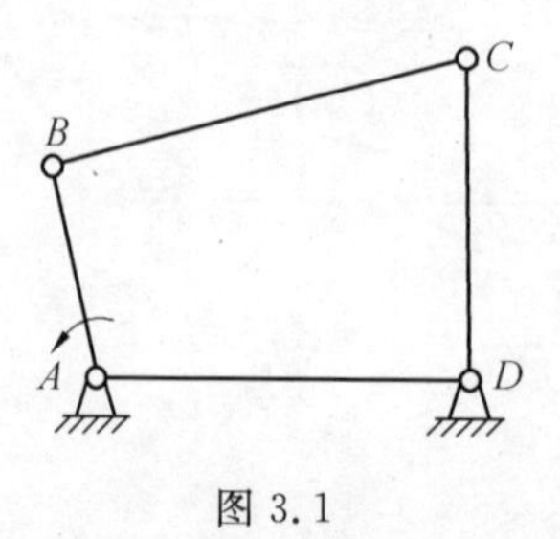

图3.1

铰链四杆机构根据其两连架杆的不同运动情况，又可分为以下三种类型。

1. 曲柄摇杆机构

在铰链四杆机构中，若一个连架杆是曲柄，另一个连架杆是摇杆，则称该四杆机构为曲柄摇杆机构(图 3.2(a))。曲柄摇杆机构被广泛地应用在各种机械中，例如缝纫机(图 3.3)、搅拌机(图 3.4)、雷达天线(图 3.5)和颚式破碎机(图 3.6)等。

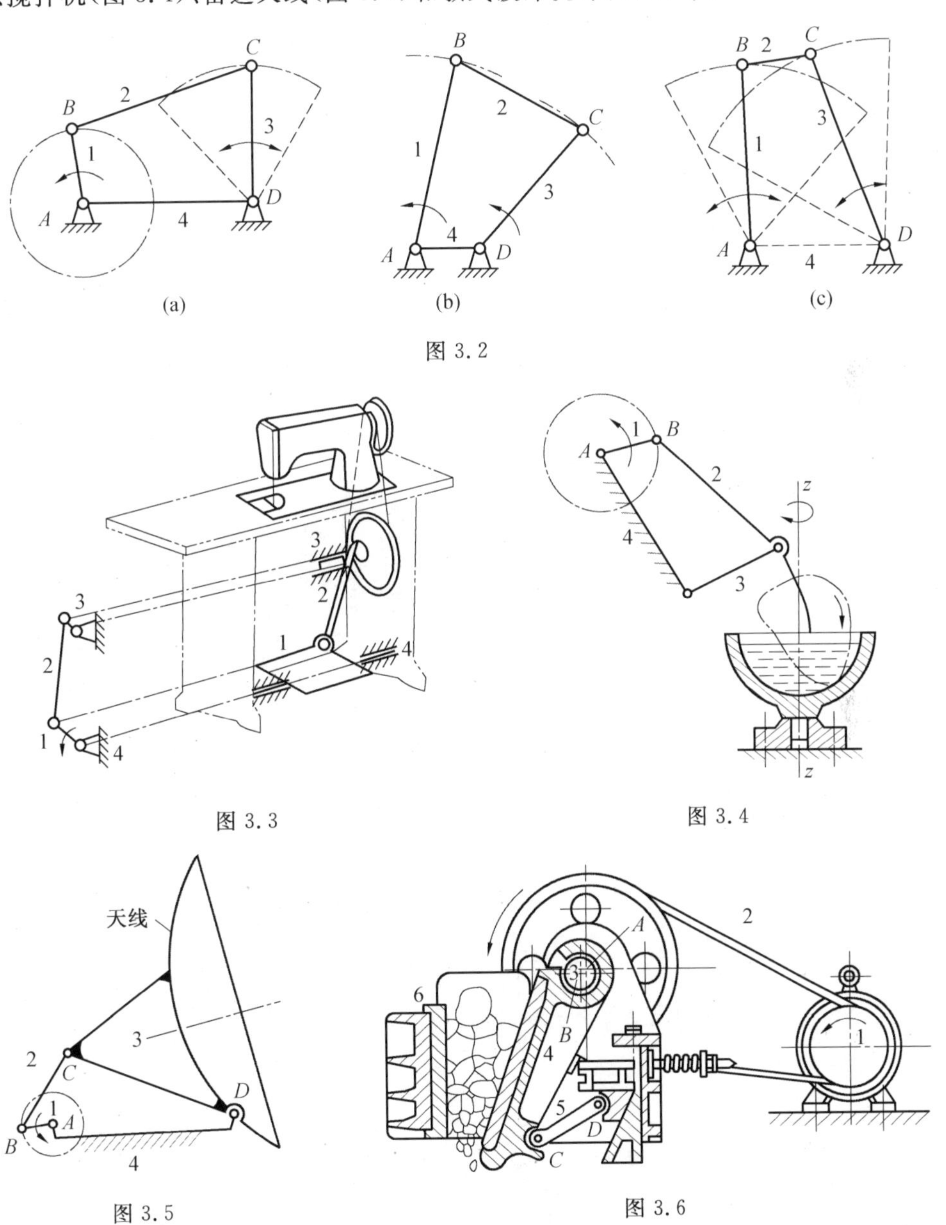

图 3.2

图 3.3

图 3.4

图 3.5

图 3.6

2. 双曲柄机构

在铰链四杆机构中，若两个连架杆相对机架都是做整周回转的曲柄，则称该四杆机构为双曲柄机构(图 3.2(b))。在图 3.7 所示的惯性筛中，当主动曲柄 AB 等速回转时，从动曲柄 CD 做变速转动，从而使筛体 6 具有较大变化的加速度，利用加速度所产生的惯性力，使被筛材料达到理想的筛分效果。

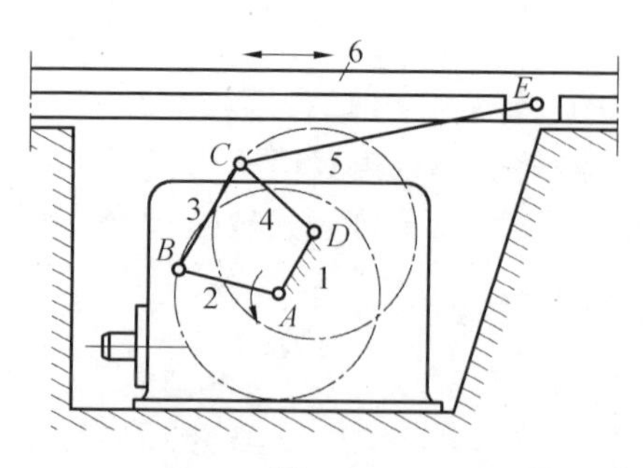

图 3.7

图 3.8(a)中的双曲柄机构与悬梯是“嫦娥三号”探测器中将月球车从着陆器转移到月面上的转移机构示意图。当着陆器稳定着陆后，悬梯展开，月球车由着陆器移动到悬梯上，然后双曲柄机构在自身重力和缓释绳的作用下缓慢旋转使悬梯下降(此时悬梯平动)。当悬梯接触月面后，月球车从悬梯移动到月面上。图 3.8(b)为着陆器着陆在月球表面上的照片。

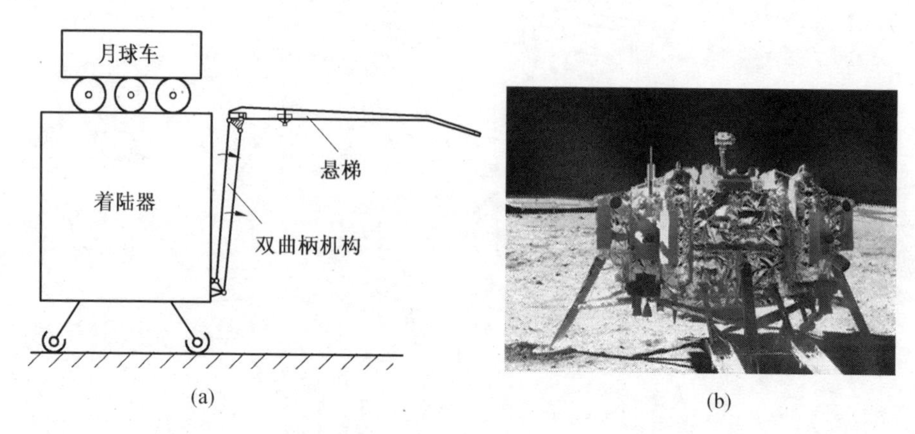

图 3.8

在双曲柄机构中，若相对两杆平行且相等，则称为平行双曲柄机构(图 3.9)。这种机构的特点是其两曲柄能以相同的角速度同时转动，而连杆做平行运动。图 3.10(a)所示的机车车轮联动机构、图 3.10(b)所示的摄影平台升降机构均为其应用实例。

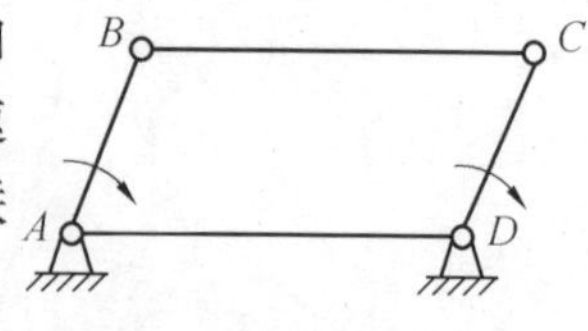

图 3.9

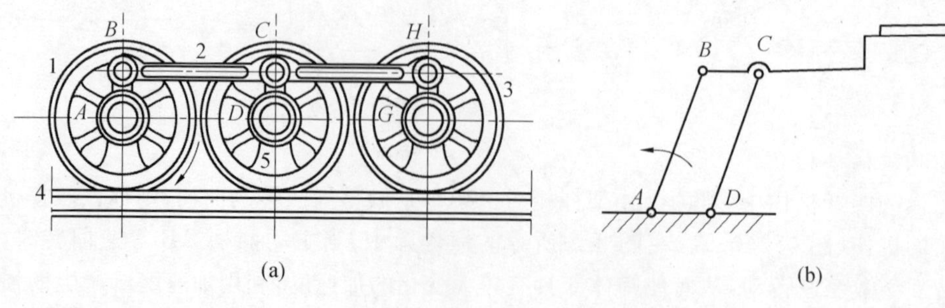

图 3.10

在图 3.11(a)所示双曲柄机构中，虽然其对应边长度也相等，但 BC 杆与 AD 杆并不平行，两曲柄 AB 和 CD 转动方向也相反，故称其为反平行四边形机构。图 3.11(b)所示的车门开闭机构即为其应用实例，它是利用反平行四边形机构运动时，两曲柄转向相反的特性，达到两扇车门同时敞开或关闭的目的。

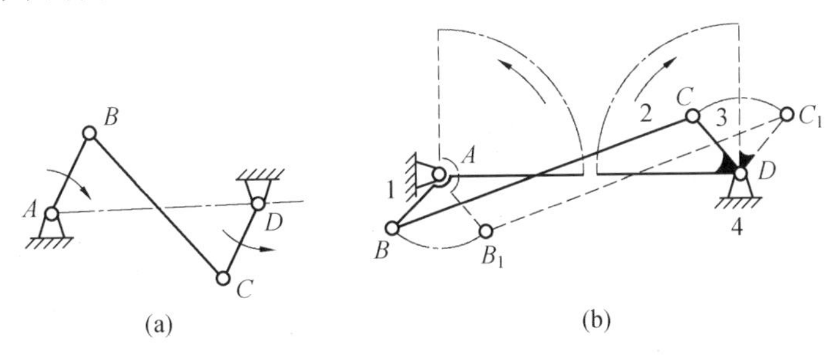

图 3.11

3. 双摇杆机构

当铰链四杆机构中的两个连架杆都是摇杆时，称该四杆机构为双摇杆机构(图 3.2(c))。图 3.12 所示为鹤式起重机中的双摇杆机构 $ABCD$，它可使被吊运的重物 G 做近似水平直线移动，避免不必要的升降而消耗能量。

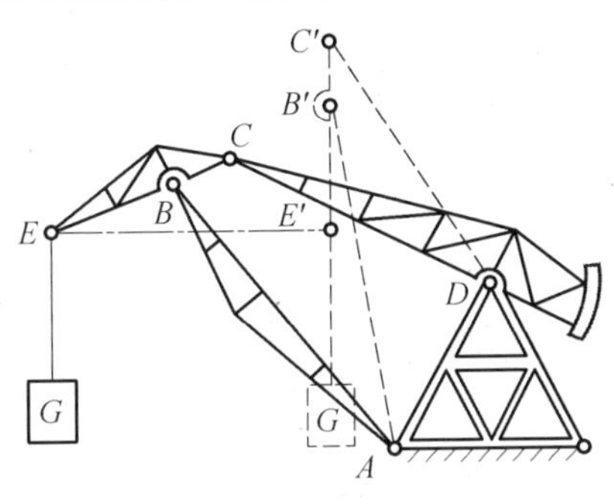

图 3.12

3.2.2 平面连杆机构的演化

前面介绍的三种铰链四杆机构远远满足不了实际机械工程中的需要，在实际应用中，常常采用多种不同外形、构造和特性的四杆机构，这些类型的四杆机构可以看作是由铰链四杆机构通过各种方法演化而来的。下面分别介绍几种演化方法及演化后的变异机构。

1. 改变相对杆长、转动副演化为移动副

若将图 3.2(a)所示的曲柄摇杆机构中杆 3 的长度增大，则 C 点轨迹 $\beta—\beta$ 的半径增大(图 3.13(a))，继续将杆 3 的长度增大至无穷大，即 D 点位于无限远处，此时 C 点将沿直线 $\beta'—\beta'$ 移动，即转动副 D 转化成移动副，曲柄摇杆机构则演化成曲柄滑块机构(图 3.13(b)、图 3.13(c))。其中，偏距 $e\neq0$ 时称为偏置曲柄滑块机构(图 3.13(b))；当偏距 $e=0$时称为对心曲柄滑块机构(图 3.13(c))，这种机构常应用在冲床和内燃机等机构中。

若继续改变图 3.13(c)中对心曲柄滑块机构的杆 2 长度，转动副 C 转化成移动副，又可演化成双滑块机构(图 3.14)。

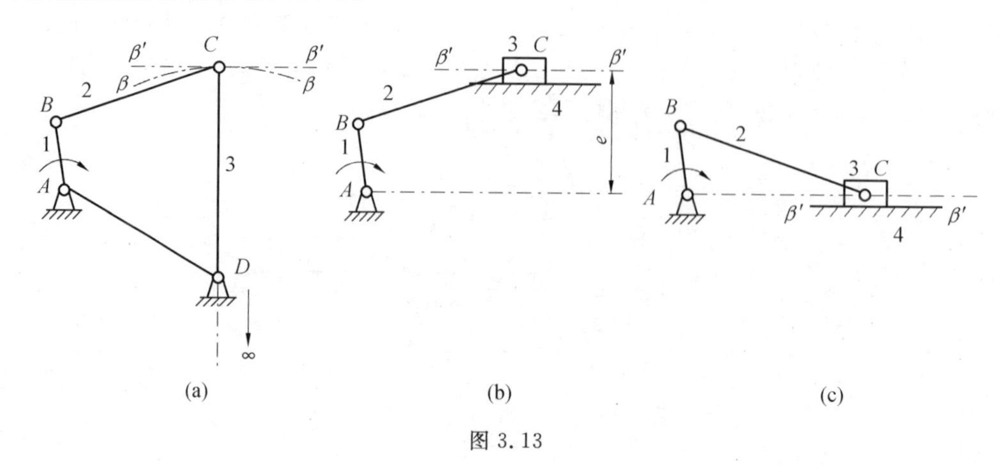

图 3.13

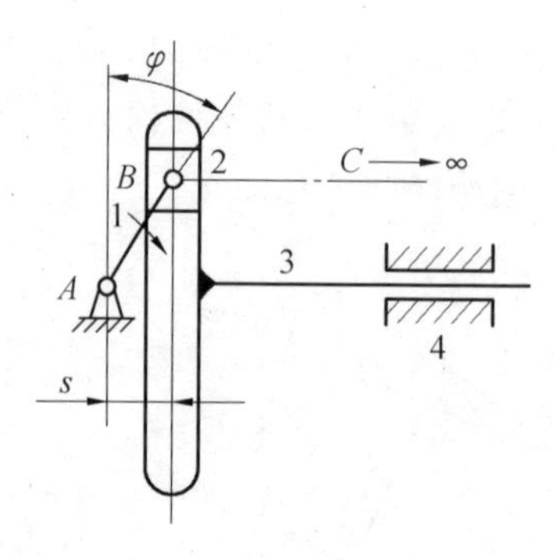

图 3.14

2. 选用不同构件为机架

(1)变化铰链四杆机构的机架。

如图 3.2 所示的三种铰链四杆机构,各构件间的相对运动和长度都不变,但选取不同构件为机架,则可演化成具有不同结构形式、不同运动性质和不同用途的三种机构(表3.1中的铰链四杆机构)。

(2)变化单移动副机构的机架。

对于图 3.13(c)所示的对心曲柄滑块机构,若选用不同构件为机架,可演化成以下具有不同运动特性和不同用途的机构。

①以构件 1 为机架(图 3.15(a)),滑块 3 将在可转动(或摆动)的构件 4(称其为导杆)上做相对移动,曲柄滑块机构就演化成转动(或摆动)导杆机构,图 3.16 所示的小型刨床是转动导杆机构的应用实例,图 3.17 所示的牛头刨床是摆动导杆机构的应用实例。

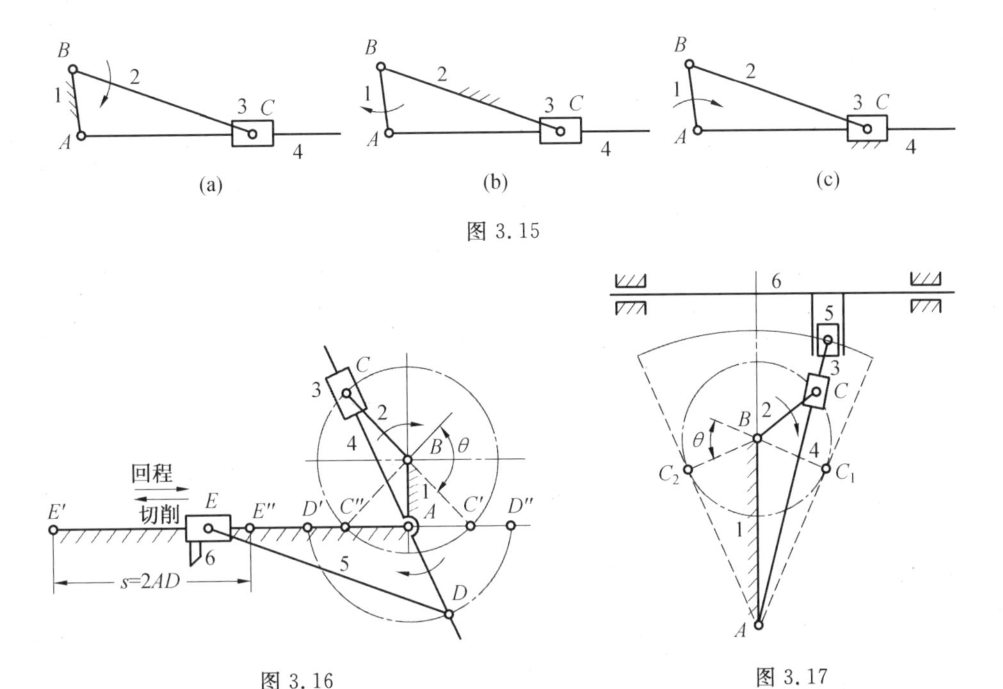

图 3.15

图 3.16

图 3.17

②以构件 2 为机架(图 3.15(b)),滑块 3 仅能绕机架上铰链 C 做摆动,曲柄滑块机构就演化成曲柄摇块机构。图 3.18 所示的自卸卡车翻斗机构为曲柄摇块机构的应用实例。

③以滑块 3 为机架(图 3.15(c)),曲柄滑块机构就演化成移动导杆机构(或称定块机构)。图 3.19 所示的手摇唧筒为其典型应用。

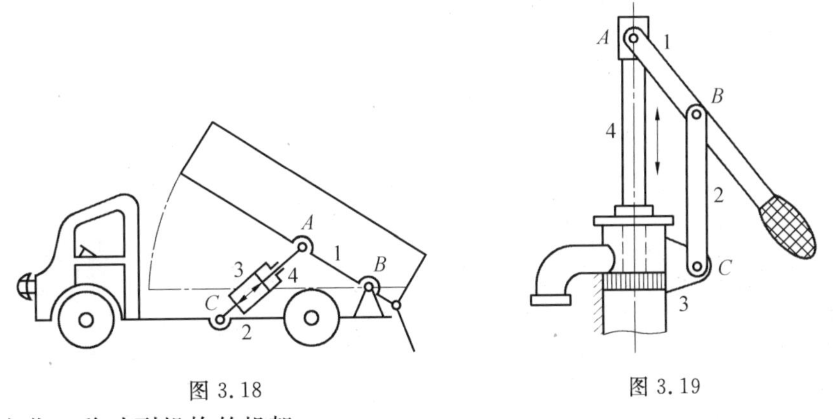

图 3.18

图 3.19

(3)变化双移动副机构的机架。

在图 3.20(a)所示的具有 2 个移动副的四杆机构中,若以滑块 4 为机架,由于构件 3 的位移 s 与主动曲柄 AB 的转角 φ 的正弦成正比,即 $s=AB\sin\varphi$,故称之为正弦机构,缝纫机的针杆机构(图 3.20(d))就是这种机构的应用实例;若以构件 1 为机架(图 3.20(b)),则演化成双转块机构,图 3.20(e)所示的十字滑块联轴器为其应用实例;若以构件 3 为机架(图 3.20(c)),则演化成双滑块机构,图 3.20(f)所示的椭圆仪机构为其应用实例。为查阅选用方便,将以上介绍的演化机构归纳于表 3.1 中。

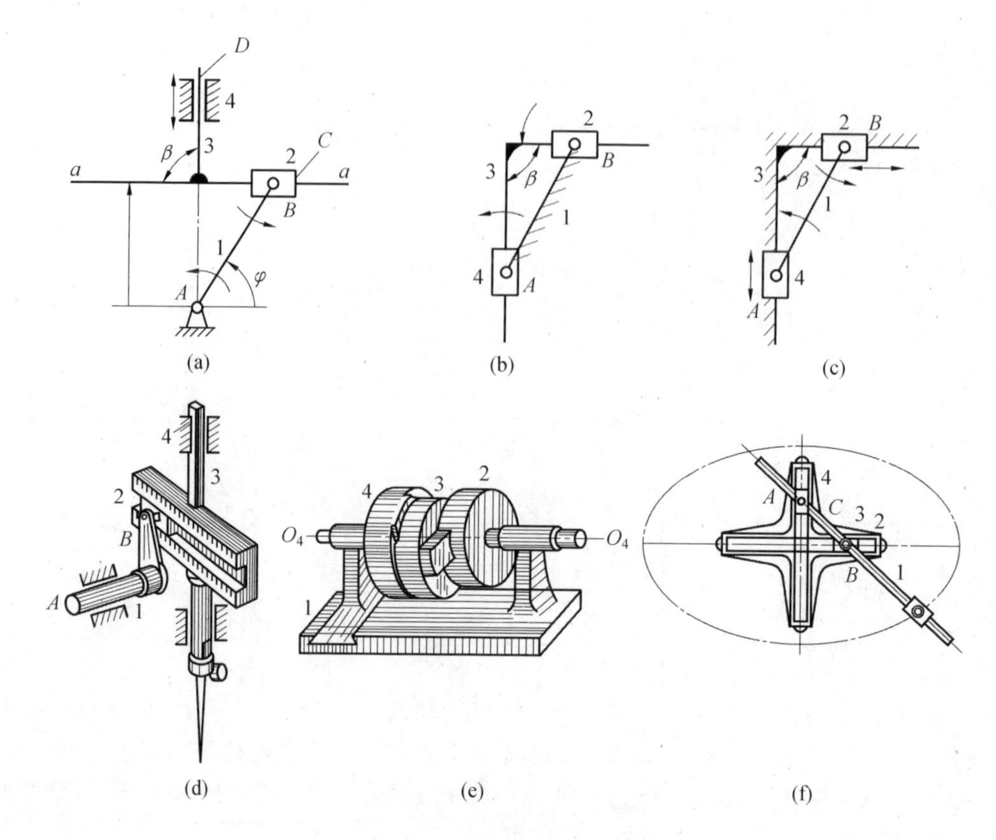

图 3.20

表 3.1 变化机构机架的演化机构

	铰链四杆机构	转动副 C 转化成移动副后的机构($e=0$)	转动副 C 和 D 转化成移动副后的机构
构件4为机架	曲柄摇杆机构	曲柄滑块机构	正弦机构
用途	搅拌机、颚式破碎机等	冲床、内燃机、空气压缩机等	仪表、解算装置、织布机构和印刷机械等

续表 3.1

	铰链四杆机构	转动副 C 转化成移动副后的机构($e=0$)	转动副 C 和 D 转化成移动副后的机构
构件1为机架	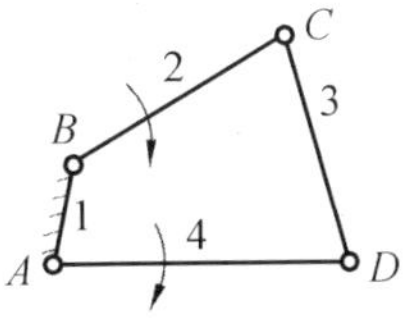 双曲柄机构	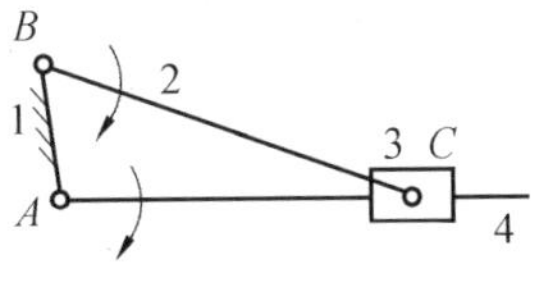 转动(或摆动)导杆机构	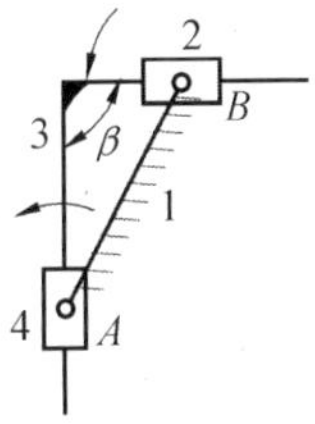 双转块机构
用途	插床、惯性筛,平行双曲柄机构用于机车车轮联动机构,反向双曲柄机构用于车门开关等	回转式油泵、小型刨床及插床等	十字滑块联轴器等
构件2为机架	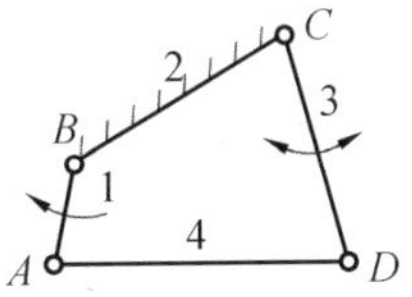 曲柄摇杆机构	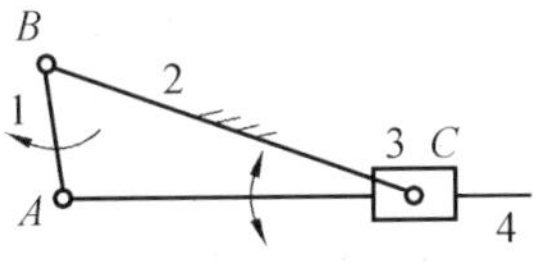 曲柄摇块机构	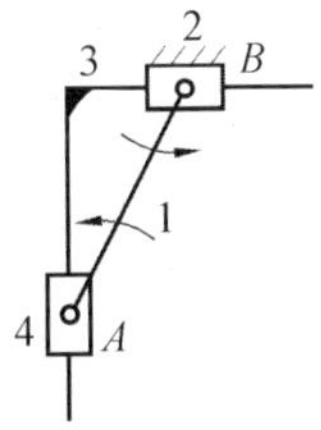 曲柄移动导杆机构
用途	同前面曲柄摇杆机构	摆缸式原动机、液压驱动装置、气动装置及插齿机主传动等	仪表、解算装置等
构件3为机架	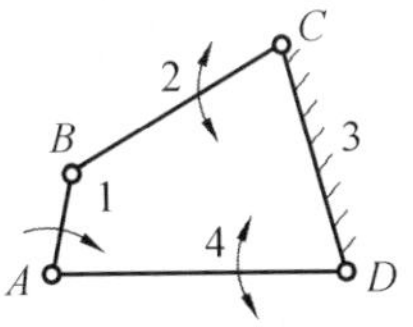 双摇杆机构	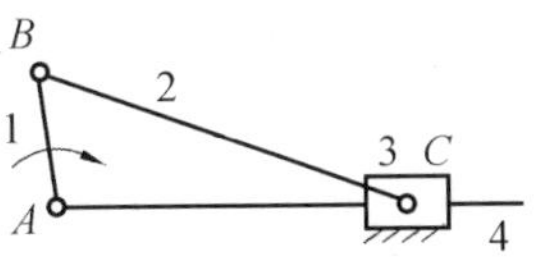 移动导杆机构	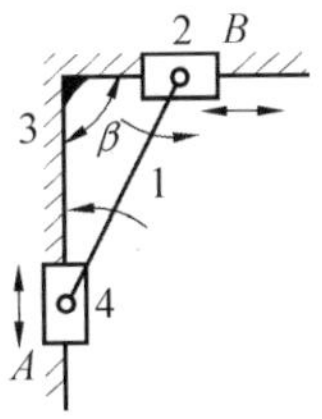 双滑块机构
用途	鹤式起重机,飞机起落架及汽车、拖拉机上操纵前轮转向机构等	手摇唧筒、双作用式水泵等	椭圆仪等

3. 扩大转动副尺寸

在图3.21(a)所示的曲柄滑块机构中,若曲柄 AB 的结构尺寸很短而传递动力又较大时,在一个尺寸较短的构件 AB 上加工装配两个尺寸较大的转动副是不可能的,此时可将曲柄改为几何中心与回转中心距离等于长度 AB 的圆盘(图 3.21(b)),常称此种机构为偏心轮机构。这种机构的转动副可以承受很大的力,故常在冲床、剪床、夹具及锻压设备中得到广泛的应用。

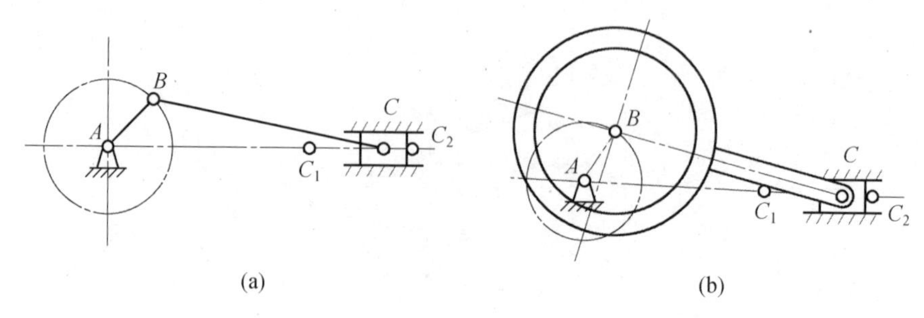

图 3.21

3.3 平面四杆机构有曲柄的条件及几个基本概念

3.3.1 铰链四杆机构有曲柄的条件

在图 3.22 所示的铰链四杆机构中,构件 1、3 为连架杆,构件 2 和 4 分别为连杆和机架。设构件 1、2、3、4 的杆长分别为 a、b、c、d。

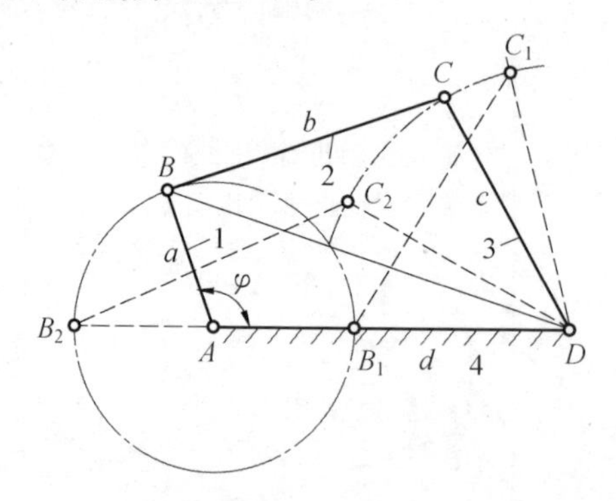

图 3.22

假设 $a<d$,若连架杆 1 能绕转动副 A 相对机架 4 做整周转动,就必须使转动副 B 能通过距离 D 点最远的 B_2 点和距离 D 点最近的 B_1 点两个特殊位置,即杆 1 和杆 4 延长共线和重叠共线两个位置。

由 $\triangle B_2C_2D$,得

$$a+d\leqslant b+c \tag{3.1}$$

由 $\triangle B_1C_1D$,得

$$b\leqslant(d-a)+c\Rightarrow a+b\leqslant d+c \tag{3.2}$$

$$c\leqslant(d-a)+b\Rightarrow a+c\leqslant d+b \tag{3.3}$$

将式(3.1)~(3.3)分别两两相加,得

$$\begin{cases} a \leqslant c \\ a \leqslant b \\ a \leqslant d \end{cases} \tag{3.4}$$

如果 $a>d$，用同样的方法可以得到连架杆 1 能绕转动副 A 相对机架 4 做整周转动的条件为

$$d+a \leqslant b+c \tag{3.5}$$

$$d+b \leqslant a+c \tag{3.6}$$

$$d+c \leqslant a+b \tag{3.7}$$

将式(3.5)～(3.7)分别两两相加，得

$$\begin{cases} d \leqslant a \\ d \leqslant b \\ d \leqslant c \end{cases} \tag{3.8}$$

式(3.4)和式(3.8)说明组成周转副 A 的两个构件中，必有一杆为最短杆；式(3.1)～(3.3)或式(3.5)～(3.7)说明该最短杆与最长杆长度之和小于或等于其他两杆长度之和，该长度之和条件称为“杆长和条件”。

综合分析上述两种情况，可得出铰链四杆机构有曲柄的条件如下。

(1)最短杆和最长杆长度之和小于或等于其他两杆长度之和。

(2)最短杆是连架杆或机架。

铰链四杆机构在满足有曲柄条件的杆长和条件时，以最短杆的邻边为机架，该机构为曲柄摇杆机构；以最短杆为机架，该机构为双曲柄机构；以最短杆的对边为机架，该机构为双摇杆机构。

铰链四杆机构不满足有曲柄条件的杆长和条件要求时，无论以哪个构件作为机架，该机构都是双摇杆机构。

3.3.2 急回运动和行程速度变化系数

1.极位夹角

图 3.23 所示为曲柄摇杆机构，在主动件曲柄 AB 逆时针转过一周的过程中，从动摇杆经过两个极限位置 C_1D 和 C_2D，此两极限位置分别对应曲柄的两个位置 AB_1 与 AB_2，由于摇杆的极限位置与曲柄的位置有关，故称 AB_1 与 B_2A(B_2A 为 AB_2 的反向延长线)间的夹角为极位夹角(或 AB_2 与 B_1A 间的夹角)，用 θ 来表示。在图 3.23 所示的曲柄摇杆机构中，极位夹角 θ 为 $\angle C_1AC_2$。

2.急回运动

如图 3.23 所示，当曲柄以 ω_1 等速逆时针转过 φ_1 角($AB_1 \rightarrow AB_2$)时，摇杆则逆时针摆过 Ψ 角($C_1D \rightarrow C_2D$)，设所用时间为 t_1；当曲柄继续转过 φ_2 角($AB_2 \rightarrow AB_1$)，摇杆顺时针摆回同样大小的 Ψ 角($C_2D \rightarrow C_1D$)，设所用时间为 t_2。常称 φ_1 为推程运动角，φ_2 为回程运动角。因此

$$\varphi_1 = 180° + \theta$$

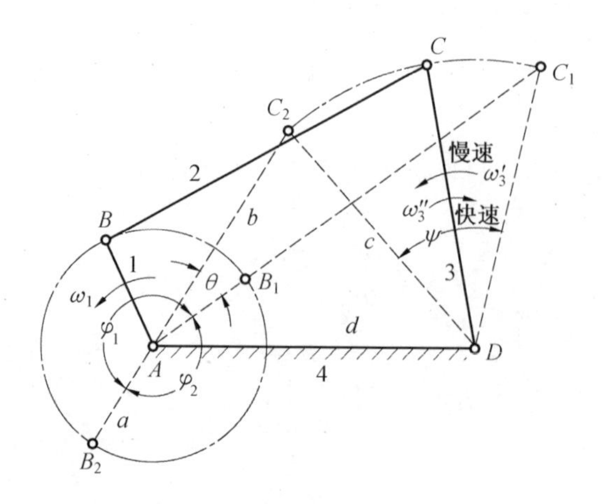

图 3.23

$$\varphi_2=180°-\theta$$

则

$$t_1=\frac{\varphi_1}{\omega_1}=\frac{180°+\theta}{\omega_1} \tag{3.9}$$

$$t_2=\frac{\varphi_2}{\omega_1}=\frac{180°-\theta}{\omega_1} \tag{3.10}$$

比较式(3.9)和式(3.10),得 $t_1>t_2$。

设摇杆 3 推程和回程的平均角速度分别为 ω_3' 和 ω_3'',即

$$\omega_3'=\frac{\Psi}{t_1}$$

$$\omega_3''=\frac{\Psi}{t_2}$$

显然,$\omega_3'<\omega_3''$,通常把这种从动件往复摆动平均速度不等的运动称为急回运动。

3. 行程速度变化系数

为了衡量从动件急回作用的程度,通常把从动件往复摆动平均速度的比值(大于 1)称为行程速度变化系数,并用 K 来表示,即

$$K=\frac{\text{从动件快速行程的平均速度}}{\text{从动件慢速行程的平均速度}}$$

由图 3.23 可得

$$K=\frac{\omega_3''}{\omega_3'}=\frac{\Psi/t_2}{\Psi/t_1}=\frac{\varphi_1/\omega_1}{\varphi_2/\omega_1}=\frac{\varphi_1}{\varphi_2}=\frac{180°+\theta}{180°-\theta} \tag{3.11}$$

故极位夹角 θ 为

$$\theta=180°\times\frac{K-1}{K+1} \tag{3.12}$$

由式(3.11)可知,行程速度变化系数 K 随极位夹角 θ 增大而增大,即 θ 值愈大,急回运动特性愈明显。

由式(3.12)可知,当 $K=1$ 时,$\theta=0°$,机构无急回特性;当 $K>1$ 时,$\theta>0°$,机构有急回特性,其中 $K=3$ 时,$\theta=90°$,当 $K>3$ 时,θ 为钝角。工程中,一般 $K\leqslant 2$,故 θ 常为锐角。

用同样方法进行分析可以得出偏置曲柄滑块机构(图 3.24(a))和摆动导杆机构(图 3.24(b))均具有急回运动特性。

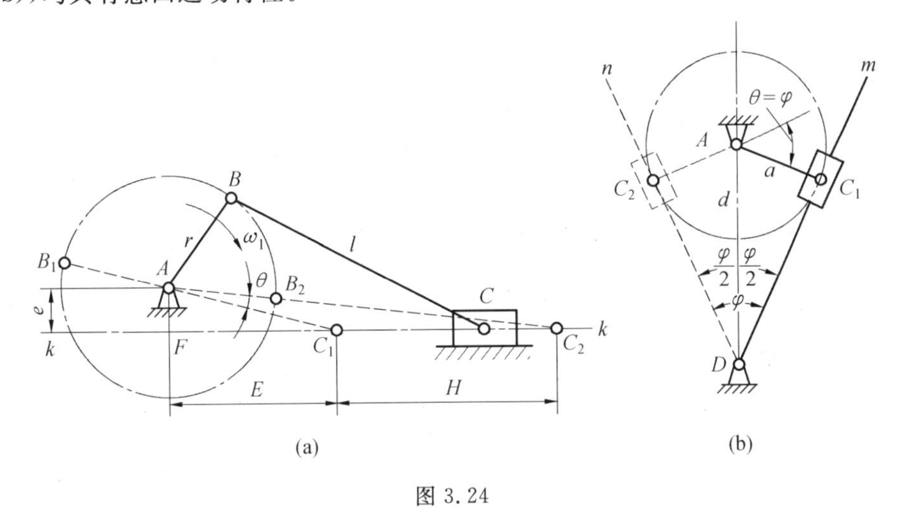

图 3.24

3.3.3 压力角和传动角

1. 压力角

在图 3.25 所示的铰链四杆机构中,如果不考虑构件的重力、惯性力和运动副中的摩擦力,则主动件 AB 通过连杆 BC 作用到从动件 CD 上的力 $\boldsymbol{F}$ 将沿 BC 方向。该力的作用线与受力点 C 的绝对速度 $\boldsymbol{v}_C$ 间所夹的锐角 α 称为压力角。将力 $\boldsymbol{F}$ 沿受力点 C 的速度 $\boldsymbol{v}_C$ 方向和垂直于速度 $\boldsymbol{v}_C$ 的方向分解,得到切向分力 $\boldsymbol{F}_\text{t}$ 和径向分力 $\boldsymbol{F}_\text{n}$,即

$$\begin{cases}F_\text{t}=F\cos\alpha\\F_\text{n}=F\sin\alpha\end{cases}\tag{3.13}$$

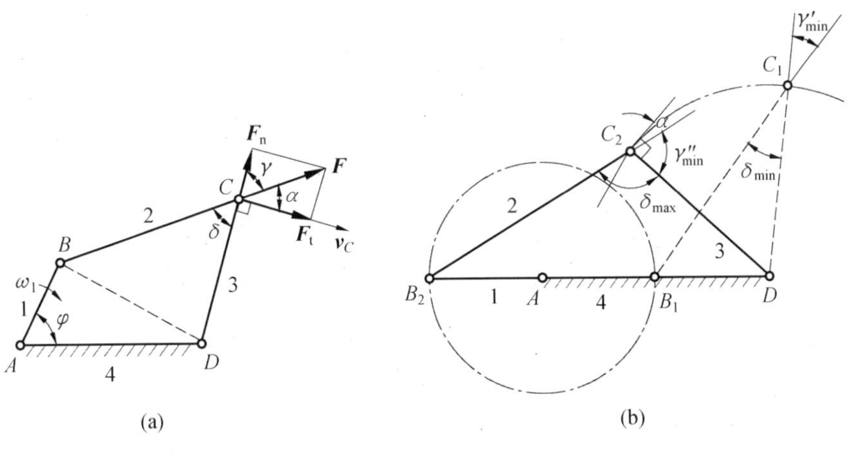

图 3.25

显然,切向分力 $\boldsymbol{F}_\text{t}$ 对从动件 CD 产生有效的转动力矩,是有效分力,因此希望其越大越好,即要求 α 越小越好。因此,α 是反映机构传动力效果的一个重要参数。

2. 传动角

压力角的余角称为传动角，如图 3.25(a)中的 γ 角。为保证所设计的机构具有良好的传动性能，希望传动角 γ 越大越好，通常应使最小传动角 $\gamma_{min}\geqslant 40°$，在传递力矩较大的情况下，应使 $\gamma_{min}\geqslant 50°$。在设计铰链四杆机构时，应校验最小传动角 γ_{min} 是否满足机构的传动要求。

由图 3.25(a)可以看出，当 δ 为锐角时，$\gamma=\delta$；当 δ 为钝角时，$\gamma=180°-\delta$，因此 δ 具有最小值 δ_{min} 和最大值 δ_{max} 的位置是有可能出现最小传动角的位置。

如图 3.25(b)所示，设构件 1、2、3、4 的杆长分别为 a、b、c、d。当主动曲柄 AB 与机架 AD 重叠共线，即 $\varphi=0°$ 时，得 δ_{min} 为

$$\delta_{min}=\arccos\frac{b^2+c^2-(d-a)^2}{2bc} \tag{3.14}$$

当主动曲柄 AB 与机架 AD 延长共线，即 $\varphi=180°$ 时，得 δ_{max} 为

$$\delta_{max}=\arccos\frac{b^2+c^2-(a+d)^2}{2bc} \tag{3.15}$$

比较这两个位置的传动角，即可求得最小传动角 γ_{min} 为

$$\gamma_{min}=\min(\delta_{min},180°-\delta_{max}) \tag{3.16}$$

对于图 3.26 所示的偏置曲柄滑块机构，其最小传动角出现在主动曲柄 AB 垂直于滑块 C 的导路线时的瞬时位置，其大小为

$$\gamma_{min}=90°-\alpha_{max}=90°-\arcsin\frac{a+e}{b} \tag{3.17}$$

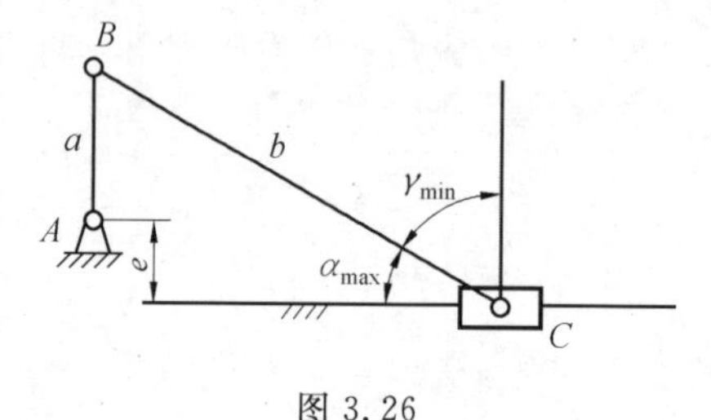

图 3.26

3.3.4 机构的死点位置

1. 死点位置

由上述压力角与传动角的概念可知，在不考虑构件的重力、惯性力和运动副中的摩擦力的条件下，当机构处于 $\alpha=90°$，也就是 $\gamma=0°$ 位置时，有效分力 $F_t=F\cos\alpha=0$，这时无论作用在主动件上的驱动力或驱动力矩有多大，均不能使机构运动，这个位置称为机构的死点位置。图 3.27 所示为缝纫机脚踏板中所采用的曲柄摇杆机构，当主动件摇杆 1(脚踏板)位于两个极限位置(DC_1 和 DC_2)时，从动件曲柄 3 在 AB_1、AB_2 两位置的传动角 $\gamma=0°$，此时主动件对从动件曲柄的驱动力矩为零，机构处于死点位置而无法运动。

2. 死点位置在机构中的作用

对于连续运转的机器，出现死点对其传动是很不利的，可采用惯性大的飞轮越过死点，如缝纫机借助于皮带轮的惯性通过死点；也可以采用机构死点位置错位排列的办法，

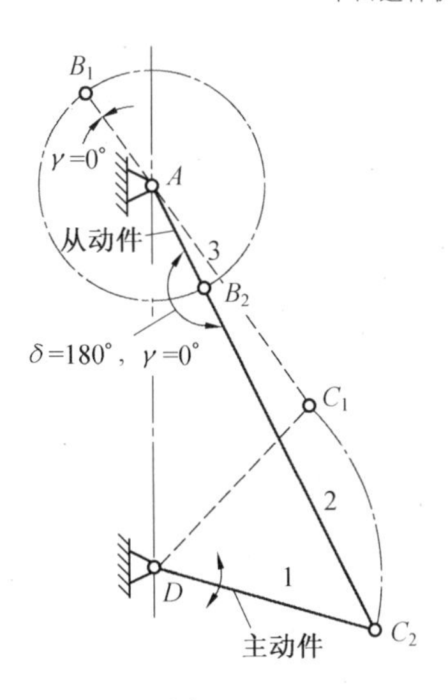

图 3.27

如图 3.28 所示的蒸汽机车车轮联动机构，左右车轮两组曲柄滑块机构中，曲柄 AB 与 $A'B'$位置错开 90°。

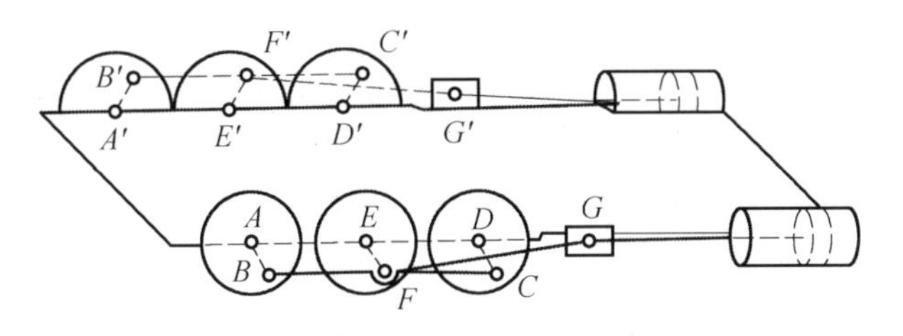

图 3.28

在工程实际中，也常利用死点位置来实现一定工作要求。例如：飞机起落架机构(图 3.29(a))，飞机着陆时机构处于死点位置，从而便于承受着陆冲击；钻床夹具(图 3.29(b))利用死点位置夹紧工件，此时无论工件反力多大，均可保证钻削时工件不松脱。

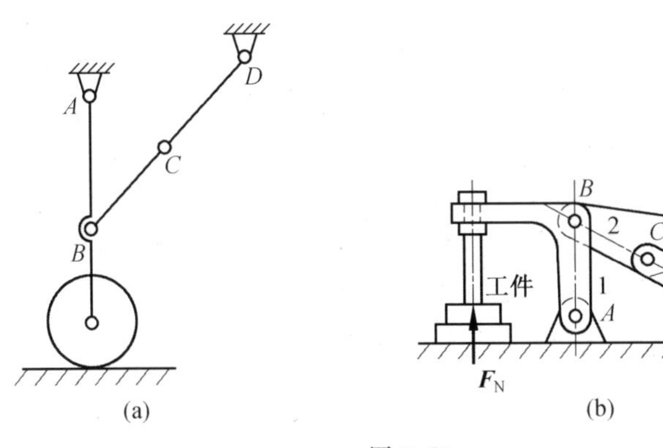

图 3.29

3.4 平面连杆机构的运动分析

3.4.1 机构运动分析的任务、目的和方法

本节所研究的机构运动分析,是指在不考虑机构的外力及构件的弹性变形等因素的影响下,已知原动件的运动规律,求机构中其余构件上各点的位移、速度和加速度,以及这些构件的角位移、角速度和角加速度。有了这些运动参数,才能分析、评价现有机械的工作性能,同时这些参数也是设计新机械的基本依据。

对机构进行位移分析,可以确定某些构件运动时所需的空间或判断它们运动时是否发生相互干涉;还可以确定从动件的行程;考查构件或构件上某点能否实现预定的位置和轨迹变化的要求。

对机构进行速度分析,可以确定从动件的速度变化是否满足工作要求。例如,牛头刨床要求刨刀在工作行程的刨削速度接近等速,从而提高加工质量和刀具寿命;而空行程时,又希望快速返回,提高生产效率,节省能耗。同时速度分析也是机构的加速度分析和受力分析的基础。

对机构进行加速度分析是计算惯性力不可缺少的前提条件。在高速机械中,要对其强度、振动等动力学性能进行计算,这些都与惯性力的大小和变化有关。

平面机构运动分析主要有图解法和解析法。图解法形象直观,适用于构件数目少且精度要求不高的简单平面机构,但当对机构的一系列位置进行运动分析时,需要反复作图,过程很烦琐。解析法可精确地获得机构整个运动循环中的运动特性,并能借助计算机绘制出相应的运动曲线图,但数学模型的建立比较复杂,有时求解也相当困难。

由于图解法中的速度瞬心法简单直观,解析法中的杆组法可用于各种不同类型的平面连杆机构的运动分析,因此本节只介绍这两种运动分析方法。

3.4.2 用速度瞬心法对平面机构做速度分析

用速度瞬心法对构件数目少的机构(如凸轮机构、齿轮机构和平面四杆机构等)进行速度分析,既直观又简便。下面介绍速度瞬心的概念及其在速度分析中的应用。

1.速度瞬心和速度瞬心的数目

由理论力学可知,相互做平面相对运动的两构件上瞬时速度相等的重合点为两构件的速度瞬心,简称瞬心,用符号 P_{ij} 表示构件 i 与构件 j 的速度瞬心。若瞬心处的绝对速度为零,则称该瞬心为绝对瞬心,否则称该瞬心为相对瞬心。

由瞬心的定义可知,任意两构件间就有一个瞬心。因此,含有 m 个构件的机构(含机架),其速度瞬心的数目 K 为

$$K=\frac{m(m-1)}{2} \tag{3.18}$$

2.机构中速度瞬心位置的确定

(1)直接构成运动副两构件的速度瞬心位置。

①当两构件通过转动副直接连接在一起时，如图3.30(a)所示，转动副的中心即为该两构件的瞬心 P_{12}。

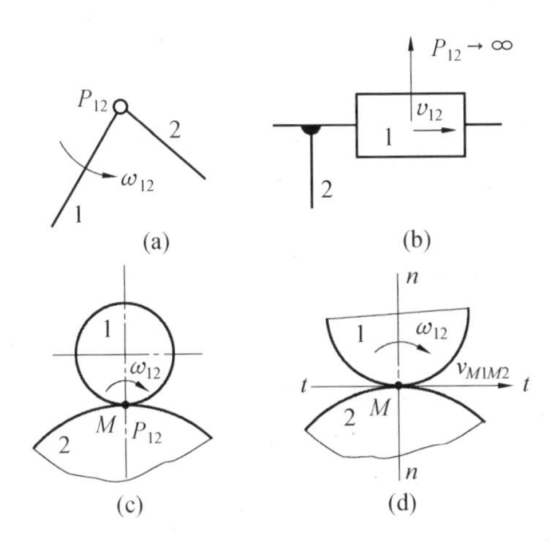

图3.30

②当两构件以移动副连接时，如图3.30(b)所示，构件1相对于构件2的速度均平行于移动副导路，故瞬心 P_{12} 必在垂直于导路方向上的无穷远处。

③当两构件以平面高副相连接时，若两高副元素间做纯滚动，如图3.30(c)所示，接触点处的相对速度为零，则该接触点 M 即为瞬心 P_{12}；若两高副元素间既做相对滑动又做相对滚动，如图3.30(d)所示，由于存在相对速度 v_{M1M2}，并且沿接触点处两高副元素的公切线方向，则瞬心 P_{12} 必位于过接触点处两高副元素的公法线 $n—n$ 上，具体在公法线 $n—n$ 上哪个位置，可根据三心定理确定。

(2)借助三心定理确定不直接组成运动副的两构件的速度瞬心位置。

对于不通过运动副直接相连接的两构件间的瞬心位置，可借助三心定理来确定。所谓三心定理，就是三个做平面运动的构件的三个瞬心必位于同一条直线上。证明如下。

在图3.31中，设构件3是机架，构件1、2分别绕转动副 A、B 做回转运动，且构件1、2间做非直接接触的平面运动。根据式(3.18)可知，该3个构件共有3个瞬心，显然转动副 A、B 的中心分别为瞬心 P_{13} 和 P_{23}。假设瞬心 P_{12} 位于两瞬心连线 $P_{13}P_{23}$ 及其延长线以外任意一点 K 处，则 $v_{K1}\perp P_{13}K_1$，$v_{K2}\perp P_{23}K_2$。按瞬心的定义，如果瞬心 P_{12} 位于 K 点处，则 v_{K1} 和 v_{K2} 的大小相等且方向相同。由图3.31可明显看出，v_{K1} 和 v_{K2} 的方向不相同，所以瞬心 P_{12} 不可能位于 K 点，因此瞬心 P_{12} 一定位于 P_{13}、P_{23} 的连线或该连线的延长线上。

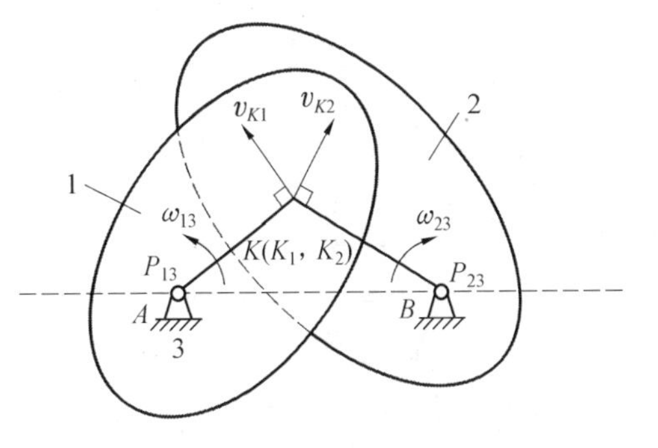

图3.31

3. 速度瞬心在平面机构速度分析中的应用举例

(1)铰链四杆机构。

在图 3.32 所示的曲柄摇杆机构中,若已知四个构件的长度和主动件(曲柄)1 以角速度 ω_1 顺时针方向回转,求图示位置从动件(摇杆)3 的角速度 ω_3。

该机构有 4 个构件,根据式(3.18)得瞬心数目为 6,其中 4 个转动副中心分别为瞬心 P_{14}、P_{12}、P_{23} 和 P_{34}。根据三心定理可确定出不直接连接的构件 1 和 3、2 和 4 的 2 个瞬心 P_{13} 和 P_{24}。

由瞬心的定义可知,P_{13} 为构件 1 和构件 3 的等速重合点,即构件 1 和 3 分别绕回转中心 P_{14} 和 P_{34} 转动时,在重合点 P_{13} 处的线速度大小相等、方向相同。设 μ_l 为构件长度比例尺,根据瞬心的定义有

$$\omega_1 \overline{P_{14}P_{13}}\mu_l = \omega_3 \overline{P_{34}P_{13}}\mu_l$$

由上式可求得从动件 3 的角速度 ω_3 为

$$\omega_3 = \omega_1 \frac{\overline{P_{14}P_{13}}}{\overline{P_{34}P_{13}}}$$

(2)曲柄滑块机构。

在图 3.33 所示的曲柄滑块机构中,已知各构件尺寸及主动件(曲柄)1 以角速度 ω_1 逆时针转动,求图示位置滑块 3 的移动速度 v_3。

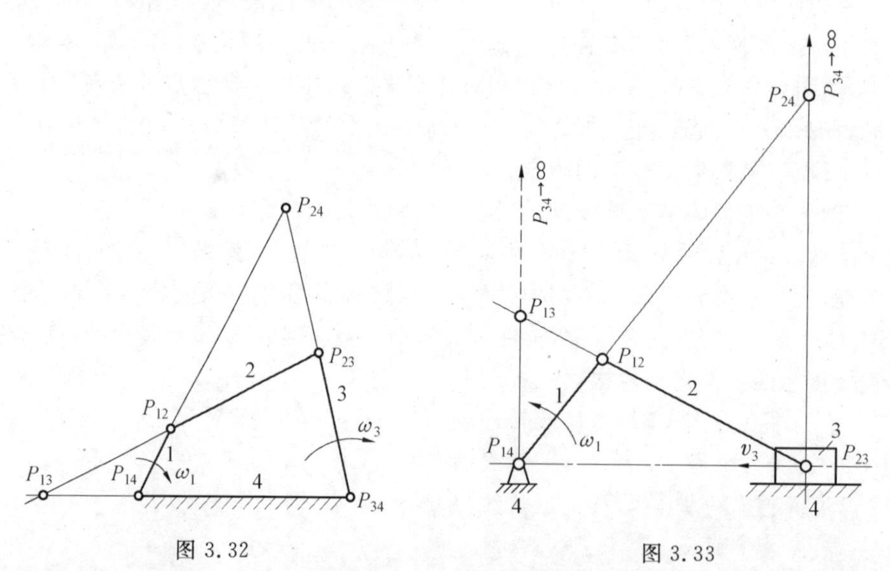

图 3.32　　　　图 3.33

该曲柄滑块机构有 4 个构件,根据式(3.18)可知,该机构有 6 个瞬心,其中由构件直接连接组成运动副的瞬心有 4 个,分别为 P_{14}、P_{12}、P_{23} 和 P_{34}。应用三心定理可求出另外 2 个瞬心 P_{13} 和 P_{24},如图 3.33 所示。其中 P_{24} 是绝对瞬心,故构件 2 可视为以瞬时角速度 ω_2 绕 P_{24} 转动;相对瞬心 P_{13} 为曲柄 1 和滑块 3 的等速重合点,故可很方便地求得滑块的移动速度 v_3。设 μ_l 为构件长度比例尺,则有

$$v_3 = v_{P_{13}} = \omega_1 \overline{P_{14}P_{13}}\mu_l$$

(3)凸轮机构。

图3.34所示的凸轮机构中,若已知各构件的尺寸和主动件凸轮以角速度ω_1逆时针回转,求从动件2在图示位置时的移动速度。

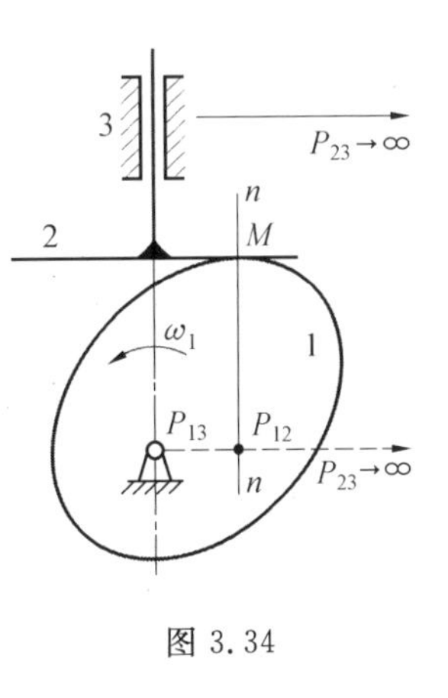

图3.34

该凸轮机构中含有高副。在确定组成高副两构件的瞬心位置时,应该分析在接触点处是否为纯滚动,若为纯滚动,则接触点即为瞬心;若不是纯滚动,则瞬心位于高副两元素过接触点处的公法线上。该凸轮机构含有3个构件,所以有3个瞬心,其中两构件直接接触组成转动副的瞬心P_{13}和移动副的瞬心P_{23}。由于凸轮1和从动件2组成既有滚动又有滑动的高副,则P_{12}在过凸轮1和构件2轮廓线接触点M处的公法线$n—n$上,再由三心定理可知P_{12}在$P_{13}P_{23}$的连线上,所以P_{12}应在这两条线的交点处。因瞬心P_{12}应是凸轮1和从动件2的等速重合点,故可求得从动件2的移动速度v_2。设μ_l为构件长度比例尺,则有

$$v_2=v_{P_{12}}=\omega_1\ \overline{P_{13}P_{12}}\mu_l$$

(4)瞬心的综合应用。

在图3.35所示机构中,构件1为圆盘,其几何中心为A。已知各构件的尺寸及构件1上D点的速度$\boldsymbol{v}_D$,试用瞬心法求:①在图中画出图示位置机构的所有速度瞬心;②标出构件3滑块的速度$\boldsymbol{v}_C$的方向;③标出构件2上E点的速度$\boldsymbol{v}_E$的方向。

①该机构含有4个构件,根据式(3.18)得其共有6个瞬心,其中由构件直接连接组成运动副的瞬心有3个,分别为P_{12}、P_{23}和P_{34},如图3.36所示。构件1与构件4在接触点F处组成滚动兼滑动的高副,所以瞬心P_{14}位于过构件1与构件4接触点F的公法线$n—n$上。由于P_{14}是构件1与4的绝对速度瞬心,所以在图示位置时构件1可以看成绕瞬心P_{14}做瞬时转动,从而点D的速度方向应与DP_{14}相垂直。因此,过点D作$DM\perp\boldsymbol{v}_D$,则DM与$n—n$的交点即为瞬心P_{14}。然后根据三心定理确定瞬心P_{13}和P_{24}。瞬心P_{13}既在P_{12}、P_{23}的连线上,又在P_{34}、P_{14}的连线上,所以P_{13}在$\overline{P_{23}P_{12}}$与$\overline{P_{34}P_{14}}$的交点处。瞬心P_{24}既在P_{12}、P_{14}的连线上,又在P_{34}、P_{23}的连线上,所以P_{24}在$\overline{P_{12}P_{14}}$与$\overline{P_{34}P_{23}}$的交点处。至此,该机构的6个瞬心全部求出。

②因为P_{14}是构件1的绝对速度瞬心,由构件1上点D的速度$\boldsymbol{v}_D$的方向可知构件1是绕P_{14}顺时针方向旋转的,此时构件1上P_{12}处的速度$\boldsymbol{v}_B$的方向如图3.36所示。而构件2上P_{12}处的速度$\boldsymbol{v}_B$与构件1上P_{12}处的速度是相同的。因为P_{24}为构件2的绝对速度瞬心,且根据$\boldsymbol{v}_B$的速度方向可知构件2是绕P_{24}顺时针方向旋转的,所以构件2上点C的速度方向为沿导路向下,如图3.36所示。

③因为P_{23}是构件2与构件3的速度瞬心,所以构件2上点C的速度与构件3上点C的速度相等。根据构件2上点C的速度$\boldsymbol{v}_C$方向向下可得构件2此时绕P_{24}顺时针方向旋转。按瞬心的定义,构件2上任意一点的速度方向与该点到绝对速度瞬心P_{24}间的连线相垂直,所以$\boldsymbol{v}_E\perp EP_{24}$且指向下方,如图3.36所示。

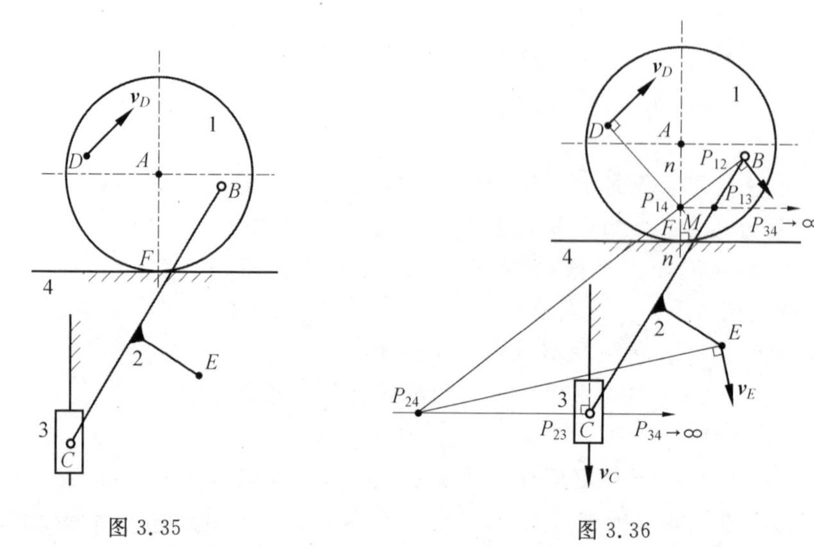

图 3.35　　　　　　　　　　　　　　图 3.36

通过上述各例子可以看出,利用瞬心法对构件数目较少的平面机构进行速度分析很方便,但对于瞬心数目多的多杆机构的速度分析,就显得很烦琐。瞬心法的最大缺点是无法对机构进行加速度分析,又由于该方法是图解法,精确度较差,所以应用起来有很大的局限性。

3.4.3　用杆组法对平面连杆机构进行速度和加速度分析

1. 杆组法运动分析的数学模型

(1)同一构件上点的运动分析。

同一构件上点的运动分析,是指已知该构件上某已知点的运动参数(位置、速度和加速度)和构件的角位置、角速度、角加速度以及所求点到已知点的距离,求该构件上任意点的位置、速度和加速度。如图 3.37 所示的构件 AB,若已知运动副 A 的位置 x_A、y_A,速度 $\dot{x}_A$、$\dot{y}_A$,加速度 $\ddot{x}_A$、$\ddot{y}_A$,构件的角位置 φ_i,角速度 $\dot{\varphi}_i$,角加速度 $\ddot{\varphi}_i$ 及所求点 B 到点 A 的距离 $AB=l_i$,求点 B 的位置、速度和加速度。这种运动分析常用于求解主动件(Ⅰ级机构)、连杆和摇杆上点的运动。

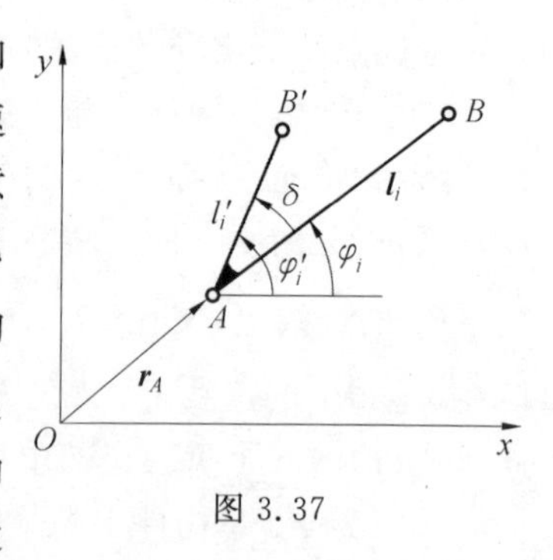

图 3.37

①位置分析。由图 3.37 可得所求点 B 的矢量方程

$$\boldsymbol{r}_B=\boldsymbol{r}_A+\boldsymbol{l}_i$$

在 x、y 轴上的投影坐标方程为

$$\begin{cases}x_B=x_A+l_i\cos\varphi_i\\y_B=y_A+l_i\sin\varphi_i\end{cases}\tag{3.19}$$

②速度和加速度分析。将式(3.19)对时间 t 求导,即可得出速度方程为

$$\begin{cases}\dfrac{\mathrm{d}x_B}{\mathrm{d}t}=\dot{x}_B=\dot{x}_A-\dot{\varphi}_i l_i\sin\varphi_i\\ \dfrac{\mathrm{d}y_B}{\mathrm{d}t}=\dot{y}_B=\dot{y}_A+\dot{\varphi}_i l_i\cos\varphi_i\end{cases}\tag{3.20}$$

再将式(3.20)对时间 t 求导,即可得出加速度方程为

$$\begin{cases}\dfrac{\mathrm{d}^2x_B}{\mathrm{d}t^2}=\ddot{x}_B=\ddot{x}_A-\dot{\varphi}_i^2 l_i\cos\varphi_i-\ddot{\varphi}_i l_i\sin\varphi_i\\ \dfrac{\mathrm{d}^2y_B}{\mathrm{d}t^2}=\ddot{y}_B=\ddot{y}_A-\dot{\varphi}_i^2 l_i\sin\varphi_i+\ddot{\varphi}_i l_i\cos\varphi_i\end{cases}\tag{3.21}$$

式中,$\dot{\varphi}_i=\dfrac{\mathrm{d}\varphi_i}{\mathrm{d}t}=\omega_i$、$\ddot{\varphi}_i=\dfrac{\mathrm{d}^2\varphi_i}{\mathrm{d}t^2}=\alpha_i$ 分别为构件的角速度和角加速度。

若点 A 为固定回转副(与机架相固连),即 x_A、y_A 为常数,则该点的速度 $\dot{x}_A$、$\dot{y}_A$ 和加速度 $\ddot{x}_A$、$\ddot{y}_A$ 均为零,此时构件 AB 和机架组成Ⅰ级机构。若 $0°<\varphi_i<360°$,点 B 相当于摇杆上的点;若 $\varphi_i\geqslant360°$ (AB 整周回转),点 B 相当于曲柄上的点。点 A 不固定时,构件 AB 就相当于做平面运动的连杆。为求出点 B 的位置和运动参数,必须先给定点 A 的运动参数。若要求出连杆上任意一点 B' 的运动参数,只要再给出 AB' 的长度 l_i' 和夹角 δ 即可。

(2)RRR Ⅱ级杆组的运动分析。

对于Ⅱ级杆组的运动分析,与前面运动方程式的推导类似,只要列出位置方程和角位移方程,一次求导后即得出速度和角速度方程。若再次求导,就可以得到加速度和角加速度方程,这里不进行详细推导,只给出 RRR Ⅱ级杆组的运动分析基本公式。

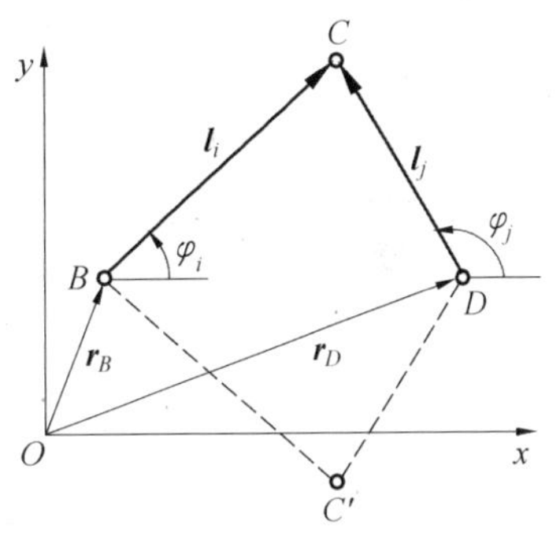

图 3.38

图 3.38 所示为由三个回转副和两个构件组成的Ⅱ级杆组。已知两杆的杆长 l_i、l_j 和两个外运动副 B、D 的位置(x_B、y_B、x_D、y_D)、速度($\dot{x}_B$、$\dot{y}_B$、$\dot{x}_D$、$\dot{y}_D$)和加速度($\ddot{x}_B$、$\ddot{y}_B$、$\ddot{x}_D$、$\ddot{y}_D$)。求内运动副 C 的位置(x_C、y_C)、速度($\dot{x}_C$、$\dot{y}_C$)和加速度($\ddot{x}_C$、$\ddot{y}_C$)以及两杆的角位置(φ_i、φ_j)、角速度($\dot{\varphi}_i$、$\dot{\varphi}_j$)和角加速度($\ddot{\varphi}_i$、$\ddot{\varphi}_j$)。

①位置方程。内运动副 C 的矢量方程为

$$\boldsymbol{r}_C=\boldsymbol{r}_B+\boldsymbol{l}_i=\boldsymbol{r}_D+\boldsymbol{l}_j$$

由其在 x、y 轴上的投影,可得内运动副 C 的位置方程为

$$\begin{cases}x_C=x_B+l_i\cos\varphi_i=x_D+l_j\cos\varphi_j\\ y_C=y_B+l_i\sin\varphi_i=y_D+l_j\sin\varphi_j\end{cases}\tag{3.22}$$

为求解式(3.22),应先求出 φ_i 或 φ_j,将式(3.22)移项后分别平方相加,消去 φ_j 得

$$A_0\cos\varphi_i+B_0\sin\varphi_i-C_0=0\tag{3.22$'$}$$

式中,$A_0=2l_i(x_D-x_B)$;$B_0=2l_i(y_D-y_B)$;$C_0=l_i^2+l_{BD}^2-l_j^2$,$l_{BD}=\sqrt{(x_D-x_B)^2+(y_D-y_B)^2}$。

为保证机构的装配,必须同时满足 $l_{BD}\leqslant l_i+l_j$ 和 $l_{BD}\geqslant|l_i-l_j|$。

解三角方程(3.22′)可求得

$$\varphi_i = 2\arctan\frac{B_0 \pm \sqrt{A_0^2 + B_0^2 - C_0^2}}{A_0 + C_0} \tag{3.23}$$

式中,“+”表示 B、C、D 三个运动副为顺时针排列(图 3.38 中的实线位置);“−”表示 B、C、D 为逆时针排列(虚线位置)。它表示已知两个外运动副 B、D 的位置和杆长 l_i、l_j 后,该杆组可有两种位置。

将 φ_i 代入式(3.22)可求得 x_C、y_C,而后即可求得

$$\varphi_j = \arctan\frac{y_C - y_D}{x_C - x_D} \tag{3.24}$$

②速度方程。将式(3.22)对时间求导可得两杆角速度 ω_i、ω_j 为

$$\begin{cases}\omega_i = \dot{\varphi}_i = [C_j(\dot{x}_D - \dot{x}_B) + S_j(\dot{y}_D - \dot{y}_B)]/G_1 \\ \omega_j = \dot{\varphi}_j = [C_i(\dot{x}_D - \dot{x}_B) + S_i(\dot{y}_D - \dot{y}_B)]/G_1\end{cases} \tag{3.25}$$

式中,$G_1 = C_iS_j - C_jS_i$;$C_i = l_i\cos\varphi_i$;$S_i = l_i\sin\varphi_i$;$C_j = l_j\cos\varphi_j$;$S_j = l_j\sin\varphi_j$。

内运动副 C 的速度 v_{Cx}、v_{Cy} 为

$$\begin{cases}v_{Cx} = \dot{x}_C = \dot{x}_B - \dot{\varphi}_i l_i\sin\varphi_i = \dot{x}_D - \dot{\varphi}_j l_j\sin\varphi_j \\ v_{Cy} = \dot{y}_C = \dot{y}_B + \dot{\varphi}_i l_i\cos\varphi_i = \dot{y}_D + \dot{\varphi}_j l_j\cos\varphi_j\end{cases} \tag{3.26}$$

③加速度方程。两杆的角加速度 α_i、α_j 为

$$\begin{cases}\alpha_i = \ddot{\varphi}_i = (G_2C_j + G_3S_j)/G_1 \\ \alpha_j = \ddot{\varphi}_j = (G_2C_i + G_3S_i)/G_1\end{cases} \tag{3.27}$$

式中,$G_2 = \ddot{x}_D - \ddot{x}_B + \dot{\varphi}_i^2C_i - \dot{\varphi}_j^2C_j$;$G_3 = \ddot{y}_D - \ddot{y}_B + \dot{\varphi}_i^2S_i - \dot{\varphi}_j^2S_j$。

内运动副 C 的加速度 a_{Cx}、a_{Cy} 为

$$\begin{cases}a_{Cx} = \ddot{x}_C = \ddot{x}_B - \ddot{\varphi}_i l_i\sin\varphi_i - \dot{\varphi}_i^2 l_i\cos\varphi_i \\ a_{Cy} = \ddot{y}_C = \ddot{y}_B + \ddot{\varphi}_i l_i\cos\varphi_i - \dot{\varphi}_i^2 l_i\sin\varphi_i\end{cases} \tag{3.28}$$

(3)RRP Ⅱ级杆组的运动分析。

RRP Ⅱ级组是由两个构件、一个外转动副、一个内转动副和一个外移动副组成的(图 3.39)。已知两杆长分别为 l_i 和 l_j(l_j 杆垂直于滑块导路),外回转副 B 的参数 x_B、y_B、$\dot{x}_B$、$\dot{y}_B$、$\ddot{x}_B$、$\ddot{y}_B$,滑块导路方向角 φ_j 和计算位移 s 时参考点 K 的位置(x_K,y_K),若导路运动(如导杆),还必须给出 K 点和导路的运动参数 x_K、y_K、$\dot{x}_K$、$\dot{y}_K$、$\ddot{x}_K$、$\ddot{y}_K$、$\dot{\varphi}_j$、$\ddot{\varphi}_j$。求内运动副 C 的运动参数 x_C、y_C、$\dot{x}_C$、$\dot{y}_C$、$\ddot{x}_C$、$\ddot{y}_C$。

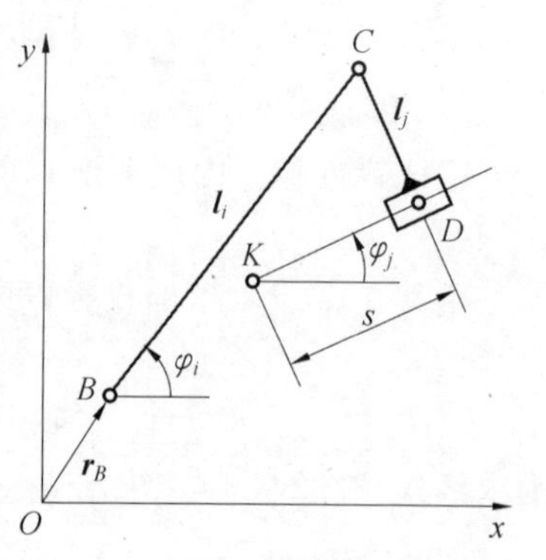

图 3.39

①位置方程。内回转副 C 的位置方程为

$$\begin{cases}x_C = x_B + l_i\cos\varphi_i = x_K + s\cos\varphi_j - l_j\sin\varphi_j \\ y_C = y_B + l_i\sin\varphi_i = y_K + s\sin\varphi_j + l_j\cos\varphi_j\end{cases} \tag{3.29}$$

消去式(3.29)中的 s，得

$$\varphi_i=\arcsin\frac{A_0+l_j}{l_i}+\varphi_j$$

式中，$A_0=(x_B-x_K)\sin\varphi_j-(y_B-y_K)\cos\varphi_j$。

为保证机构能够存在，应满足装配条件 $|A_0+l_j|\leqslant l_i$。求得 φ_i 后，可按式(3.29)求得 x_C、y_C，而后即可求得滑块的位移 s 为

$$s=(x_C-x_K+l_j\sin\varphi_j)/\cos\varphi_j=(y_C-y_K-l_j\cos\varphi_j)/\sin\varphi_j \tag{3.30}$$

滑块点 D 的位置方程为

$$\begin{cases}x_D=x_K+s\cos\varphi_j\\ y_D=y_K+s\sin\varphi_j\end{cases} \tag{3.31}$$

②速度方程。l_i 杆的角速度 ω_i 和滑块 D 沿导路的移动速度 v_D 为

$$\omega_i=\dot{\varphi}_i=(-Q_1\sin\varphi_j+Q_2\cos\varphi_j)/Q_3 \tag{3.32}$$

$$v_D=\dot{s}=-(Q_1l_i\cos\varphi_i+Q_2l_i\sin\varphi_i)/Q_3 \tag{3.33}$$

式中，$Q_1=\dot{x}_K-\dot{x}_B-\dot{\varphi}_j(s\sin\varphi_j+l_j\cos\varphi_j)$；$Q_2=\dot{y}_K-\dot{y}_B+\dot{\varphi}_j(s\cos\varphi_j-l_j\sin\varphi_j)$；$Q_3=l_i\sin\varphi_i\sin\varphi_j+l_i\cos\varphi_i\cos\varphi_j$。

内回转副 C 的速度 v_{Cx}、v_{Cy} 为

$$\begin{cases}v_{Cx}=\dot{x}_C=\dot{x}_B-\dot{\varphi}_il_i\sin\varphi_i\\ v_{Cy}=\dot{y}_C=\dot{y}_B+\dot{\varphi}_il_i\cos\varphi_i\end{cases} \tag{3.34}$$

外移动副 D 的速度 v_{Dx}、v_{Dy} 为

$$\begin{cases}v_{Dx}=\dot{x}_D=\dot{x}_K+\dot{s}\cos\varphi_j-s\dot{\varphi}_j\sin\varphi_j\\ v_{Dy}=\dot{y}_D=\dot{y}_K+\dot{s}\sin\varphi_j+s\dot{\varphi}_j\cos\varphi_j\end{cases} \tag{3.35}$$

③加速度方程。l_i 杆的角加速度 α_i 和滑块沿导路移动的加速度 $\ddot{s}$ 为

$$\begin{cases}\alpha_i=\ddot{\varphi}_i=(-Q_4\sin\varphi_j+Q_5\cos\varphi_j)/Q_3\\ \ddot{s}=(-Q_4l_i\cos\varphi_i-Q_5l_i\sin\varphi_i)/Q_3\end{cases} \tag{3.36}$$

式中，$Q_4=\ddot{x}_K-\ddot{x}_B+\dot{\varphi}_i^2l_i\cos\varphi_i-\ddot{\varphi}_j(s\sin\varphi_j+l_j\cos\varphi_j)-\dot{\varphi}_j^2(s\cos\varphi_j-l_j\sin\varphi_j)-2\dot{s}\dot{\varphi}_j\sin\varphi_j$；$Q_5=\ddot{y}_K-\ddot{y}_B+\dot{\varphi}_i^2l_i\sin\varphi_i+\ddot{\varphi}_j(s\cos\varphi_j-l_j\sin\varphi_j)-\dot{\varphi}_j^2(s\sin\varphi_j+l_j\cos\varphi_j)+2\dot{s}\dot{\varphi}_j\cos\varphi_j$。

内回转副 C 的加速度 a_{Cx}、a_{Cy} 为

$$\begin{cases}a_{Cx}=\ddot{x}_C=\ddot{x}_B-\ddot{\varphi}_il_i\sin\varphi_i-\dot{\varphi}_i^2l_i\cos\varphi_i\\ a_{Cy}=\ddot{y}_C=\ddot{y}_B+\ddot{\varphi}_il_i\cos\varphi_i-\dot{\varphi}_i^2l_i\sin\varphi_i\end{cases} \tag{3.37}$$

滑块上点 D 的加速度 a_{Dx}、a_{Cy} 为

$$\begin{cases}a_{Dx}=\ddot{x}_D=\ddot{x}_K+\ddot{s}\cos\varphi_j-s\ddot{\varphi}_j\sin\varphi_j-s\dot{\varphi}_j^2\cos\varphi_j-2\dot{s}\dot{\varphi}_j\sin\varphi_j\\ a_{Dy}=\ddot{y}_D=\ddot{y}_K+\ddot{s}\sin\varphi_j+s\ddot{\varphi}_j\cos\varphi_j-s\dot{\varphi}_j^2\sin\varphi_j+2\dot{s}\dot{\varphi}_j\cos\varphi_j\end{cases} \tag{3.38}$$

RPR、RPP及PRP Ⅱ级杆组的运动分析见附录Ⅰ，本节不再详述。

2.运动分析举例

例3.1 在图3.40所示的六杆机构中，已知杆长 $l_{AB}=100$ mm，$l_{BC}=300$ mm，$l_{CD}=250$ mm，$l_{BE}=300$ mm，$l_{AD}=250$ mm，$l_{EF}=400$ mm，$H=350$ mm，$\delta=30°$，曲柄 AB 的角速度 $\omega_1=10$ rad/s。求滑块 F 点的位移、速度和加速度。

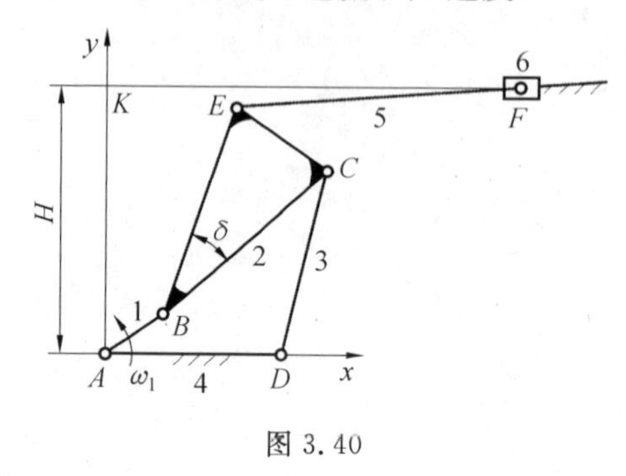

图3.40

解 (1)划分基本杆组。

该六杆机构是由Ⅰ级机构 AB、RRR Ⅱ级基本杆组 BCD 和 RRP Ⅱ级基本杆组 EF 组成的。

(2)求解步骤。

①在Ⅰ级机构 AB 中，即已知构件上点 A 的运动参数，求同一构件上点 B(回转副)的运动参数，调用Ⅰ级机构子程序即可求解(程序中此时 $\delta=0°$，点 A 与机架固连)。

②在 RRR Ⅱ级基本杆组 BCD 中已知 B、D 两点运动参数后，调用 RRR 基本杆组子程序求解内运动副点 C 的运动参数 x_C、y_C、$\dot{x}_C$、$\dot{y}_C$、$\ddot{x}_C$、$\ddot{y}_C$ 和杆件2、3的角运动参数 φ_2、φ_3、$\dot{\varphi}_2$、$\dot{\varphi}_3$、$\ddot{\varphi}_2$、$\ddot{\varphi}_3$。

③E 点相当于 BCE 杆(同一构件)上的点，在已知点 C(或点 B)的运动参数的情况下，调用求同一构件上点的运动分析子程序(与Ⅰ级机构相同，此时 $\delta\neq0°$)，求出点 E 的运动参数。

④再调用 RRP Ⅱ级基本杆组子程序求出滑块上 F 点的位移、速度和加速度。

综合以上分析可见，对于由前面介绍的Ⅰ级机构和Ⅱ级基本杆组组成的各种平面机构，均能通过调用相应的子程序，应用计算机方便且快速地得到机构运动分析结果(并能画出运动线图)，具体程序参看文献[15]第一章。例3.1的部分计算结果见表3.2，其中给出了主动件1每隔30°的计算结果，图3.41为滑块 F 的位移、速度和加速度曲线。

表3.2 例3.1的部分计算结果

曲柄转角	滑块位置		滑块位移	滑块速度	滑块加速度
φ_1/(°)	x_6/mm	y_6/mm	s/mm	v/(m·s^{-1})	a/(m·s^{-2})
0	516.397	350.000	516.397	2.107	−16.709
30	591.640	350.000	591.640	0.665	−29.019
60	592.736	350.000	592.736	−0.503	−15.568

续表 3.2

曲柄转角	滑块位置		滑块位移	滑块速度	滑块加速度
$\varphi_1/(°)$	x_6/mm	y_6/mm	s/mm	$v/(m\cdot s^{-1})$	$a/(m\cdot s^{-2})$
90	550.079	350.000	550.079	−1.041	−5.781
120	490.623	350.000	490.623	−1.181	−0.169
150	430.020	350.000	430.020	−1.111	2.481
180	375.916	350.000	375.916	−0.945	3.796
210	332.265	350.000	332.265	−0.710	5.294
240	303.415	350.000	303.415	−0.368	8.022
270	296.981	350.000	296.981	0.162	12.549
300	325.235	350.000	325.235	0.966	18.110
330	401.959	350.000	401.959	1.959	16.917
360	516.397	350.000	516.397	2.107	−16.709

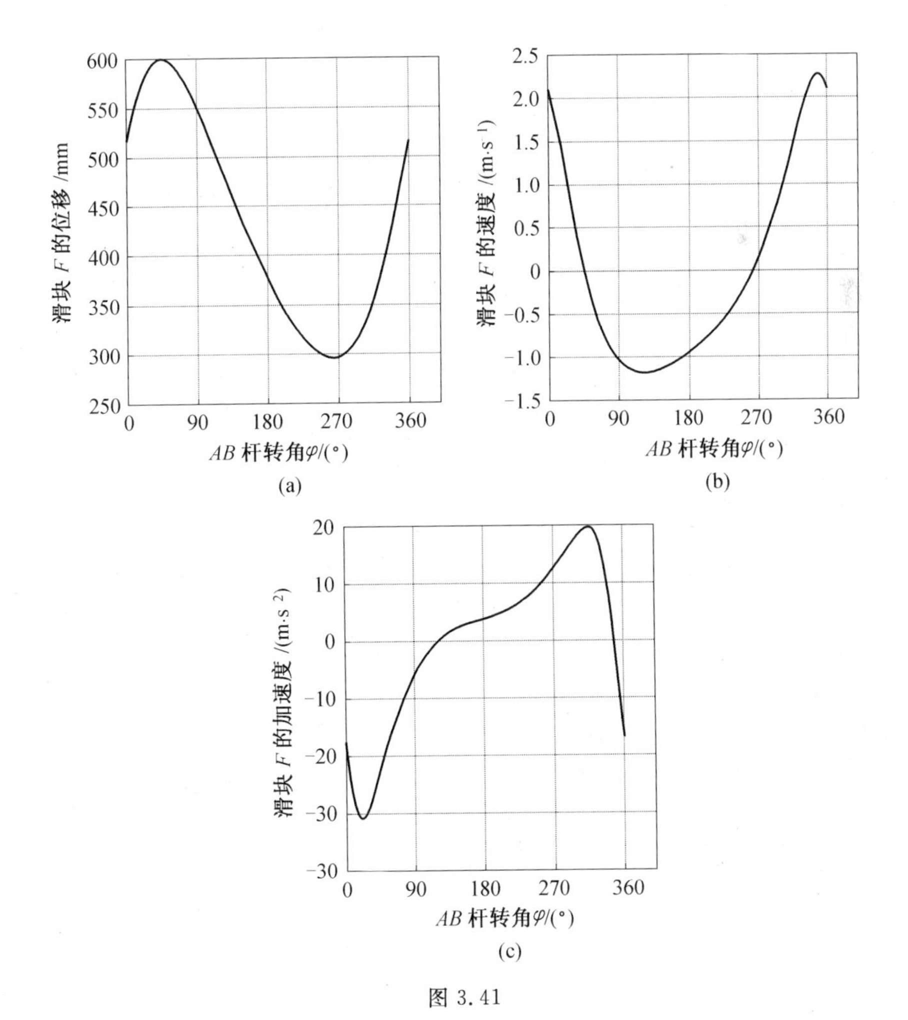

图 3.41

3.5 平面连杆机构的力分析和机械效率

3.5.1 力分析的基本知识

在机械设计中,不仅要进行运动分析,还要对机构的力学性能进行分析。作用在机械上的力不仅影响机械的运动和动力性能,还是强度计算和效率计算的基础,同时是研究运动副中摩擦和润滑的前提条件。

1.作用在机械上的力

机械在工作的过程中,每个构件都受到各种力的作用,如驱动力、生产阻力、介质阻力、重力、惯性力以及在运动副中引起的约束反力等,但就力对运动的影响来看,通常将作用在机械上的力分为驱动力和阻力两大类。

(1)凡是驱使机械运动的力,统称为驱动力(如原动机推动机构运动的原动力)。该力与其作用点的速度方向相同或夹角为锐角,常称驱动力为输入力,所做的功(正值)为输入功。

(2)凡是阻碍机械运动的力,统称为阻力。该力与其作用点的速度方向相反或夹角成钝角,所做的功为负值。阻力又可分为有益阻力和有害阻力。所谓有益阻力是为了完成有益工作而必须克服的生产阻力,还可以称为有效阻力,如金属切削机床的切削阻力、起重机提起重物的重力等。克服有效阻力所做的功称为有效功或输出功。有害阻力是指机械在运转过程中所受到的非生产性无用阻力,如有害摩擦力、介质阻力等,该力所做的功称为损耗功。

2.机构力分析的目的

研究机构力分析有以下两个目的。

(1)确定机构运动副中的约束反力。这些力的大小和性质决定各零件的强度以及机构运动副的摩擦、磨损和机械效率。

(2)确定为保证主动件按给定运动规律运动时需加在机械上的平衡力(或平衡力矩)。所谓平衡力是指与作用在机械上的已知外力及惯性力相平衡的未知外力。这对于确定机器工作时所需要的最小驱动功率或所能承受的最大生产负荷都是必不可少的。

3.力分析的方法

对于低速轻型的机械,惯性力影响不大,可在不计惯性力的条件下对机械进行力分析,称之为静力分析。但对高速及重型机械,惯性力的影响很大,不允许忽略。力分析时,可根据理论力学中的达朗贝尔原理将各构件在运动过程中所产生的惯性力(或力矩)视为一般外力(或力矩)加于产生惯性力的各构件上,然后仍按静力分析方法对机构进行力分析计算,这种力分析方法称为动态静力分析法。机构动态静力分析的方法有图解法和解析法,解析法又分为矢量方程法、矩阵法和杆组法。这些方法可在现已出版的《机械原理》教材中查阅。本节只研究考虑运动副摩擦时机构的力分析问题。

3.5.2 运动副中的摩擦和计及摩擦时机构的力分析

机械运转时，做相对运动的两构件组成的运动副中一定存在摩擦。运动副中所产生的摩擦力，一般情况下是机械中最主要的有害阻力，它会使运动副元素磨损，消耗动力，降低效率，破坏正常润滑条件，严重的甚至导致机器卡死，这种情况下必须设法减小摩擦力。但有些机械又是利用摩擦力来工作的，如带传动、摩擦离合器和制动器等，这种场合应增大摩擦力。因此，一定要对运动副中存在摩擦力的实际情况进行研究，以达到扬长避短的目的。

1. 移动副中的摩擦与自锁

(1)移动副中的摩擦。

①平面移动副中的摩擦。如图3.42所示，滑块1在驱动力 $\boldsymbol{F}_t$ 的作用下沿水平导路2以速度 $\boldsymbol{v}_{12}$ 做水平移动。设铅垂载荷为 $\boldsymbol{G}$(包括滑块自重)，摩擦系数为 f，导路2对滑块1的法向反力为 $\boldsymbol{F}_{N21}$。由滑块在铅垂方向上力的平衡可知：$F_{N21}=G$(方向相反)。所以摩擦力 $\boldsymbol{F}_{f21}$ 的大小为

$$F_{f21}=fF_{N21}=f\,G \tag{3.39}$$

由法向反力 $\boldsymbol{F}_{N21}$ 和摩擦力 $\boldsymbol{F}_{f21}$ 合成的总反力 $\boldsymbol{F}_{R21}$ 与导路法线间的夹角为 φ，称为摩擦角，则有

$$\tan\varphi=\frac{F_{f21}}{F_{N21}}=f \tag{3.40}$$

必须注意，导路2对滑块1的摩擦力 $\boldsymbol{F}_{f21}$ 的方向总与滑块相对导路的移动速度 $\boldsymbol{v}_{12}$ 的方向相反，总反力 $\boldsymbol{F}_{R21}$ 与滑块移动速度方向的夹角为 $90°+\varphi$，如图3.42所示。

②槽面移动副中的摩擦。如图3.43所示，楔形滑块1放在夹角为 2θ 的槽面2上，形成槽面移动副，在水平力 $\boldsymbol{F}_t$(垂直于纸面向里或向外)的作用下，滑块沿槽面等速移动。由滑块在铅垂方向力的平衡可得

$$G=F_{N21}\sin\theta$$

即

$$F_{N21}=\frac{G}{\sin\theta}$$

式中，θ 为槽形半角。

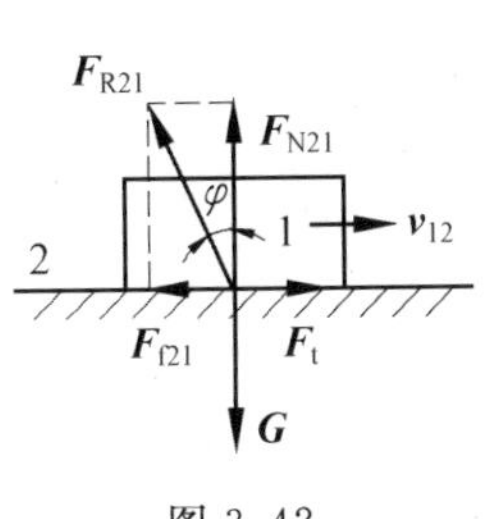

图3.42

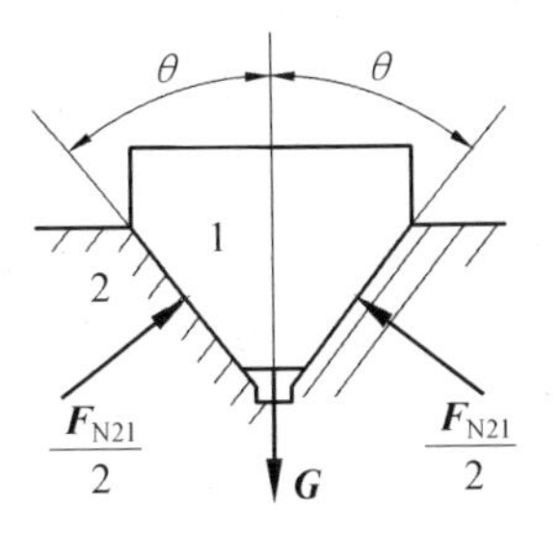

图3.43

摩擦力 $\boldsymbol{F}_{f21}$ 的大小为

$$F_{f21}=fF_{N21}=\frac{1}{\sin\theta}fG \tag{3.41}$$

若令 $f_v=\frac{1}{\sin\theta}f$，则上式可写成

$$F_{f21}=f_vG \tag{3.42}$$

式中，f_v 为当量摩擦系数，由此可得当量摩擦角 $\varphi_v=\arctan f_v$。

对比平面移动副和槽面移动副中摩擦力的计算公式可知，槽面移动副中的当量摩擦系数 f_v 大于平面移动副中的摩擦系数 f。因此，在带传动中，为增大摩擦力，常采用V带传动。

③斜面移动副中的摩擦。如图3.44所示，滑块1放在倾角为 λ 的斜面2上，滑块1在水平力 $\boldsymbol{F}_t$ 或 $\boldsymbol{F}'_t$ 的作用下沿滑块等速向上或向下运动。此问题实际上属于平面摩擦问题，只不过滑块放在斜面上而不是放在水平平面上，滑块1所受到的总反力 $\boldsymbol{F}_{R21}$ 与斜面的法线 n—n 间的夹角为摩擦角 φ。下面分析滑块1沿斜面等速运动时所需的水平力以及此时的摩擦力。

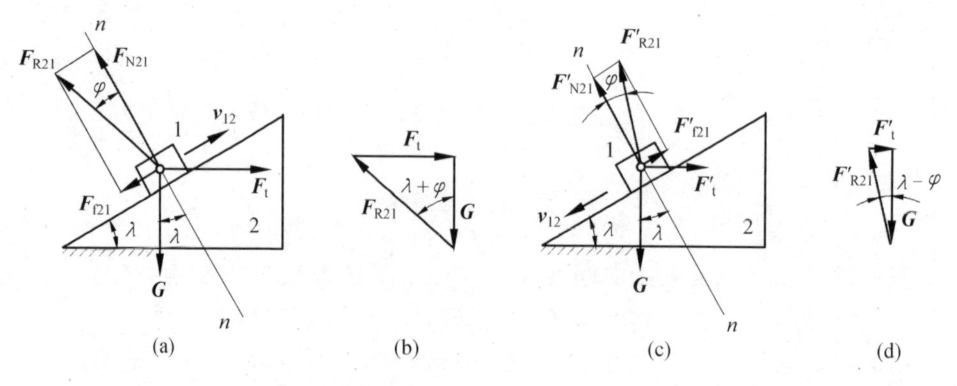

图3.44

(a)滑块沿斜面等速上升。如图3.44(a)所示，滑块1在水平力 $\boldsymbol{F}_t$ 的作用下，以速度 $\boldsymbol{v}_{12}$ 沿斜面等速上升，其所受的总反力 $\boldsymbol{F}_{R21}$ 与 $\boldsymbol{v}_{12}$ 成 $90°+\varphi$ 角。根据滑块1在 $\boldsymbol{G}$、$\boldsymbol{F}_t$ 和 $\boldsymbol{F}_{R21}$ 三个力的作用下平衡，有

$$\boldsymbol{G}+\boldsymbol{F}_{R21}+\boldsymbol{F}_t=\boldsymbol{0}$$

分析上式，只有力 $\boldsymbol{F}_{R21}$ 和 $\boldsymbol{F}_t$ 的大小未知，则可画出力多边形，如图3.44(b)所示。由此可求得滑块等速上升时的水平驱动力为

$$F_t=G\tan(\lambda+\varphi) \tag{3.43}$$

法向反力 $\boldsymbol{F}_{N21}$ 大小为

$$F_{N21}=F_{R21}\cos\varphi=\frac{\cos\varphi}{\cos(\lambda+\varphi)}G$$

摩擦力 $\boldsymbol{F}_{f21}$ 大小为

$$F_{f21}=fF_{N21}=\frac{\cos\varphi}{\cos(\lambda+\varphi)}fG \tag{3.44}$$

若令 $f_v=\frac{\cos\varphi}{\cos(\lambda+\varphi)}f$，则式(3.44)可写成与式(3.42)相同的形式，$F_{f21}=f_vG$。

(b)滑块沿斜面等速下滑。如图 3.44(c)所示，滑块 1 在水平力 $\boldsymbol{F}_t'$ 的作用下，以速度 $\boldsymbol{v}_{12}$ 沿斜面等速下滑，其所受的总反力 $\boldsymbol{F}_{R21}'$ 与 $\boldsymbol{v}_{12}$ 成 $90°+\varphi$ 角。根据滑块 1 在 $\boldsymbol{G}$、$\boldsymbol{F}_t'$ 和 $\boldsymbol{F}_{R21}'$ 三个力的作用下平衡，有

$$\boldsymbol{G}+\boldsymbol{F}_{R21}'+\boldsymbol{F}_t'=\boldsymbol{0}$$

分析上式，只有力 $\boldsymbol{F}_{R21}'$ 和 $\boldsymbol{F}_t'$ 的大小未知，则可画出力多边形，如图 3.44(d)所示。由此可求得滑块等速下滑时的水平驱动力为

$$F_t'=G\tan(\lambda-\varphi) \tag{3.45}$$

法向反力 $\boldsymbol{F}_{N21}$ 大小为

$$F'_{N21}=F'_{R21}\cos\varphi=\frac{\cos\varphi}{\cos(\lambda-\varphi)}G$$

摩擦力 $\boldsymbol{F}_{f21}$ 大小为

$$F'_{f21}=fF'_{N21}=\frac{\cos\varphi}{\cos(\lambda-\varphi)}fG \tag{3.46}$$

若令 $f_v=\dfrac{\cos\varphi}{\cos(\lambda-\varphi)}f$，则式(3.46)可写成与式(3.42)相同的形式，$F_{f21}=f_vG$。

应该注意，当滑块下滑时，$\boldsymbol{G}$ 始终为驱动力，而 $\boldsymbol{F}_t'$ 可能是阻力，也可能是驱动力。当 $\lambda>\varphi$ 时，$\boldsymbol{F}_t'$ 为阻力，其作用是阻止滑块沿斜面加速下滑；当 $\lambda<\varphi$ 时，$\boldsymbol{F}_t'$ 反向作用在滑块上成为驱动力，其作用是使滑块沿斜面等速下滑。

(2)移动副的自锁。

上面研究的各种移动副中的摩擦问题，最终都可以等效为滑块与斜面间的摩擦问题。当斜面的倾角等于零时，斜面摩擦就变成平面摩擦，因此以平面移动副中的摩擦为例研究移动副的自锁问题。

如图 3.45(a)所示，滑块 1 与平面导路 2 构成移动副。设作用在滑块 1 上的总驱动力 $\boldsymbol{F}$ 与导路法线成 β 角，该力可以分解为切向力 $\boldsymbol{F}_t$ 和法向力 $\boldsymbol{F}_n$，即

$$F_n=F\cos\beta \tag{3.47}$$

$$F_t=F\sin\beta=F_n\tan\beta \tag{3.48}$$

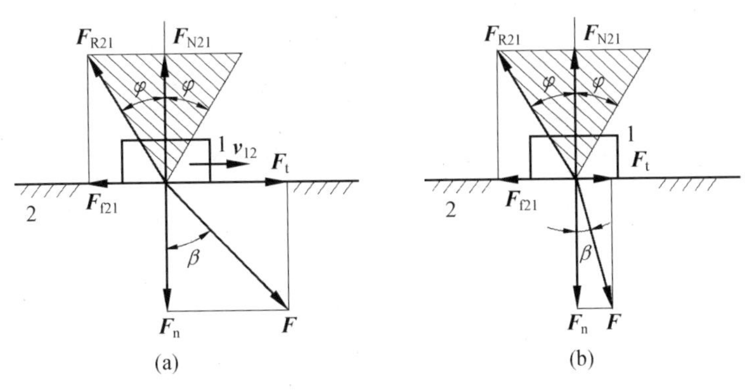

图 3.45

此时导路 2 的表面对滑块 1 产生的法向反力 $\boldsymbol{F}_{N21}$ 与 $\boldsymbol{F}_n$ 平衡，即 $F_{N21}=F_n$(方向相反)。滑块 1 在力 $\boldsymbol{F}_t$ 的作用下沿导路 2 以 $\boldsymbol{v}_{12}$ 的速度移动，移动副接触面必产生阻止滑块

移动的摩擦力 $\boldsymbol{F}_{f21}$。设摩擦系数为 f,则有

$$F_{f21}=f F_{N21}=f F_{n}=F_{n}\tan\varphi \tag{3.49}$$

对比式(3.48)和式(3.49)可知,当 $\beta>\varphi$(图 3.45(a))时,$F_{t}>F_{f21}$,滑块沿导路(和 $\boldsymbol{F}_{t}$ 方向一致)加速移动;当 $\beta=\varphi$ 时,$F_{t}=F_{f21}$,滑块等速运动(和 $\boldsymbol{F}_{t}$ 方向一致)或将开始运动;当 $\beta<\varphi$(图 3.45(b))时,$F_{t}<F_{f21}$,滑块静止不动。由于 $\beta<\varphi$ 时,F_{t} 总小于摩擦力 F_{f21},故无论驱动力 $\boldsymbol{F}$ 增加到多大(甚至无穷大)都不能使滑块运动,这种现象称为自锁。以导路法线为中线的角 2φ 构成的区域(图 3.45 阴影区)是自锁区,也可称此区域为摩擦锥。由以上分析可得出结论:

①只要驱动力 $\boldsymbol{F}$ 作用在摩擦锥之外($\beta>\varphi$),驱动力 $\boldsymbol{F}$ 应能推动滑块做加速运动,如若滑块不能被推动,其唯一的原因是驱动力不够大而不能克服工作阻力,不是自锁。

②当驱动力 $\boldsymbol{F}$ 作用在摩擦锥之内($\beta<\varphi$)时,无论驱动力 $\boldsymbol{F}$ 力有多么大,都不能推动滑块运动,产生自锁。因此,移动副的自锁条件为 $\beta<\varphi$。

2. 转动副中的摩擦与自锁

(1)转动副中的摩擦。

轴伸入轴承内的部分称为轴颈。当轴颈在轴承内转动时,由于受到径向载荷的作用,接触面必产生摩擦力阻止其回转。如图 3.46 所示,在轴颈与轴承之间有少许间隙的转动副中,可以认为轴颈 1 与轴承 2 间沿圆柱表面上一素线相接触。当轴颈 1 静止不动时,轴颈 1 与轴承 2 在轴承的最低点 A 处相接触,轴颈 1 受到的法向反力 $\boldsymbol{F}_{N21}$ 与径向载荷 $\boldsymbol{G}$ 的作用线相重合,且大小相等、方向相反。当在轴颈 1 上加驱动力矩 M 后,轴颈从点 A 向点 B 方向滚动,直至滚动到轴径 1、轴承 2 间产生滑动的点 B 处,轴颈不再向上滚动。在点 B 位置处,轴颈 1 在径向载荷 $\boldsymbol{G}$、反力 $\boldsymbol{F}_{N21}$ 和摩擦力 $\boldsymbol{F}_{f21}$ 三个力的作用下平衡,则

$$G=\sqrt{F_{f21}^{2}+F_{N21}^{2}}=F_{N21}\sqrt{1+f^{2}}$$

亦即

$$F_{N21}=\frac{G}{\sqrt{1+f^{2}}}$$

由此可得

$$F_{f21}=f F_{N21}=\frac{f}{\sqrt{1+f^{2}}}G \tag{3.50}$$

式(3.50)是在假设轴颈 1 与轴承 2 存在少许间隙的条件下推导出的,对于未经过跑合的轴颈与轴承组成的转动副,$F_{f21}=\frac{\pi}{2}f G$;对于跑合后的轴颈与轴承组成的转动副,$F_{f21}=\frac{4}{\pi}f G$,详细推导过程见参考文献[1]第四章。如果令当量摩擦系数 f_{v} 分别为 $f_{v}=\frac{f}{\sqrt{1+f^{2}}}$、$f_{v}=\frac{\pi}{2}f$ 及 $f_{v}=\frac{4}{\pi}f$,则转动副中的摩擦力可写成 $F_{f21}=f_{v}G$ 的通用形式。实际转动副中摩擦系数 f_{v} 的值常通过试验测定而得到。f_{v} 值随轴颈材料、刚度、摩擦面状况及工作条件(如接触弧的大小、是整周转动还是在某一角度内摆动、$\boldsymbol{G}$ 的方向是否变化及速度的大小)等的不同而在一定的范围内变化。总之,在实际应用时,f_{v} 可在 $f\sim1.57f$

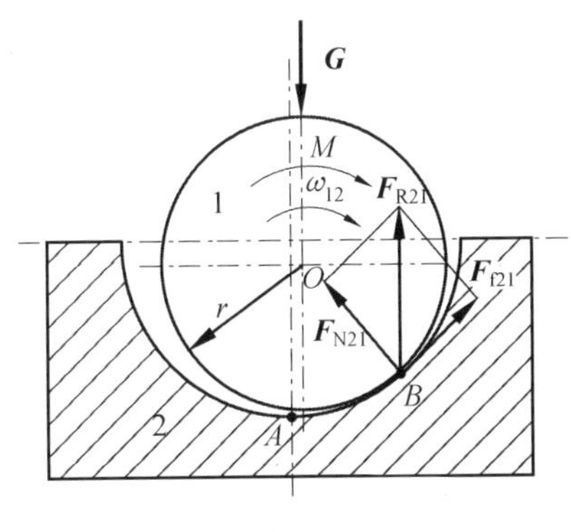

图 3.46

之间选取，当轴颈与轴承的间隙小、接触面大，材料软时取大值，反之取小值。为了安全起见，在计算机械效率时，取大值，在考虑应用机械自锁时取小值。

(2)转运副的自锁。

由上述分析可见，转动副中的摩擦力最终都可以看成是轴颈在驱动力矩 M、径向载荷 $\boldsymbol{G}$、法向反力 $\boldsymbol{F}_{N21}$ 和摩擦力 $\boldsymbol{F}_{f21}$ 作用下的平衡问题。如图 3.47(a)所示，取轴颈 1 为力平衡体，根据力平衡条件，轴承对轴颈的总反力 $\boldsymbol{F}_{R21}$ 的大小为

$$F_{R21}=G$$

设 $\boldsymbol{F}_{R21}$ 与 $\boldsymbol{G}$ 的距离为 ρ。总反力 $\boldsymbol{F}_{R21}$ 对转动中心 O 的力矩应与驱动力矩 M 相平衡，即

$$M=F_{R21}\rho=G\rho \tag{3.51}$$

由于法向反力 $\boldsymbol{F}_{N21}$ 对转动中心 O 无力矩，故与驱动力矩 M 相平衡的也只有摩擦力矩 M_f，按上述推导 $F_{f21}=f_vG$，可得

$$M_f=F_{f21}r=f_vGr \tag{3.52}$$

当轴径受力平衡时，有

$$M_f=M \tag{3.53}$$

将式(3.51)和式(3.52)代入式(3.53)中，得

$$\rho=f_vr \tag{3.54}$$

若以轴颈中心 O 为圆心，以 ρ 为半径作圆，则称该圆为摩擦圆，ρ 称为摩擦圆半径。对于一个具体的轴颈，当其受力平衡时，总反力总是切于摩擦圆的，其方向应使 $\boldsymbol{F}_{R21}$ 对轴心 O 之矩阻止轴颈 1 相对轴承 2 的转动，即与 ω_{12} 反向。

综上所述，若设驱动力 $\boldsymbol{G}$ 的作用线距轴心 O 的偏距为 e(图 3.47(b))，经分析可得以下结论。

(1)当 $e=\rho$ 时，即 $\boldsymbol{G}$ 切于摩擦圆，$M=M_f$，轴颈做匀速转动或将开始转动。

(2)当 $e>\rho$ 时，$\boldsymbol{G}$ 在摩擦圆以外，$M>M_f$，轴颈则加速转动。

(3)当 $e<\rho$ 时，$\boldsymbol{G}$ 作用在摩擦圆以内，无论驱动力 $\boldsymbol{G}$ 增加到多大，因 M 恒小于 M_f，所以轴颈不会转动，这种现象称为转动副的自锁。因此，转动副自锁的条件为驱动力的作用线在摩擦圆以内，即 $e<\rho$。

3. 计及摩擦时平面连杆机构的受力分析举例

对高速或重型机械进行受力分析时，都应考虑运动副中的摩擦。在计算机械效率时，

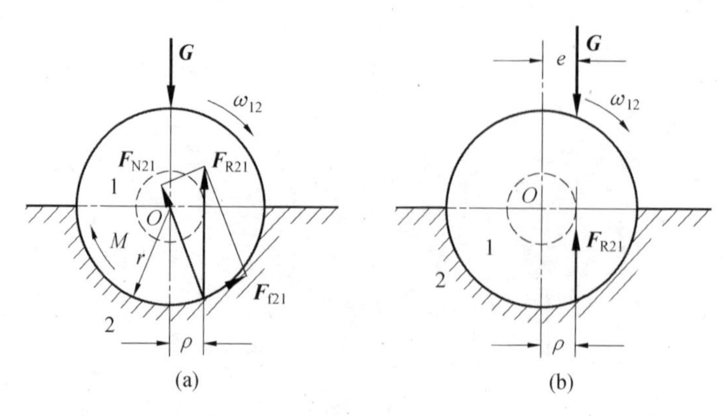

图 3.47

也必须先对机构进行计及摩擦的受力分析。下面举例说明如何利用运动副中摩擦的条件,对机构进行受力分析。

例 3.2 在图 3.48(a)所示的曲柄滑块机构中,若已知各杆件的尺寸、各转动副的半径 r、各运动副的摩擦系数 f 及作用在滑块上的水平阻力 $\boldsymbol{G}$,试通过对机构图示位置的受力分析(不计各构件质量及惯性力),确定作用在曲柄上点 B 并垂直于曲柄的平衡力 $\boldsymbol{F}_{\mathrm{b}}$ 的大小和方向。

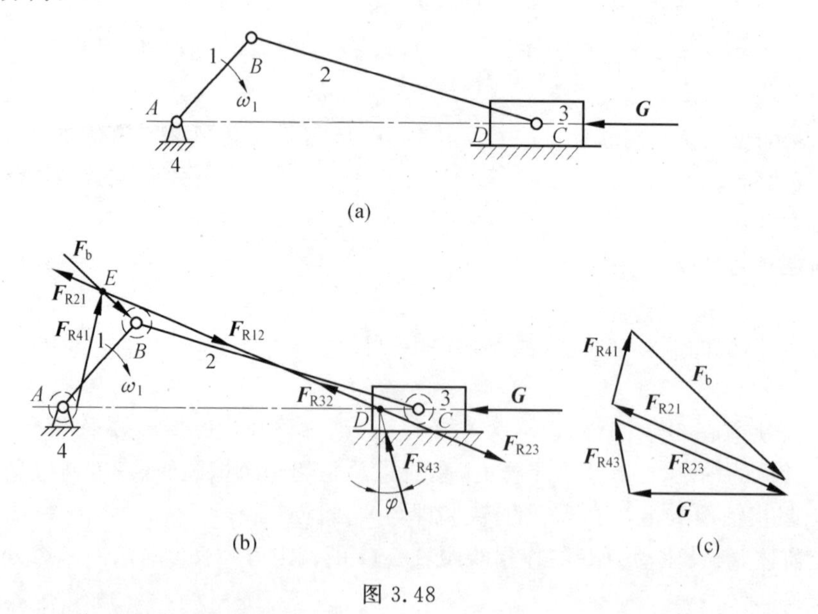

图 3.48

解 (1)计算摩擦角 φ 及摩擦圆半径 ρ。

摩擦角 $\varphi=\arctan f$,摩擦圆半径 $\rho=fr$。在转动副 A、B 及 C 处画出半径为 ρ 的摩擦圆(图 3.48(b)中虚线小圆)。

(2)连杆 2 的受力分析。

①确定连杆 2 的受力性质。若不计构件自重和惯性力,根据曲柄 1 的回转方向,可分析得出连杆 2 为受压的二力杆,因此 $\boldsymbol{F}_{\mathrm{R12}}$ 与 $\boldsymbol{F}_{\mathrm{R32}}$ 为大小相等、方向相反的两个相向力。

②初步确定连杆 2 上转动副 B 处所受力的作用位置。当主动件 1 顺时针转动时,

$\angle ABC$有增大的趋势，则构件2有绕B点逆时针方向转动的趋势（ω_{21}为逆时针），$\boldsymbol{F}_{R12}$对点B的力矩应阻止ω_{21}做逆时针转动，所以$\boldsymbol{F}_{R12}$对点B的力矩为顺时针方向。力$\boldsymbol{F}_{R12}$应切于B点处摩擦圆的上方。

③初步确定连杆2上转动副C处所受力的作用位置。当主动件1顺时针转时，$\angle BCA$有减小的趋势，则构件2有绕点C逆时针方向转动的趋势（ω_{23}为逆时针），$\boldsymbol{F}_{R32}$对点C的力矩应阻止ω_{23}做逆时针转动，所以$\boldsymbol{F}_{R32}$对点C的力矩为顺时针方向。力$\boldsymbol{F}_{R32}$应切于C点处摩擦圆的下方。

④确定连杆2上转动副B和C处所受力的方向。根据上述分析，$\boldsymbol{F}_{R12}$与$\boldsymbol{F}_{R32}$应在B、C两处摩擦圆的内公切线ED上才能满足步骤①、②、③的要求，如图3.48(b)所示。此时，$\boldsymbol{F}_{R32}$与已知力$\boldsymbol{G}$交于点D，$\boldsymbol{F}_{R12}$与待求平衡力$\boldsymbol{F}_b$交于点E。

但需要指出的是，上面只求出$\boldsymbol{F}_{R12}$和$\boldsymbol{F}_{R32}$的方向，并未求得其大小。

(3) 滑块3的受力分析。

当曲柄1顺时针方向转动时，滑块3有向右运动的趋势，总反力$\boldsymbol{F}_{R43}$与向右的速度方向成$(90°+\varphi)$角。由于滑块3处于平衡状态，其所受的三个力$\boldsymbol{G}$、$\boldsymbol{F}_{R23}$、$\boldsymbol{F}_{R43}$应汇交于一点，所以$\boldsymbol{F}_{R43}$经过点D，如图3.48(b)所示。根据滑块3的平衡，有

$$\boldsymbol{G}+\boldsymbol{F}_{R23}+\boldsymbol{F}_{R43}=\boldsymbol{0} \tag{3.55}$$

根据式(3.55)，按一定比例尺作图3.48(c)下图所示的力封闭图即可求得$\boldsymbol{F}_{R23}$和$\boldsymbol{F}_{R43}$的大小。

(4)对曲柄1进行力分析。

由于曲柄1绕点A顺时针转动，$\angle BAC$有减小的趋势，$\boldsymbol{F}_{R41}$对点A的力矩应阻止曲柄1顺时针转动，所以$\boldsymbol{F}_{R41}$对点A的力矩为逆时针方向。由曲柄1在$\boldsymbol{F}_{R21}$、$\boldsymbol{F}_b$、$\boldsymbol{F}_{R41}$三力作用下的平衡得$\boldsymbol{F}_{R41}$应经过E点，且有

$$\boldsymbol{F}_{R21}+\boldsymbol{F}_{R41}+\boldsymbol{F}_b=\boldsymbol{0} \tag{3.56}$$

根据作用力与反作用力的关系，有$\boldsymbol{F}_{R32}=-\boldsymbol{F}_{R23}$、$\boldsymbol{F}_{R12}=-\boldsymbol{F}_{R32}$，$\boldsymbol{F}_{R21}=-\boldsymbol{F}_{R12}$。根据式(3.56)，按一定比例尺作图3.48(c)上图所示的力封闭图即可求得平衡力$\boldsymbol{F}_b$的大小，其方向如图3.48(c)所示。

总结以上的求解过程，可归纳计及摩擦时四杆机构的受力分析步骤如下。

(1)计算出摩擦角$\varphi=\arctan f$和摩擦圆半径$\rho=fr$，并画出摩擦圆。

(2)先从二力构件着手分析，根据该构件是受压杆还是受拉杆，初步确定出不考虑摩擦时的二力方向（即二力相向还是相背），再根据与该二力构件组成运动副的另外杆件的转动方向确定二力应与摩擦圆如何相切，最后可求出计及摩擦时的二力构件上所受力的确切方向。

(3)对有已知力作用的构件做力分析。充分利用前面已求得的力，列出构件平衡时的力平衡方程式。若三力则应汇交于一点，对大小、方向均未知的力，要先考虑力的方向，移动副要注意摩擦角偏向，转动副注意切于摩擦圆哪一侧。最后再根据力封闭图求出其力的大小。

(4)对未知力所在构件进行力分析。

以上是利用图解法对平面连杆机构进行计及摩擦的力分析。还可以用解析法如杆组

法等进行计及摩擦的力分析，当运动副中支反力为未知时，可用逐次逼近的方法进行求解，本书不进行介绍。

3.5.3 机械的效率和自锁

1. 机械效率

在一个机械系统中，把驱动力所做的功称为输入功(驱动功)，记为 W_d；生产阻力所做的功称为输出功(有益功)，记为 W_r；而克服如摩擦力、空气阻力等有害阻力所做的功，称为损耗功，记为 W_f。当机械稳定运转时，输入功等于输出功与损耗功之和，即

$$W_d = W_r + W_f \tag{3.57}$$

输出功和输入功的比值，反映了输入功在机械中的有效利用程度，称为机械效率，通常用 η 表示，即

$$\eta = \frac{W_r}{W_d} \tag{3.58}$$

或

$$\eta = \frac{W_d - W_f}{W_d} = 1 - \frac{W_f}{W_d} \tag{3.59}$$

如将式(3.57)两边同时除以时间 t，可得输入功率、损耗功率与输出功率间的关系为

$$P_d = P_r + P_f \tag{3.60}$$

从而得到以功率形式表示的机械效率为

$$\eta = \frac{P_r}{P_d} \tag{3.61}$$

$$\eta = 1 - \frac{P_f}{P_d} = 1 - \xi \tag{3.62}$$

式中，ξ 为机械损失系数，$\xi = \frac{P_f}{P_d}$；P_d 为输入功率；P_r 为输出功率。

实际机械中总是存在摩擦的，即 W_f(或 P_f)总不可能等于零，由于摩擦造成能量损失，机械损失系数 $\xi \neq 0$，所以任何一个实际机械的效率 η 总是小于 1，而且 ξ 越大，机械效率就越低。

为了便于应用，机械效率也可用力和力矩来表示。图 3.49 所示为一简单机械传动系统示意图。主动轮 1 在驱动力 $\boldsymbol{F}$ 的作用下以角速度 ω_1 逆时针转动，并通过一级带传动带动从动轮 2，使工作阻力 $\boldsymbol{G}$ 以速度 $\boldsymbol{v}_G$ 向上运动，根据式(3.61)可得

$$\eta = \frac{P_r}{P_d} = \frac{G v_G}{F v_F} \tag{3.63}$$

假设该机械在不存在摩擦的理想状态下(即 $P_f = 0$)，为克服同样的生产阻力 $\boldsymbol{G}$ 所需的理想驱动力为 $\boldsymbol{F}_0$，则理想状态下的机械效率 $\eta_0 = 1 - \frac{P_f}{P_d} = \frac{G v_G}{F_0 v_F} = 1$，即

$$G v_G = F_0 v_F \tag{3.64}$$

将式(3.64)代入式(3.63)，得到用驱动力表示的效率公式为

$$\eta = \frac{G v_G}{F v_F} = \frac{F_0 v_F}{F v_F} = \frac{F_0}{F} \tag{3.65}$$

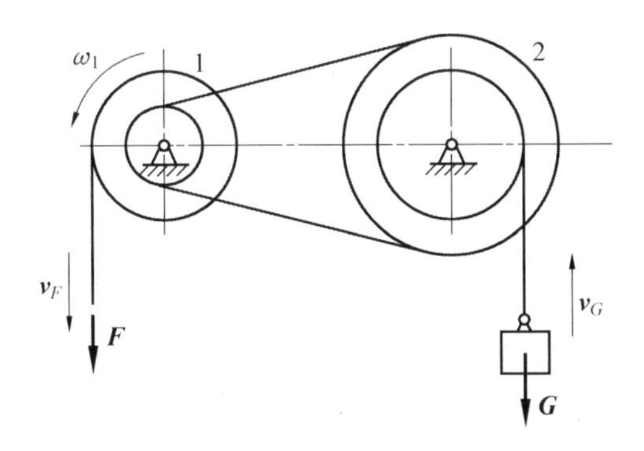

图 3.49

用驱动力矩表示的机械效率为

$$\eta=\frac{M_{F_0}}{M_F} \tag{3.66}$$

式中，M_{F_0} 和 M_F 分别为克服同样阻力矩所需的理想驱动力矩和实际驱动力矩。

综合式(3.65)和式(3.66)，得

$$\eta=\frac{\text{理想驱动力}}{\text{实际驱动力}}=\frac{\text{理想驱动力矩}}{\text{实际驱动力矩}} \tag{3.67}$$

同理，也可用工作阻力或阻力矩来表示机械效率。假设在理想机械中，同样大小的驱动力 F(或驱动力矩 M_F)所能克服的工作阻力为 G_0(或阻力矩 M_{G_0})，则理想状态下的机械效率 $\eta_0=1-\frac{P_f}{P_d}=\frac{G_0 v_G}{F v_F}=1$，即

$$F v_F=G_0 v_G \tag{3.68}$$

将式(3.68)代入式(3.63)，得到用工作阻力表示的机械效率为

$$\eta=\frac{G v_G}{F v_F}=\frac{G v_G}{G_0 v_G}=\frac{G}{G_0} \tag{3.69}$$

用工作阻力矩表示的效率为

$$\eta=\frac{M_G}{M_{G_0}} \tag{3.70}$$

综合式(3.69)和式(3.70)，得

$$\eta=\frac{\text{实际工作阻力}}{\text{理想工作阻力}}=\frac{\text{实际工作阻力矩}}{\text{理想工作阻力矩}} \tag{3.71}$$

利用式(3.67)和式(3.71)计算效率的方便之处在于，计算力的同时可以方便地求得机械效率，而不必计算功或功率。

机械效率除了用以上各计算公式进行理论计算外，还可以通过试验的方法测定。常用机构和运动副的效率可在《机械工程手册》等一般设计用工具书中查到。

2. 机械自锁

在计及运动副摩擦时的受力分析中，已从受力的角度研究了机构的自锁问题，现在再从机械效率的角度来研究机械的自锁问题。

由于实际机械中摩擦是一定存在的，即有害阻力所做的功 W_f(或功率 P_f)不等于零，因此机械的效率小于1。若驱动功率等于有害功率($P_d=P_f$)，则效率 $\eta=0$，此种情况下，

机器可能出现以下两种状态：一是原来运动的机器仍能运动，但输出功率 $P_r=0$，机器处于空转运动状态；二是原来就不动的机器，由于输入功率只够克服有害功率，所以该机器仍然不能运动，处于自锁状态。若输入功率小于有害功率($P_d<P_f$)，则 $\eta<0$，即输入功率引起的有害阻力的功率比输入功率还要大，此时机器静止不动，即自锁。因此，机械发生自锁的条件为

$$\eta\leqslant 0 \tag{3.72}$$

3. 机械的效率和自锁应用举例

例 3.3 对于图 3.50(a)所示的矩形螺纹传动，1 为螺母，2 为螺杆，并假设螺杆和螺母间的轴向载荷 $\boldsymbol{G}$ 集中作用在中径为 d 的螺旋线上，求该螺纹传动的效率和自锁条件。

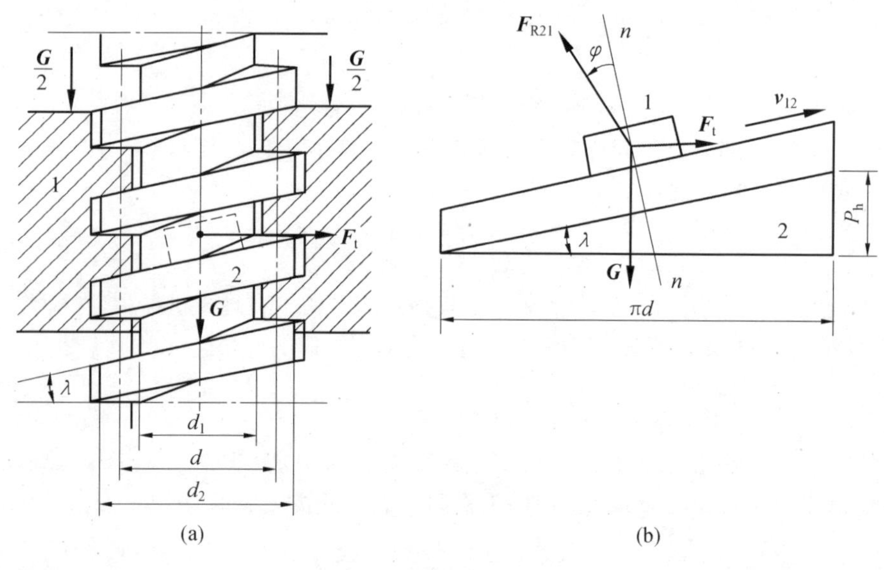

图 3.50

解 由于螺母 1 可以简化为一滑块，螺杆 2 的螺旋线可以沿其中径 d 展成一倾角为 λ 的斜直线，所以螺母和螺杆之间的关系可以简化为滑块沿斜面滑动的关系，如图 3.50(b)所示。斜面的倾角 λ 为螺纹中径 d 上的螺旋升角，所以

$$\tan\lambda=\frac{P_h}{\pi d}=\frac{zp}{\pi d}$$

式中，P_h 为螺纹导程；z 为螺纹头数；p 为螺距。

拧紧螺母时，相当于滑块沿斜面上升，由式(3.43)可求得施加在螺母中径 d 上的圆周力为

$$F_t=G\tan(\lambda+\varphi) \tag{3.73}$$

假设螺杆与螺母之间无摩擦，即摩擦角 $\varphi=0$，可得理想的水平的驱动力 F_{t0} 为

$$F_{t0}=G\tan\lambda \tag{3.74}$$

根据式(3.65)、式(3.73)和式(3.74)可求得拧紧螺母时的机械效率为

$$\eta=\frac{F_{t0}}{F_t}=\frac{\tan\lambda}{\tan(\lambda+\varphi)} \tag{3.75}$$

当 $\eta\leqslant 0$ 时螺旋副发生自锁，即

$$\lambda \geqslant \frac{\pi}{2} - \varphi \tag{3.76}$$

同理，根据式(3.45)可求得放松螺母时维持其等速下滑时的阻力 $\boldsymbol{F}'$ 大小为

$$F_t' = G\tan(\lambda - \varphi) \tag{3.77}$$

如果螺杆与螺母之间没有摩擦，即 $\varphi=0$，可得理想阻力为

$$F_{t0}' = G\tan\lambda \tag{3.78}$$

根据式(3.69)、式(3.77)和式(3.78)，可求得放松螺母时的效率为

$$\eta' = \frac{F_t'}{F_{t0}'} = \frac{\tan(\lambda - \varphi)}{\tan\lambda} \tag{3.79}$$

当 $\eta' \leqslant 0$ 时，可求得放松螺母时的自锁条件为

$$\lambda \leqslant \varphi \tag{3.80}$$

3.6 平面四杆机构设计

平面四杆机构的设计可分为函数机构设计、轨迹机构设计和导引机构设计三类基本问题。根据不同的设计要求，平面四杆机构的设计方法也是多种多样的，可以分为图解法、试验法和解析法三大类。由于计算机技术及数值计算方法的迅速发展，本书将重点介绍解析法，对于图解法和试验法的思想，只在适当情况下简单介绍。

3.6.1 函数机构设计

设计一个如图3.51所示的四杆机构，使其主动连架杆 AB 与从动连架杆 CD 间满足若干组对应位置关系如 $AB—CD$、$AB_1—C_1D$、$AB_2—C_2D$、…或实现给定的函数 $\Psi(\varphi)$ 关系，这类四杆机构设计统称为函数机构设计。在工程实际中，在主动连架杆匀速运动的情况下，为提高生产效率，往往要求从动连架杆具有急回的特性，这种满足急回运动要求的四杆机构设计，也可以归入此类设计问题。

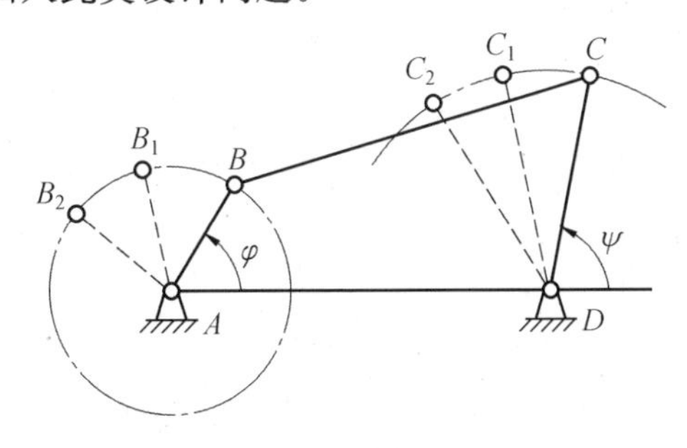

图3.51

1. 按给定两连架件间对应位置设计四杆机构

如图3.52所示的铰链四杆机构，两连架杆对应的角位置分别为 $\varphi_0+\varphi$、$\Psi_0+\Psi$。该类设计的基本问题是给定两连架杆转角 φ 和 Ψ 之间的对应关系，求机构各杆的杆长 a、b、c 和 d。

根据图3.52所示的坐标系和各杆矢量方向，将各杆分别在 x、y 轴上投影得

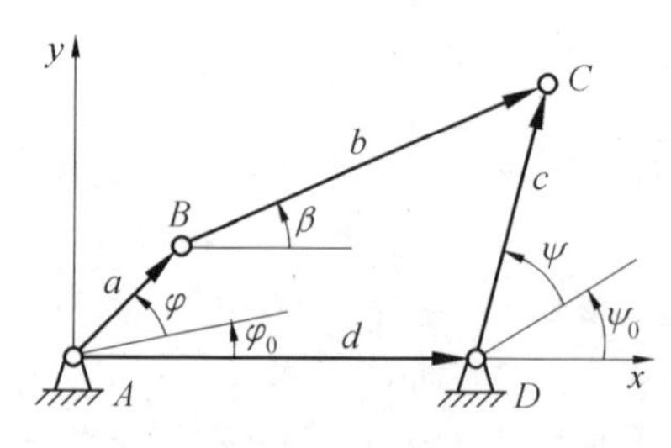

图 3.52

$$\begin{cases}a\cos(\varphi_0+\varphi)+b\cos\beta=d+c\cos(\Psi_0+\Psi)\\ a\sin(\varphi_0+\varphi)+b\sin\beta=c\sin(\Psi_0+\Psi)\end{cases}\tag{3.81}$$

将式(3.81)中两式移项后分别平方相加,消去角 β,并整理得

$$b^2=a^2+c^2+d^2+2cd\cos(\Psi_0+\Psi)-2ad\cos(\varphi_0+\varphi)-2ac\cos[(\varphi-\Psi)+(\varphi_0-\Psi_0)]\tag{3.82}$$

令

$$\begin{cases}R_1=(a^2+c^2+d^2-b^2)/(2ac)\\ R_2=d/c\\ R_3=d/a\end{cases}\tag{3.83}$$

将 R_1、R_2 和 R_3 代入式(3.82)得

$$R_1-R_2\cos(\varphi_0+\varphi)+R_3\cos(\Psi_0+\Psi)=\cos[(\varphi-\Psi)+(\varphi_0-\Psi_0)]\tag{3.84}$$

式(3.84)即为铰链四杆机构的位置方程。式中共有五个待定参数:R_1、R_2、R_3、φ_0 和 Ψ_0,这说明它最多能满足两连架杆的五组对应角位置(φ_i、Ψ_i,$i=1,\cdots,5$)。若给定三组对应角位置,可令 φ_0 和 Ψ_0 为常数,式(3.84)变为线性方程组,求得 R_1、R_2 和 R_3 后,再设定曲柄长度 a 或机架长度 d,就可以按式(3.83)求出机构尺寸了。若给定五组对应角位置,则式(3.84)为非线性方程组,一般情况下要给定初值才能求得结果,若初值给得不恰当,有可能不收敛而求不出机构尺寸。

由上述分析可知,即使按给定五组对应位置求得机构,也只是在这五组位置上能精确实现要求的函数,在其他位置上 $\Psi(\varphi)$ 均有误差。可见,用解析法求得的函数机构,其结果不一定令人满意。为求解方便,可先给定两连架杆的三组对应位置,用求得的机构作为初值,而后再进一步用优化设计的方法求出误差更小的解。

2. 按从动件急回特性设计四杆机构

为了提高机构的工作效率,在四杆机构的主动件做等速转动过程中,要求从动件在工作行程和非工作行程做不等速的往复运动,其行程速度变化系数为 K,根据 K 的大小,可由式(3.12)求得四杆机构的极位夹角 θ。

按照一定的极位夹角 θ,用图解法求解铰链四杆机构、曲柄滑块机构或摆动导杆机构,均可获得足够的精度。其基本原理是:给定(摇杆或滑块)的两极限位置端点距离 C_1C_2(图 3.53),过此两端点 C_1 和 C_2 的圆上同一侧圆弧对应的圆周角是相等的,如图 3.53 中的 $\angle C_1AC_2=\angle C_1PC_2$。

例 3.4 如图 3.53 所示,行程速度变化系数 $K=1.25$,摇杆长度 $l_{CD}=300$ mm,摇杆

摆角 $\Psi=45°$，机架长度 $l_{AD}=340$ mm，试确定曲柄摇杆机构的尺寸。

解 (1) 求出极位夹角 θ。

$$\theta=180°\times\frac{K-1}{K+1}=20°$$

(2)任选一点 D，由给定的摇杆长度 l_{CD} 和摆角 Ψ，按一定比例尺作出 DC_1 和 DC_2 位置(图 3.53)。

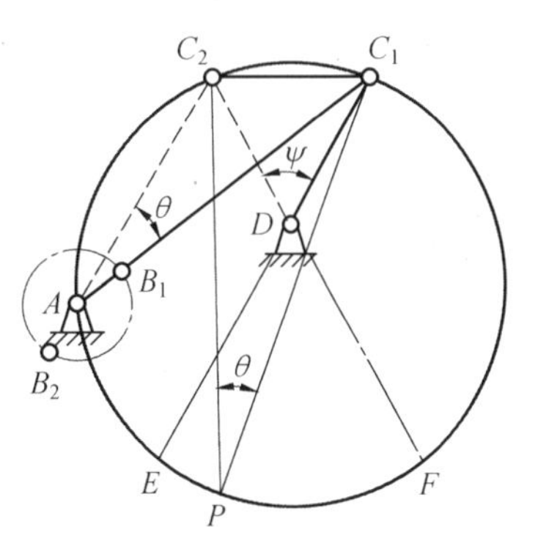

图 3.53

(3)过点 C_1 作直线 $\overline{C_1P}$，使 $\overline{C_1P}$ 与 $\overline{C_1C_2}$ 线的夹角为 $\angle C_2C_1P=90°-\theta$，再过点 C_2 作 $\overline{C_1C_2}$ 线的垂线 $\overline{C_2P}$，$\overline{C_2P}$ 与 $\overline{C_1P}$ 交于 P 点，则 $\angle C_1PC_2=\theta$；过 C_1、C_2 和 P 三点作圆，则圆弧 $\overset{\frown}{C_1PC_2}$ 上任一点 A 与点 C_1 和点 C_2 连线的夹角 $\angle C_1AC_2$ 等于极位夹角 θ。

(4)以点 D 为中心，以机架 l_{AD} 长度为半径画弧交 $\overset{\frown}{C_1PC_2}$ 所在圆于点 A，点 A 即为所求机构的曲柄中心。则曲柄长度 a 和连杆长度 b 为

$$a=(\overline{AC_1}-\overline{AC_2})/2$$

$$b=(\overline{AC_1}+\overline{AC_2})/2$$

若不给定机架尺寸，只要选定该圆的 $\overset{\frown}{C_1PC_2}$ 弧上的任一点作为曲柄中心 A，均可以满足行程速度变化系数 K 的要求。由于当曲柄中心 A 选在 $\overset{\frown}{EPF}$ 弧内时，摇杆两极限位置 C_1 和 C_2 将位于机架的两侧，则机构运动不连续，所以曲柄中心 A 不能选在 $\overset{\frown}{EPF}$ 圆弧段之内(具体证明见参考文献[1]第五章)。

3.6.2 轨迹机构设计

轨迹机构设计就是设计一个四杆机构，使其连杆上某一点实现给定的一段轨迹曲线或某一封闭轨迹曲线。如图 3.4 所示搅拌机的连杆点能够实现特定要求的轨迹，又如图 3.54 所示四杆机构连杆平面上的点 M_1、M_2 或 M_3 能实现不同的轨迹曲线。轨迹机构设计方法有许多种，如试验法和解析法等。

1. 试验法

试验法可按如下步骤进行。

(1)如图 3.55 所示，在给定轨迹 $t—t$ 附近选取曲柄中心 A，根据 A 点至轨迹 $t—t$ 的最近点和最远点的距离 R_{min} 和 R_{max}，决定 2 自由度辅助机构 ABM 的曲柄 R_1 和浮动连杆 R_2 的长度，即

$$\begin{cases}R_1=(R_{max}-R_{min})/2\\R_2=(R_{max}+R_{min})/2\end{cases}\tag{3.85}$$

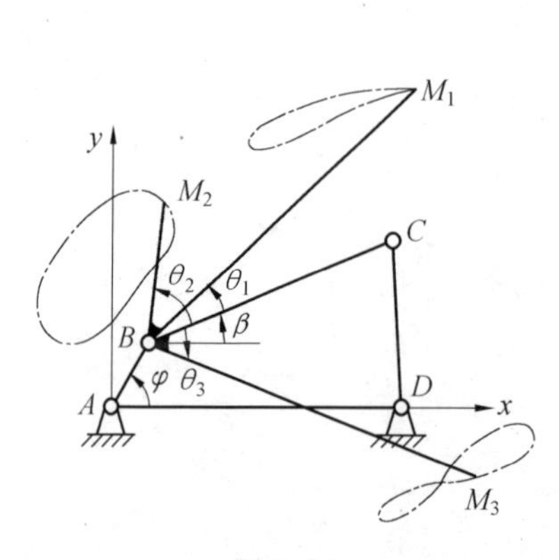

图 3.54

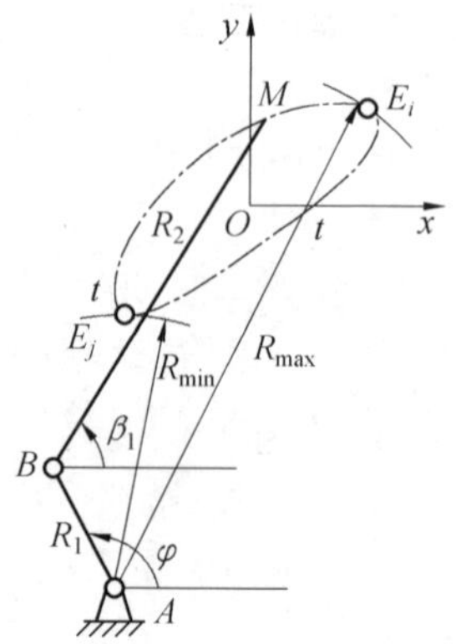

图 3.55

(2)在 2 自由度机构中的曲柄 R_1 绕 A 点回转的同时,令浮动连杆 R_2 上的 M 点沿给定轨迹 t—t 顺序运动。

(3)如图 3.56 所示,画出与浮动连杆 R_2 固连在一起的 M_1、M_2、M_3、…的轨迹曲线,即连杆曲线。

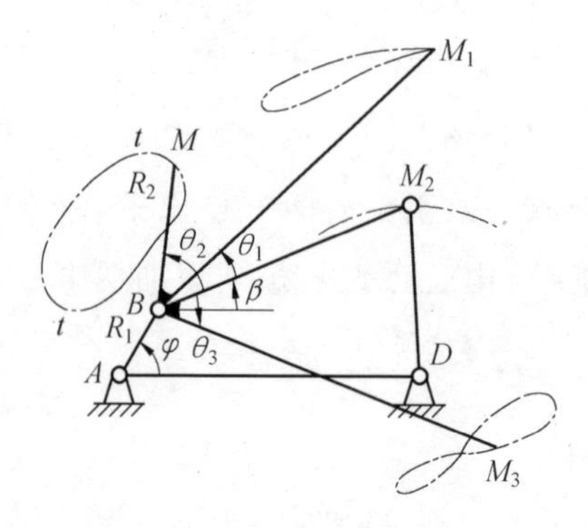

图 3.56

(4)找出轨迹全长为近似圆弧或近似直线的连杆曲线,如图 3.56 中的 M_2 点的轨迹为近似圆弧,该圆弧的中心 D 即可作为所求四杆机构另一固定铰链中心位置,则 ABM_2D 即为所求机构。若浮动连杆 R_2 上有某一点 M_i 的轨迹为近似直线,则可用曲柄滑块机构实现要求轨迹。

2. 解析法

用解析法求解轨迹机构的任务主要是找出要求轨迹上 M 点的坐标(x,y)与机构尺寸之间的函数关系。在图 3.57 所示的坐标系 xAy 中,机构尺寸如图所示,M 点的坐标值为(x,y),则有

$$\begin{cases} x=a\cos\varphi+e\sin\theta_1 \\ y=a\sin\varphi+e\cos\theta_1 \end{cases} \tag{3.86}$$

M 点的坐标值还可以写成

$$\begin{cases} x=d+c\cos\Psi-g\sin\theta_2 \\ y=c\sin\Psi+g\cos\theta_2 \end{cases} \tag{3.87}$$

由式(3.86)和式(3.87)分别消去 φ 和 Ψ 得

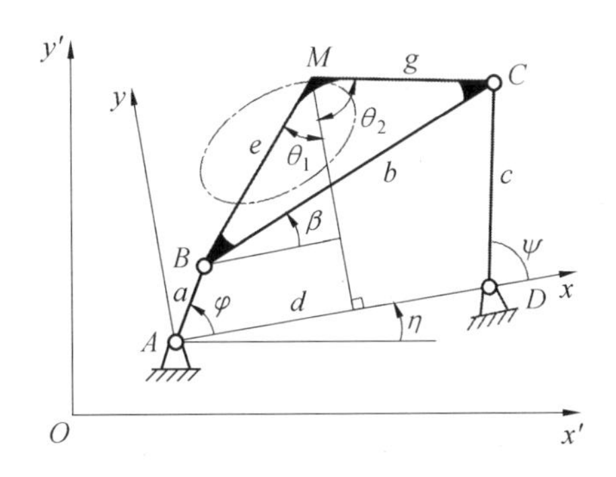

图 3.57

$$\begin{cases}x^2+y^2+e^2-a^2=2e(x\sin\theta_1+y\cos\theta_1)\\(d-x)^2+y^2+g^2-c^2=2g[(d-x)\sin\theta_2+y\cos\theta_2]\end{cases}\tag{3.88}$$

令 $\theta=\theta_1+\theta_2$，并由式(3.88)中消去 θ_1 和 θ_2，求得 M 点位置方程即连杆曲线方程为

$$U^2+V^2=W^2\tag{3.89}$$

式中，$U=g[(x-d)\cos\theta+y\sin\theta](x^2+y^2+e^2-a^2)-ex[(x-d)^2+y^2+g^2-c^2]$；$V=g[(x-d)\sin\theta-y\cos\theta](x^2+y^2+e^2-a^2)+ey[(x-d)^2+y^2+g^2-c^2]$；$W=2ge\sin\theta\cdot[x(x-d)+y^2-dy\cot\theta]$；$\theta=\arccos[(e^2+g^2-b^2)/2ge]$。

式(3.89)中有6个待定参数：a、b、c、d、e、g，若在给定轨迹中选6个点$(x_i,y_i)(i=1,2,\cdots,6)$，分别代入上式，即可得到6个方程。解此6个方程组成的非线性方程组，可求出全部待定参数，即可求出机构尺寸 a、b、c、d、e 和 g，机构实现的连杆曲线可有6个点与给定轨迹重合。为了使设计四杆机构的连杆曲线上有更多的点与给定的轨迹相重合，在图3.57中引入坐标系 $x'Oy'$，这样，原坐标系 xAy 在新坐标系内又增加了三个参数 x'_A，y'_A 和角度 η。因此，在新坐标系中连杆曲线的待定参数可有9个，即 $f(x'_A,y'_A,\eta,a,b,c,d,e,g)=0$，按此式求解出机构的连杆曲线可有9个点与给定轨迹相重合。

若给定9个点，式(3.89)为高阶非线性方程组，解题非常困难，有时可能没有解，或求出的机构不存在曲柄，或传动角太小而不实用。通常，多给定4～6个精确点，其余的3～5个参数可以任选，这样就有无穷多个解。

总之，用解析法进行轨迹机构设计，不仅解题计算困难，而且往往求得的解实用性较差。

3.6.3 导引机构设计

导引机构设计就是设计一个四杆机构能导引其连杆按顺序通过某些给定的位置，也就是给定连杆位置设计四杆机构的问题。如图3.58所示的四杆机构中，当曲柄 AB 连续回转时，能够导引其连杆 BC 上的标线 BM 通过某些给定位置 $B'M'$、$B''M''$、… 导引机构的设计方法有图解法和解析法等。

1. 图解法

对于实现连杆两位置或三位置的问题，应用图解法是比较简单方便的。连杆的位置可以用连杆平面上的任意两个点表示，如图3.59中的点 B_i 和 $C_i(i=1,2,\cdots)$，也可以用

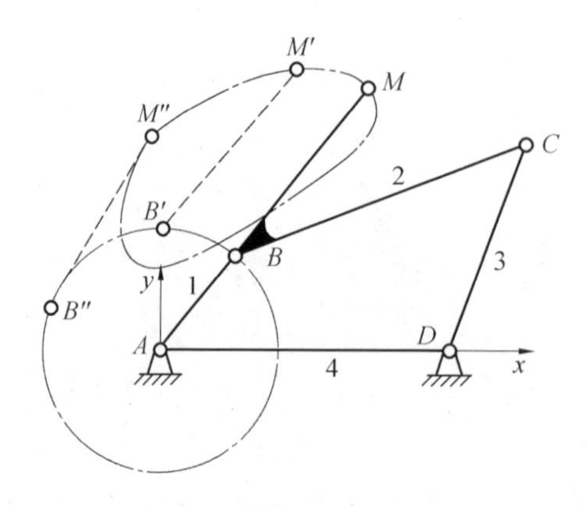

图 3.58

连杆上的一个点 P_i 和方向角 $\theta_i(i=1,2,\cdots)$ 表示。对于实现 B_1C_1 和 B_2C_2 两个位置，当用 B_1、C_1 两点作为连杆铰链中心时，其作图方法为：连接点 B_1、B_2 和 C_1、C_2，分别作直线 $\overline{B_1B_2}$ 和 $\overline{C_1C_2}$ 的中垂线 n_{b12} 和 n_{c12}，则以 n_{b12} 上的任意点 A_1 和 n_{c12} 上任一点 D_1 作为固定铰链中心，机构 $A_1B_1C_1D_1$ 即可实现要求的连杆两个位置。很显然，此时有无穷多个解。

可用上述同样方法设计一个四杆机构实现连杆的三个位置：分别作 $\overline{B_1B_2}$、$\overline{B_2B_3}$ 的中垂线 n_{b12}、n_{b23} 交于一点 A_1，再作 $\overline{C_1C_2}$、$\overline{C_2C_3}$ 的中垂线 n_{c12}、n_{c23} 交于一点 D_1，则由 $A_1B_1C_1D_1$ 组成的四杆机构是实现连杆三位置的唯一的四杆机构。但若不用点 B_1、C_1 作为连杆铰链中心，而用 B_1C_1 杆上的其他任意点作为铰链中心，则仍有无穷多个机构可以实现要求的连杆三位置。

2. 解析法

若给定连杆的若干个位置为 $B_1C_1, B_2C_2, \cdots, B_jC_j$（图 3.59），要设计一个铰链四杆机构，其关键是要设计两个连架杆使点 $B_j(j=1,2,\cdots)$ 和点 $C_j(j=1,2,\cdots)$ 可分别绕两个定点转动。如 $B_1, B_2, \cdots, B_j$ 位于某一个圆弧上，称之为圆点，而该圆弧的中心 A 则称为圆心点（或称为中心点）。这样，圆点 B 即可作为连杆上的铰链中心，而圆心点 A 则可作为连架杆与机架的铰接中心。请注意，若给定连杆的若干个位置 B_jC_j，且当 $j>3$ 时，就不能任意选取连杆上的点作为圆点，而必须求出圆点及其相应的圆心点的位置，这就是解析法所要求解的问题。为清楚起见，不论给定连杆几个位置，若仍设点 B 为圆点，点 A 为圆心点，AB 为连架杆，即在机构运动过程中，连架杆 AB 必须保持定长，即满足

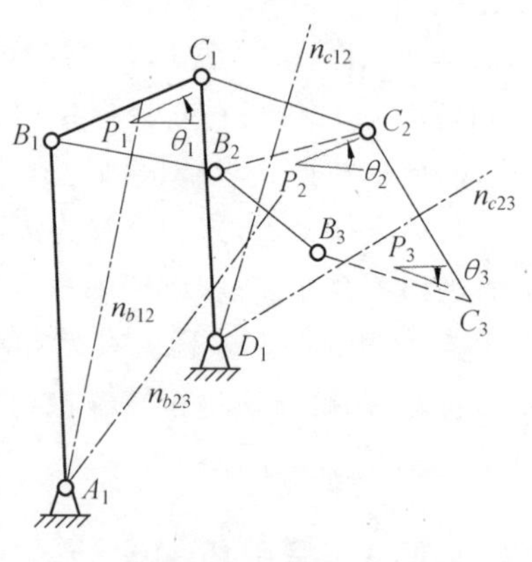

图 3.59

$$(B_{jx}-A_x)^2+(B_{jy}-A_y)^2=(B_{1x}-A_x)^2+(B_{1y}-A_y)^2 \quad (j=2,3,\cdots) \tag{3.90}$$

或写成

$$(\boldsymbol{B}_j-\boldsymbol{A})^{\mathrm{T}}(\boldsymbol{B}_j-\boldsymbol{A})=(\boldsymbol{B}_1-\boldsymbol{A})^{\mathrm{T}}(\boldsymbol{B}_1-\boldsymbol{A}) \quad (j=2,3,\cdots) \tag{3.91}$$

式中，$\boldsymbol{B}_j=\boldsymbol{D}_{1j}\boldsymbol{B}_1$，即

$$\boldsymbol{B}_j=\begin{bmatrix}B_{jx}\\B_{jy}\\1\end{bmatrix}=\boldsymbol{D}_{1j}\begin{bmatrix}B_{1x}\\B_{1y}\\1\end{bmatrix}$$

式中，$\boldsymbol{D}_{1j}$为自位置 1 至位置 j 的位移矩阵(参见附录Ⅱ)

$$\boldsymbol{D}_{1j}=\begin{bmatrix}\cos\theta_{1j} & -\sin\theta_{1j} & P_{jx}-P_{1x}\cos\theta_{1j}+P_{1y}\sin\theta_{1j}\\ \sin\theta_{1j} & \cos\theta_{1j} & P_{jy}-P_{1x}\sin\theta_{1j}-P_{1y}\cos\theta_{1j}\\ 0 & 0 & 1\end{bmatrix}=\begin{bmatrix}d_{11j} & d_{12j} & d_{13j}\\ d_{21j} & d_{22j} & d_{23j}\\ 0 & 0 & 1\end{bmatrix} \tag{3.92}$$

式中，P_{jx}、P_{jy}($j=2,3,\cdots$)为连杆上给定点的坐标值；θ_{1j}($j=2,3,\cdots$)为给定的连杆角位置，即连杆的位置是用给定点 p_j 和方向角 θ_j 表示的。

在式(3.91)中，圆心点 A 和圆点 B_1 未知，即该式中共有 4 个未知数：A_x、A_y、B_{1x}和 B_{1y}。若给定连杆 5 个位置，即 $j=5$，则按式(3.90)或式(3.91)可以列出 4 个方程式，解出 4 个未知数 A_x、A_y、B_{1x}和 B_{1y}。这就是说，由它们组成的铰链四杆机构最多能精确实现连杆的 5 个预定位置。若 $j=4$，则上述 4 个未知数中可任意指定 1 个，用式(3.91)求出其余 3 个；若 $j=3$，则可指定上述 4 个未知数中的 2 个，求解其余的 2 个未知数。

当 $j=3$ 时，按式(3.91)可以列出两个方程

$$\begin{cases}(\boldsymbol{B}_2-\boldsymbol{A})^{\mathrm{T}}(\boldsymbol{B}_2-\boldsymbol{A})=(\boldsymbol{B}_1-\boldsymbol{A})^{\mathrm{T}}(\boldsymbol{B}_1-\boldsymbol{A})\\(\boldsymbol{B}_3-\boldsymbol{A})^{\mathrm{T}}(\boldsymbol{B}_3-\boldsymbol{A})=(\boldsymbol{B}_1-\boldsymbol{A})^{\mathrm{T}}(\boldsymbol{B}_1-\boldsymbol{A})\end{cases} \tag{3.93}$$

式中，$\boldsymbol{B}_2=\boldsymbol{D}_{12}\boldsymbol{B}_1$；$\boldsymbol{B}_3=\boldsymbol{D}_{13}\boldsymbol{B}_1$；$\boldsymbol{D}_{12}$、$\boldsymbol{D}_{13}$为 3×3 位移矩阵，可由连杆上给定点 P 的 3 个位置和连杆相对转角 θ_{12}、θ_{13}按式(3.92)求出。考虑到 $d_{11j}=d_{22j}$，$d_{21j}=-d_{12j}$，对于 $j=3$ 时，式(3.93)可化简为

$$B_{1x}E_j+B_{1y}F_j=G_j \quad (j=2,3) \tag{3.94}$$

式中，$E_j=d_{11j}d_{13j}+d_{21j}d_{23j}+(1-d_{11j})A_x-d_{21j}A_y$；$F_j=d_{12j}d_{13j}+d_{22j}d_{23j}+(1-d_{22j})A_y-d_{12j}A_x$；$G_j=d_{13j}A_x+d_{23j}A_y+(d_{13j}^2-d_{23j}^2)/2$。

对于连杆上的另一铰链中心点 C，可用上述相同的方法求得相应的圆点 C 和圆心点 D，即

$$\begin{cases}(C_{jx}-D_x)^2+(C_{jy}-D_y)^2=(C_{1x}-D_x)^2+(C_{1y}-D_y)^2\\(C_j-D)^{\mathrm{T}}(C_j-D)=(C_1-D)^{\mathrm{T}}(C_1-D)\end{cases} \quad (j=2,3,\cdots) \tag{3.95}$$

AB_1C_1D 即为所求的四杆机构。

习　　题

3.1　题图 3.1 所示的铰链四杆机构中，已知 $l_{BC}=50$ mm，$l_{CD}=35$ mm，$l_{AD}=30$ mm，AD 为机架。

(1)若此机构为曲柄摇杆机构，且 AB 为曲柄，求 l_{AB}的最大值。

(2)若此机构为双曲柄机构，求 l_{AB}的最小值。

(3)若此机构为双摇杆机构，求 l_{AB}的数值。

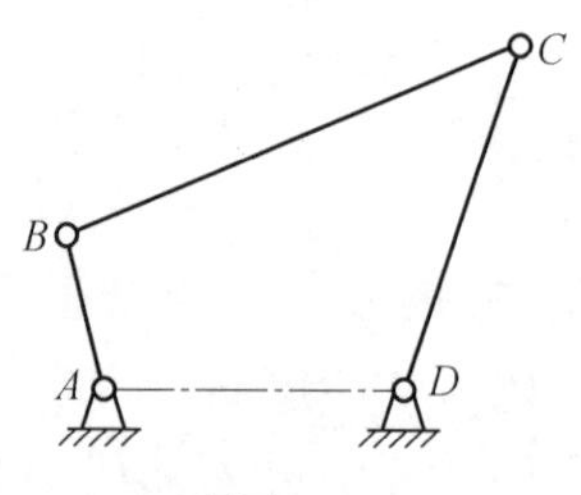

题图 3.1

3.2 试求题图 3.2 所示各机构在图示位置时全部瞬心的位置。

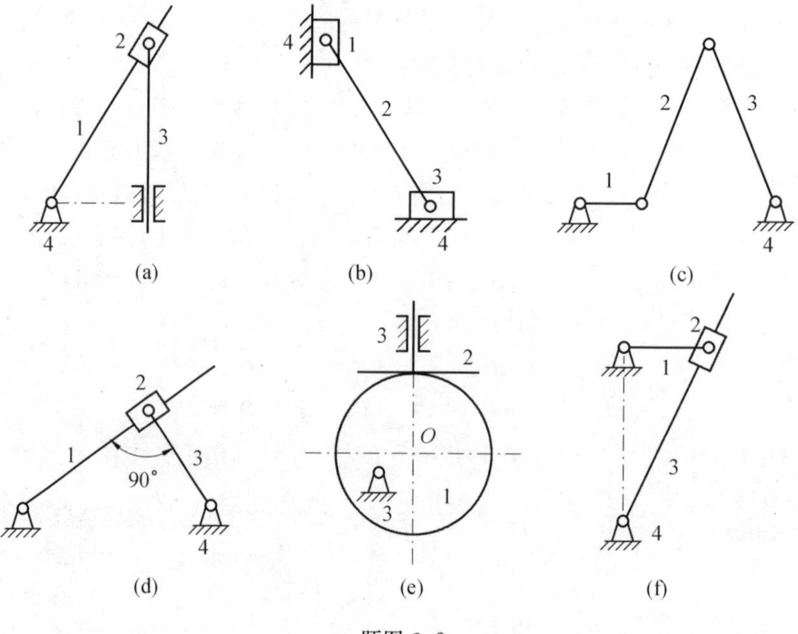

题图 3.2

3.3 试用瞬心法求题图 3.3 所示的齿轮一连杆组合机构中齿轮 1 与齿轮 3 的传动比 ω_1/ω_3。

3.4 题图 3.4 所示凸轮机构中，已知 $r=50$ mm，$l_{OA}=22$ mm，$l_{AC}=80$ mm，$\varphi_1=90°$，凸轮 1 以等角速度 $\omega_1=10$ rad/s 沿逆时针方向转动。试用瞬心法求从动件 2 的角速度 ω_2。

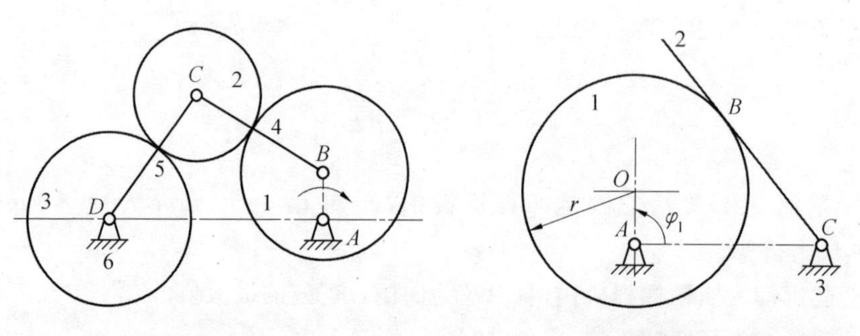

题图 3.3　　题图 3.4

3.5 题图 3.5 所示曲柄摇块机构中，已知 $l_{AB}=30$ mm，$l_{AC}=100$ mm，$l_{BD}=50$ mm，

$l_{DE}=40$ mm，曲柄以等角速度 $\omega_1=10$ rad/s 转动。求 D、E 两点的轨迹、速度和加速度，以及构件 3 的角速度和角加速度。

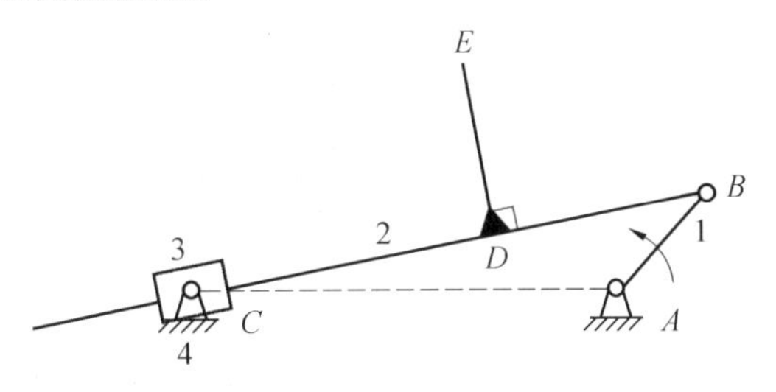

题图 3.5

3.6 题图 3.6 所示的机构中，已知 $l_{AB}=60$ mm，$l_{BC}=180$ mm，$l_{DE}=200$ mm，$l_{CD}=120$ mm，$l_{EF}=300$ mm，$h=80$ mm，$h_1=85$ mm，$h_2=225$ mm，构件 1 以等角速度 $\omega_1=100$ rad/s转动。求在一个运动循环中，滑块 5 的位移、速度和加速度曲线。

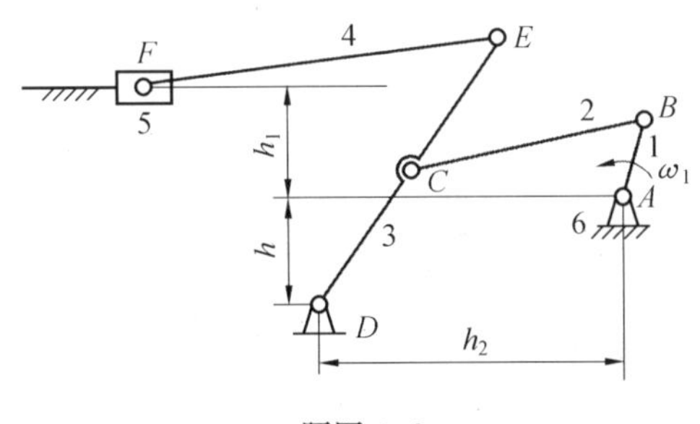

题图 3.6

3.7 题图 3.7 所示曲柄滑块机构中，已知机构的尺寸(包括轴颈的直径)、各轴颈的当量摩擦系数 f_0，滑块与导路之间的摩擦系数 f 及驱动力 $\boldsymbol{F}$(回程时力 $\boldsymbol{F}$ 的方向向右)。设从动件 1 上的阻力矩为 M，若不计各构件的质量，试绘出 $\theta=45°$、$135°$、$225°$和$315°$时，各运动副中总反力的作用线。

3.8 题图 3.8 所示为一摆动从动件盘形凸轮机构，凸轮 1 沿逆时针方向回转，$\boldsymbol{F}_Q$ 为作用在从动件 2 上的外载荷，试确定凸轮 1 及机架 3 作用给从动件 2 的总反力 $\boldsymbol{F}_{R21}$ 及 $\boldsymbol{F}_{R32}$ 的方位(不考虑构件的质量及惯性力，但计及凸轮与从动件间的摩擦力和转动副的摩擦力，图中细线小圆为摩擦圆)。

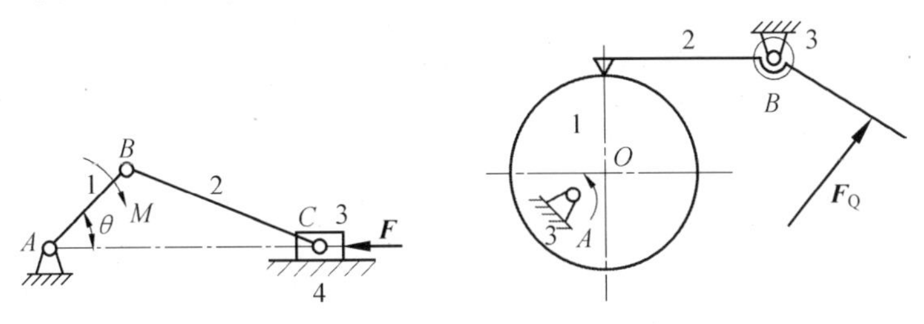

题图 3.7 题图 3.8

3.9 题图 3.9 所示楔块机构中，已知 $\gamma=\beta=60°$，$F_Q=1\ 000$ N，各接触面摩擦系数 $f=0.15$。如 $\boldsymbol{F}_Q$ 为有效阻力，试求所需的驱动力 $\boldsymbol{F}$。

3.10 题图 3.10 所示矩形螺纹千斤顶中，已知螺纹外直径 $d=24$ mm，内直径 $d_1=$

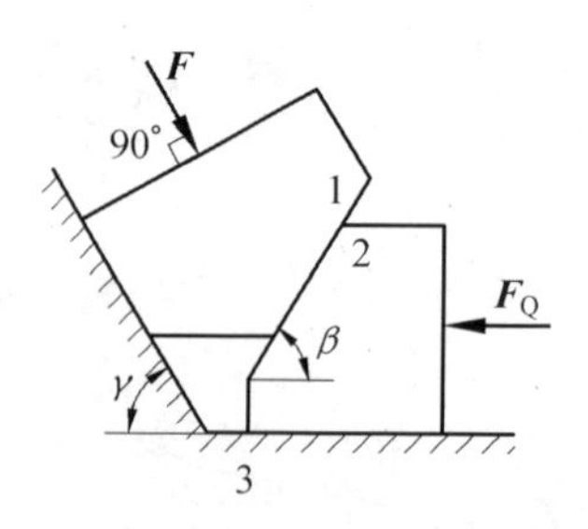

题图 3.9

20 mm,托盘小端直径 $D=42$ mm,托盘孔直径 $D_1=20$ mm,手柄长度 $l=300$ mm,所有摩擦面的摩擦系数均为 $f=0.1$,求该千斤顶的机械效率。若 $f=100$ N,求可举起的重量 $\boldsymbol{G}$ 大小为多少?

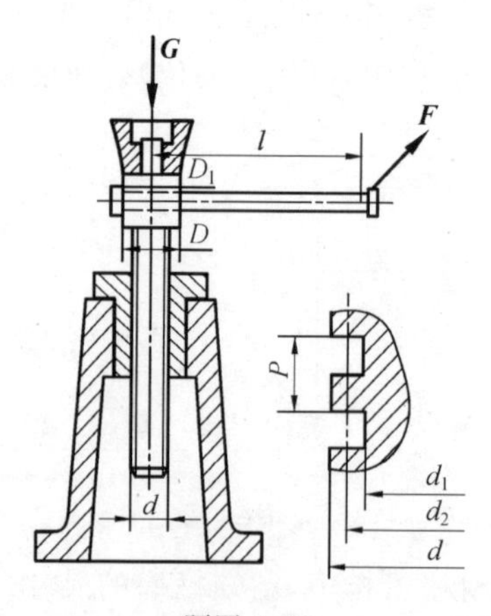

题图 3.10

3.11 如题图 3.11 所示,设计一铰链四杆机构,已知其摇杆 CD 的长度 $l_{CD}=75$ mm,行程速度变化系数 $K=1.5$,机架 AD 的长度 $l_{AD}=100$ mm,摇杆的一个极限位置与机架间的夹角 $\varphi'_3=45°$,求曲柄的长度 l_{AB} 和连杆的长度 l_{BC}。

3.12 如题图 3.12 所示,设计一曲柄摇杆机构,已知其摇杆 CD 的长度 $l_{CD}=290$ mm,摇杆两极限位置间的夹角 $\psi=32°$,行程速度变化系数 $K=1.25$,若曲柄的长度 $l_{AB}=75$ mm,求连杆的长度 l_{BC} 和机架的长度 l_{AD},并校验最小传动角 $\gamma_{\min}$ 是否在允许值范围内。

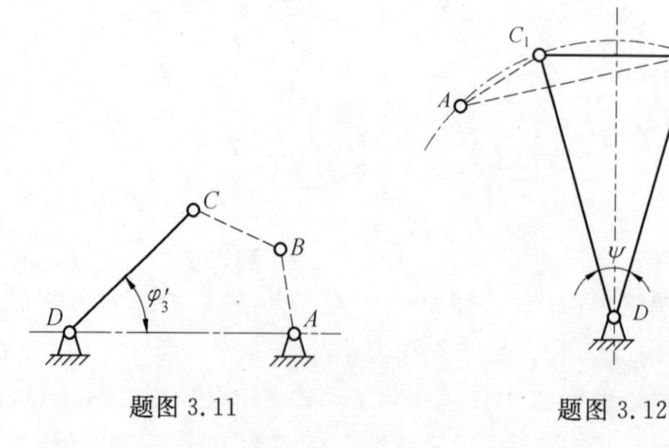

题图 3.11　　题图 3.12

3.13　如题图 3.13 所示，设计一偏置曲柄滑块机构，已知滑块的行程速度变化系数 $K=1.5$，滑块的冲程 $l_{C_1C_2}=50\ \mathrm{mm}$，导路的偏距 $e=20\ \mathrm{mm}$，求曲柄长度 l_{AB} 和连杆长度 l_{BC}。

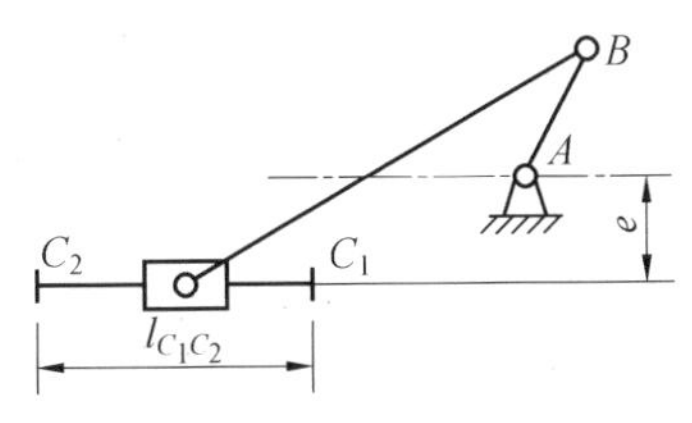

题图 3.13

3.14　如题图 3.14 所示，设计一曲柄摇杆机构 $ABCD$，已知摇杆的行程速度变化系数 $K=1$，摇杆的长度为 $l_{CD}=50\ \mathrm{mm}$，摇杆两极限位置与机架 AD 的夹角分别为 $\varphi_1=30^\circ$ 和 $\varphi_2=90^\circ$，求该机构的其他未知杆长。

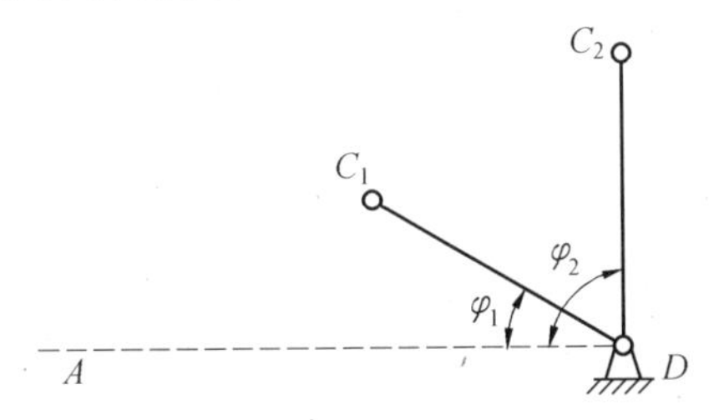

题图 3.14

3.15　如题图 3.15 所示，已知两连架杆的三组对应位置为：$\varphi_1=60^\circ$，$\Psi_1=30^\circ$；$\varphi_2=90^\circ$，$\Psi_2=50^\circ$；$\varphi_3=120^\circ$，$\Psi_3=80^\circ$。若取机架 AD 长度 $l_{AD}=100\ \mathrm{mm}$，试用解析法计算此铰链四杆机构的各杆长度。

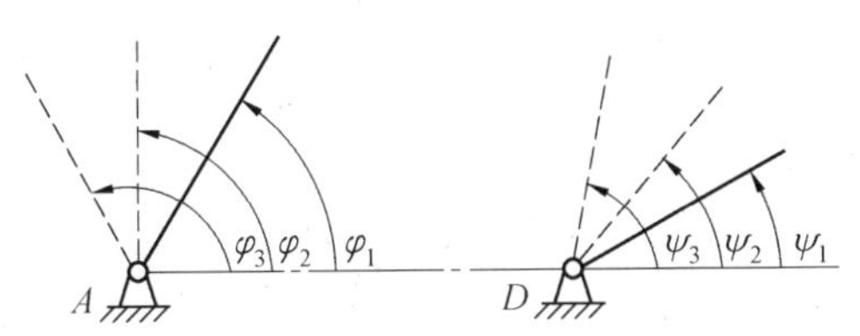

题图 3.15

3.16　如题图 3.16 所示，用铰链四杆机构作电炉炉门的启闭机构，若已知其两活动铰链中心 B、C 的位置及炉门的两个位置尺寸，试确定固定铰链中心 A、D 位置及 AB 和 CD 的杆长。

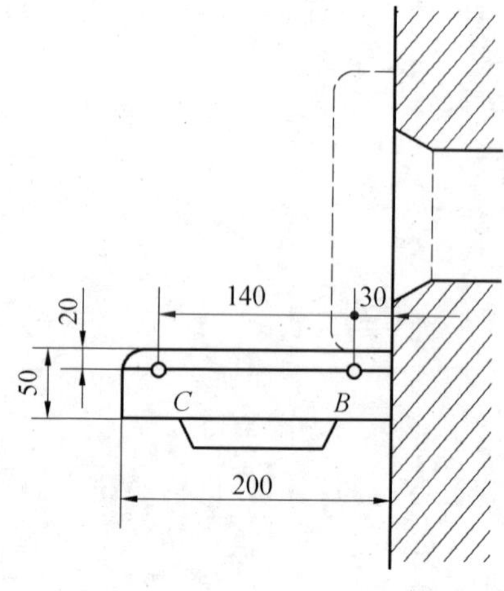

题图 3.16

第 4 章

凸轮机构及其设计

4.1 凸轮机构的应用及分类

凸轮机构是一种高副机构，一般由凸轮、从动件和机架三部分组成。凸轮是一个具有曲面轮廓的构件，一般多为主动件(有时为机架)；当凸轮为主动件时，通常做等速连续转动或移动，而从动件则按预期输出运动特性要求做连续或间歇的往复摆动、移动或平面复杂运动。

4.1.1 凸轮机构的应用

凸轮机构因其构件少、结构紧凑、驱动与控制简便而被广泛地应用在轻工、纺织、食品、医药和印刷等行业中。

图 4.1 所示的内燃机配气凸轮机构，其主动凸轮 1 连续等速转动，通过凸轮高副驱动从动件 2(阀杆)按预期的输出特性启闭阀门，使阀门既能充分开启，又具有较小的惯性力。

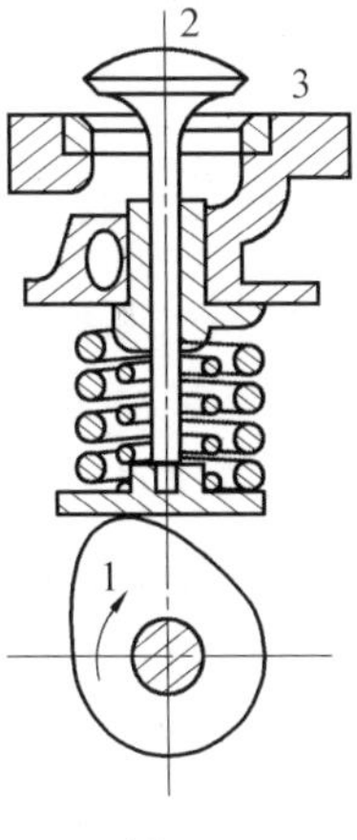

图 4.2 所示为绕线机排线凸轮机构。绕线轴 3 连续快速转动，经其上的蜗杆带动蜗轮和凸轮 1 缓慢转动，通过凸轮高副驱动从动件 2 往复摆动，从而使线均匀地缠绕在绕线轴 3 上。

图 4.3 所示的冲床装卸料凸轮机构中，主动凸轮 1 固定于冲头上，当其随冲头往复上下运动时，通过凸轮高副驱动从动件 2 以一定规律往复水平运动，从而使机械手按预期的输出特性装卸工件。

2
3
1

图 4.1

图 4.4 所示的罐头盒封盖机构，亦为一凸轮机构。主动件 1 连续等速转动，通过带有凹槽的固定凸轮 3 的高副导引从动件 2 上的端点 C 沿预期的轨迹——接合缝 S 运动，从而完成对罐头盒的封盖任务。

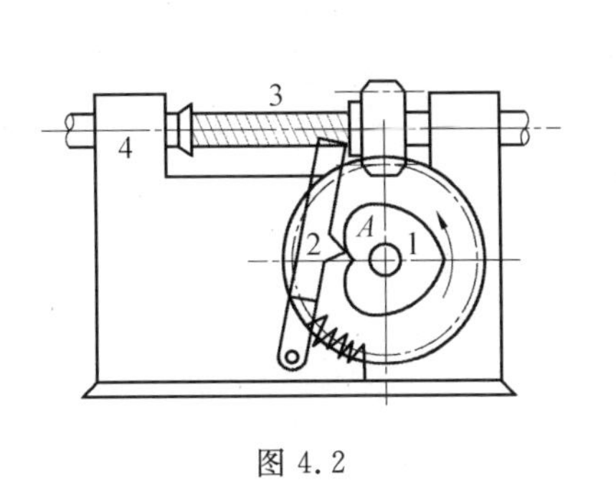

图 4.2

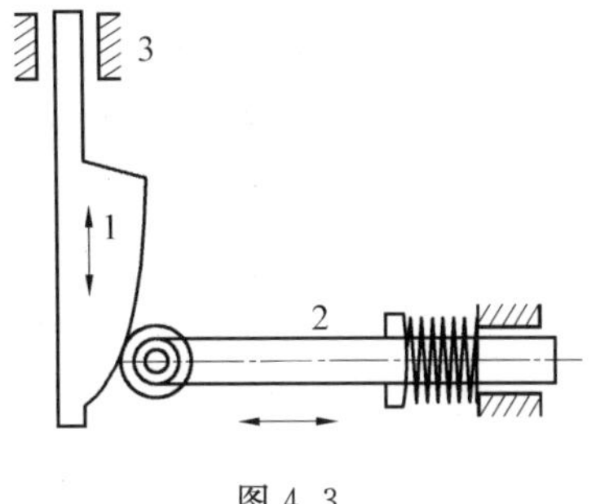

图 4.3

而在图 4.5 所示的巧克力输送凸轮机构中，当带有凹槽的圆柱凸轮 1 连续等速转动时，通过嵌于其凹槽中的滚子驱动从动件 2 往复运动，凸轮 1 每转动一周，从动件 2 即从喂料器中推出一块巧克力并将其送至待包装位置。

从以上诸例可以看出，凸轮机构一般是由 3 个构件、2 个低副和 1 个高副组成的单自由度机构。其优点是只要设计出适当的凸轮轮廓，即可使从动件实现任意预期的输出运动特性，并且结构简单、紧凑，工作可靠。但由于凸轮轮廓与从动件间为高副接触(点或线)，压强较大，容易磨损，所以多用于传力不大的场合。

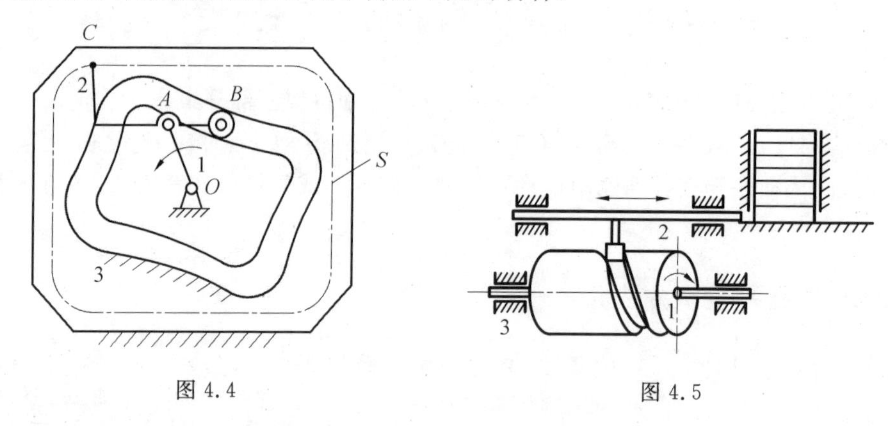

图 4.4　　图 4.5

4.1.2 凸轮机构的分类

在凸轮机构中，凸轮可为主动件也可为机架；但多数情况下，凸轮为主动件。从不同角度出发，凸轮机构可做如下分类。

1. *按两活动构件之间的相对运动特性分类*

(1) 平面凸轮机构。

平面凸轮机构是两活动构件之间的相对运动为平面运动的凸轮机构，如图 4.1～4.4 所示。其中按凸轮形状又可分为：

①盘形凸轮。它是凸轮的基本形式，是一个相对机架做定轴转动(或为机架)且具有变化向径的盘形构件，如图 4.1、图 4.2 和图 4.4 所示。

②移动凸轮。它可视为盘形凸轮的演化形式，是一个相对机架做直线移动(或为机架)且具有变化轮廓的构件，如图 4.3 所示。

(2) 空间凸轮机构。

空间凸轮机构是两活动构件之间的相对运动为空间运动(即两活动构件不在同一平面或相互平行的平面内运动)的凸轮机构，如图 4.5 所示。其按凸轮形状又可分为圆柱凸轮、圆锥凸轮、弧面凸轮和球面凸轮等(详见 4.5 节)。

2. *按从动件运动副元素形状分类*

(1)尖顶从动件。

尖顶从动件如图 4.2 所示。从理论上来讲，尖顶能与任意曲面形状的凸轮轮廓保持接触，因此能实现任意预期的运动规律。但其与凸轮为点接触，易磨损，故只宜用于传递运动为主、受力不大的场合。

(2)滚子从动件。

滚子从动件如图4.3～4.5所示。为克服尖顶从动件的缺点,在尖顶处铰接一个滚子即成为滚子从动件。这样,不仅改善了从动件与凸轮轮廓之间的接触条件,耐磨损,可承受较大载荷,还可直接选用滚动轴承标准件,故在工程实际中应用最为广泛。

(3)平底从动件。

平底从动件如图4.1所示。平底从动件的底平面与凸轮轮廓接触,显然它只能与全部外凸的凸轮轮廓作用。其优点是可保证压力角小且为恒定值,效率高、润滑好,故常用于高速运动场合。

3. 按从动件运动形式分类

(1)直动从动件。

直动从动件如图4.1、图4.3和图4.5所示。凸轮连续转动,从动件做往复直线运动。

(2)摆动从动件。

摆动从动件如图4.2所示。凸轮连续转动,从动件做往复摆动。

4. 按凸轮高副的锁合方式分类

(1)力锁合。

利用重力、弹簧力或其他外力使组成凸轮高副的两构件始终保持接触。如图4.1～4.3所示。

(2)形锁合。

利用特定的几何形状(虚约束)使组成凸轮高副的两构件始终保持接触。如图4.4、图4.5所示,它是利用凸轮凹槽两侧壁间的法向距离恒等于滚子的直径来实现的,称为槽道凸轮机构;图4.6所示的凸轮机构,是利用凸轮轮廓上任意两条平行切线间的距离恒等于框形从动件内边的宽度L来实现的,称为等宽凸轮机构;图4.7所示的凸轮机构,是利用过凸轮轴心所作任一径向线上与凸轮轮廓相切的两滚子中心之距离D处处相等来实现的,称为等径凸轮机构;图4.8所示的凸轮机构,是利用彼此固连在一起的一对凸轮和从动件上的一对滚子来实现的,称为共轭凸轮机构。

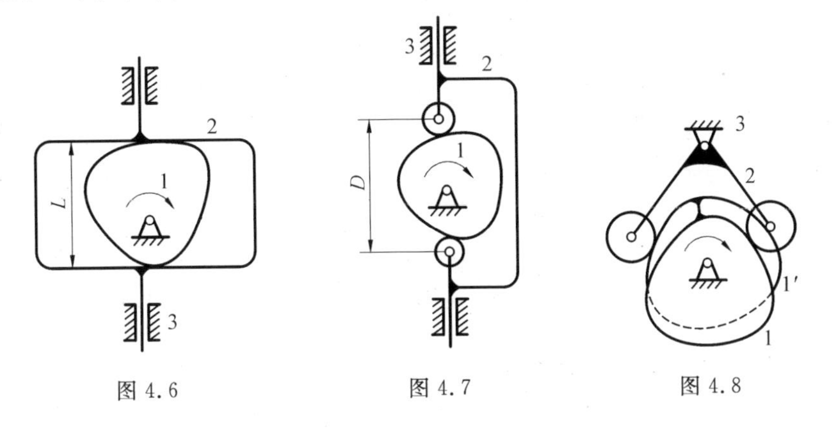

图4.6　图4.7　图4.8

4.2 从动件运动规律及其选择

4.2.1 凸轮机构的运动循环及基本名词术语

图 4.9(a)所示为一尖顶直动从动件盘形凸轮机构，此时从动件 2 恰好处于距凸轮轴心 O 最近的位置。当主动凸轮 1 沿顺时针方向转过推程运动角 $\Phi_0=\angle A_0OA_1$，从动件随动至距凸轮轴心 O 最远的位置；凸轮再转过远休止角 $\Phi_s=\angle A_1OA_2$，从动件在最远位置处休止；凸轮继续转过回程运动角 $\Phi_0'=\angle A_2OA_3$，从动件随动至距凸轮轴心 O 最近的位置；凸轮再转过近休止角 $\Phi_s'=\angle A_3OA_0$，从动件在最近位置处休止。至此，凸轮机构完成了一个运动循环。下面围绕图 4.9 和凸轮机构的运动循环介绍若干基本名词和术语。

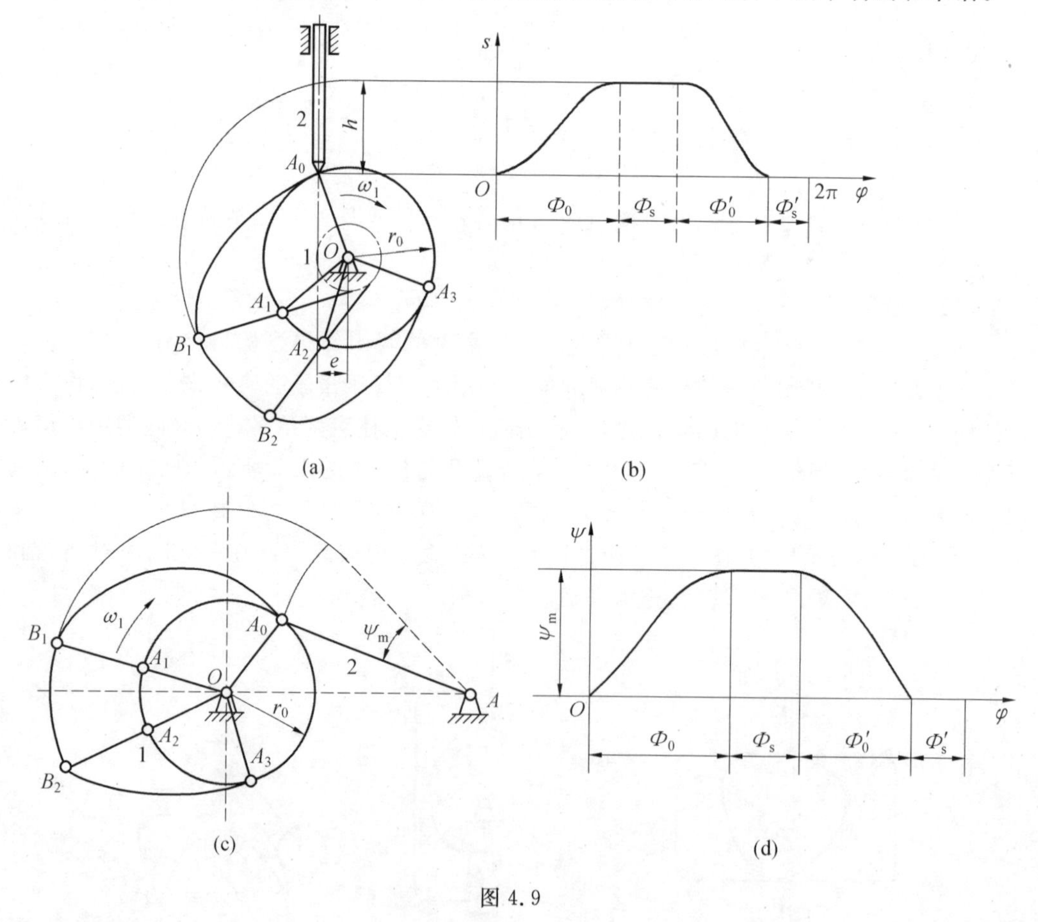

图 4.9

(1)基圆。

以凸轮轴心 O 为圆心，以其轮廓最小向径 r_0 为半径所作的圆称为基圆，基圆半径用 r_0 表示。

(2)偏距。

从动件导路中心线相对凸轮轴心 O 偏置的距离称为偏距，用 e 表示。以 O 为圆心，

以 e 为半径的圆称为偏距圆。

(3)从动件行程。

从动件行程即从动件的最大位移，对于直动从动件凸轮机构，为从动件的最大线位移，用 h 表示，如图4.9(a)所示；对于摆动从动件凸轮机构，为从动件的最大角位移，用 Ψ_m 表示，如图4.9(c)所示。

(4)从动件推程。

从动件推程简称推程，指在凸轮推动下使从动件远离凸轮轴心 O 的运动过程。在此过程中凸轮转过的角度称为推程运动角，用 Φ_0 表示。

(5)从动件回程。

从动件回程简称回程，指在弹簧力或其他外力作用下使从动件移近凸轮轴心 O 的运动过程。在此过程中凸轮转过的角度称为回程运动角，用 Φ_0' 表示。

(6)从动件远(近)休程。

从动件远(近)休程简称远(近)休程，指从动件在距凸轮轴心 O 最远(最近)位置处休止的过程。在此过程中凸轮转过的角度称为远(近)休止角，分别用 Φ_s、Φ_s' 表示。

4.2.2 从动件运动规律

从动件位移随凸轮转角 φ 的变化情况如图4.9(b)和图4.9(d)所示，图中横坐标代表凸轮转角 φ，纵坐标代表从动件位移。从动件的位移 s、速度 v 和加速度 a 随凸轮转角 φ(或时间 t)的变化规律称为从动件运动规律。从动件运动规律又可分为基本运动规律和组合运动规律。

1. 基本运动规律

(1)等速运动规律。

从动件在运动过程中速度为常数，而在运动的始、末点处速度产生突变，理论上加速度为无穷大，产生无穷大的惯性力，机构将产生极大的冲击，称为刚性冲击，此类运动规律只适用于低速运动的场合。

(2)等加速等减速运动规律。

从动件在运动过程中加速度为常数，而在运动的始、末点处产生突变的加速度和惯性力，由此而引起的冲击称为柔性冲击，这种运动规律只适用于中速运动的场合。

(3)余弦加速度运动规律。

余弦加速度运动规律又称简谐运动规律。从动件在整个运动过程中速度和加速度皆连续，但在运动的始、末点处加速度有突变，产生柔性冲击，因此也只适用于中速运动的场合。

(4)正弦加速度运动规律。

正弦加速度运动规律又称摆线运动规律。从动件在整个运动过程中速度和加速度皆连续无突变，避免了刚性冲击和柔性冲击，可以用于高速运动的场合。

(5)3—4—5多项式运动规律。

3—4—5多项式运动规律与正弦加速度运动规律一样，避免了刚性冲击和柔性冲击，故亦可用于高速运动的场合。

基本运动规律的运动方程式和运动线图列于表4.1中，表中的 ω_1 为凸轮转动的角速度。

表 4.1 从动件基本运动规律、运动方程式及运动线图

运动规律名称	运动方程式		推程、回程运动线图
等速运动规律	推程 $0 \leqslant \varphi \leqslant \Phi_0$	回程 $\Phi_0+\Phi_s \leqslant \varphi \leqslant \Phi_0+\Phi_s+\Phi_0'$	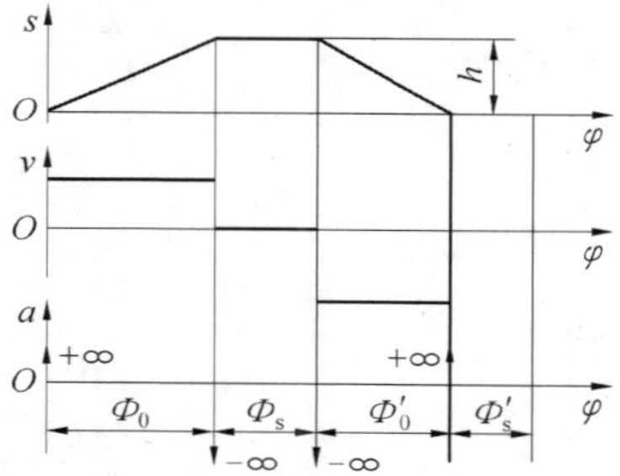
	$s=\dfrac{h}{\Phi_0}\varphi$ $v=\dfrac{h}{\Phi_0}\omega_1$ $a=0$	$s=h\left[1-\dfrac{\varphi-(\Phi_0+\Phi_s)}{\Phi_0'}\right]$ $v=-\dfrac{h}{\Phi_0'}\omega_1$ $a=0$	
等加速等减速运动规律	推程 $0 \leqslant \varphi \leqslant \Phi_0/2$	回程 $\Phi_0+\Phi_s \leqslant \varphi \leqslant \Phi_0+\Phi_s+\Phi_0'/2$	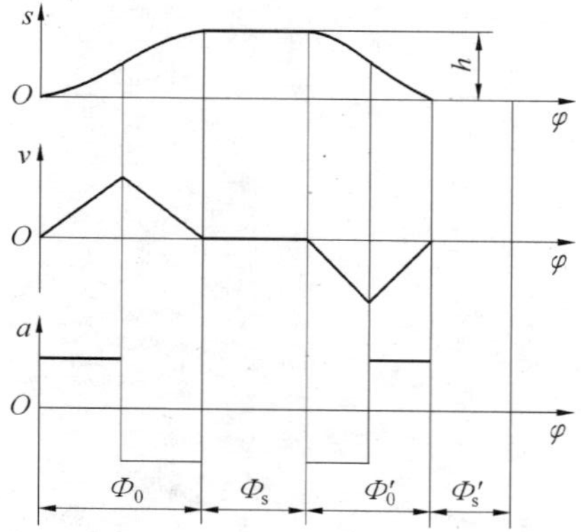
	$s=2h\left(\dfrac{\varphi}{\Phi_0}\right)^2$ $v=\dfrac{4h\omega_1}{\Phi_0^2}\varphi$ $a=\dfrac{4h\omega_1^2}{\Phi_0^2}$	$s=h-\dfrac{2h}{\Phi_0'^2}[\varphi-(\Phi_0+\Phi_s)]^2$ $v=-\dfrac{4h\omega_1}{\Phi_0'^2}[\varphi-(\Phi_0+\Phi_s)]$ $a=-\dfrac{4h\omega_1^2}{\Phi_0'^2}$	
	推程 $\Phi_0/2 \leqslant \varphi \leqslant \Phi_0$	回程 $\Phi_0+\Phi_s+\Phi_0'/2 \leqslant \varphi \leqslant \Phi_0+\Phi_s+\Phi_0'$	
	$s=h-\dfrac{2h}{\Phi_0^2}(\Phi_0-\varphi)^2$ $v=\dfrac{4h\omega_1}{\Phi_0^2}(\Phi_0-\varphi)$ $a=-\dfrac{4h\omega_1^2}{\Phi_0^2}$	$s=\dfrac{2h}{\Phi_0'^2}[(\Phi_0+\Phi_s+\Phi_0')-\varphi]^2$ $v=-\dfrac{4h\omega_1}{\Phi_0'^2}[(\Phi_0+\Phi_s+\Phi_0')-\varphi]$ $a=\dfrac{4h\omega_1^2}{\Phi_0'^2}$	

续表 4.1

运动规律名称	运动方程式（推程）	运动方程式（回程）	推程、回程运动线图
	推程 $0\leqslant\varphi\leqslant\Phi_0$	回程 $\Phi_0+\Phi_s\leqslant\varphi\leqslant\Phi_0+\Phi_s+\Phi_0'$	
余弦加速度（简谐）运动规律	$s=\frac{h}{2}\left[1-\cos\left(\frac{\pi}{\Phi_0}\varphi\right)\right]$ $v=\frac{\pi h\omega_1}{2\Phi_0}\sin\left(\frac{\pi}{\Phi_0}\varphi\right)$ $a=\frac{\pi^2 h\omega_1^2}{2\Phi_0^2}\cos\left(\frac{\pi}{\Phi_0}\varphi\right)$	$s=\frac{h}{2}\left\{1+\cos\frac{\pi}{\Phi_0'}\left[\varphi-(\Phi_0+\Phi_s)\right]\right\}$ $v=-\frac{\pi h\omega_1}{2\Phi_0'}\sin\frac{\pi}{\Phi_0'}\left[\varphi-(\Phi_0+\Phi_s)\right]$ $a=-\frac{\pi^2 h\omega_1^2}{2\Phi_0'^2}\cos\frac{\pi}{\Phi_0'}\left[\varphi-(\Phi_0+\Phi_s)\right]$	
	推程 $0\leqslant\varphi\leqslant\Phi_0$	回程 $\Phi_0+\Phi_s\leqslant\varphi\leqslant\Phi_0+\Phi_s+\Phi_0'$	
正弦加速度（摆线）运动规律	$s=h\left[\frac{\varphi}{\Phi_0}-\frac{1}{2\pi}\sin\left(\frac{2\pi}{\Phi_0}\varphi\right)\right]$ $v=\frac{h\omega_1}{\Phi_0}\left[1-\cos\left(\frac{2\pi}{\Phi_0}\varphi\right)\right]$ $a=\frac{2\pi h\omega_1^2}{\Phi_0^2}\sin\left(\frac{2\pi}{\Phi_0}\varphi\right)$	$s=h\left[1-\frac{T}{\Phi_0'}+\frac{1}{2\pi}\sin\left(\frac{2\pi}{\Phi_0'}T\right)\right]$ $v=-\frac{h\omega_1}{\Phi_0'}\left[1-\cos\left(\frac{2\pi}{\Phi_0'}T\right)\right]$ $a=-\frac{2\pi h\omega_1^2}{\Phi_0'^2}\sin\left(\frac{2\pi}{\Phi_0'}T\right)$ 式中，$T=\varphi-(\Phi_0+\Phi_s)$	
	推程 $0\leqslant\varphi\leqslant\Phi_0$	回程 $\Phi_0+\Phi_s\leqslant\varphi\leqslant\Phi_0+\Phi_s+\Phi_0'$	
3—4—5 多项式运动规律	$s=h(10T_1^3-15T_1^4+6T_1^5)$ $v=\frac{30h\omega_1 T_1^2}{\Phi_0}(1-2T_1+T_1^2)$ $a=\frac{60h\omega_1^2}{\Phi_0^2}T_1(1-3T_1+2T_1^2)$ 式中，$T_1=\varphi/\Phi_0$	$s=h[1-(10T_2^3-15T_2^4+6T_2^5)]$ $v=-\frac{30h\omega_1}{\Phi_0'}T_2^2(1-2T_2+T_2^2)$ $a=-\frac{60h\omega_1^2}{\Phi_0'^2}T_2(1-3T_2+2T_2^2)$ 式中，$T_2=\frac{\varphi-(\Phi_0+\Phi_s)}{\Phi_0'}$	

2. 组合运动规律简介

在工程实际中，为使凸轮机构获得更好的工作性能，经常以某种基本运动规律为基础，辅之以其他运动规律与其组合，从而获得组合运动规律。当采用不同的运动规律组合成改进型运动规律时，它们在连接点处的位移、速度和加速度应分别相等；这就是两运动规律组合时必须满足的边界条件。

常用的组合运动规律有：改进型等速运动规律、改进型正弦加速度运动规律和改进型梯形加速度运动规律等。如需详细了解，可查阅参考文献[27]。

例 4.1 已知直动从动件凸轮机构，从动件行程 $h=20$ mm，推程运动角 $\Phi_0=150°$，远休止角 $\Phi_s=60°$，回程运动角 $\Phi'_0=120°$，近休止角 $\Phi'_s=30°$，从动件推程、回程分别采用余弦加速度和正弦加速度运动规律。试写出从动件一个运动循环的位移、速度和加速度方程。

解 (1)从动件推程运动方程。

推程段采用余弦加速度运动规律，故将已知条件 $\Phi_0=150°=5\pi/6$、$h=20$ mm 代入表 4.1 中余弦加速度运动规律的推程段方程式中，推演得到

$$\begin{cases} s=10\left[1-\cos\left(\dfrac{6}{5}\varphi\right)\right] \\ v=12\omega_1\sin\left(\dfrac{6}{5}\varphi\right) \qquad (0\leqslant\varphi\leqslant 5\pi/6) \\ a=14.4\omega_1^2\cos\left(\dfrac{6}{5}\varphi\right) \end{cases}$$

(2)从动件远休程运动方程。

在远休程 Φ_s 段，即 $5\pi/6\leqslant\varphi\leqslant 7\pi/6$ 时，$s=h=20$ mm，$v=0$，$a=0$。

(3)从动件回程运动方程。

由于采用正弦加速度运动规律，将已知条件 $\Phi'_0=120°=2\pi/3$、$h=20$ mm、$T=\varphi-(\Phi_0+\Phi_s)=\varphi-7\pi/6$ 代入表 4.1 正弦加速度运动规律的回程段方程式中，推演得到

$$\begin{cases} s=20\left[2.75-\dfrac{3}{2\pi}\varphi+\dfrac{1}{2\pi}\sin(3\varphi-3.5\pi)\right] \\ v=-\dfrac{30}{\pi}\omega_1\left[1-\cos(3\varphi-3.5\pi)\right] \qquad (7\pi/6\leqslant\varphi\leqslant 11\pi/6) \\ a=-\dfrac{90}{\pi}\omega_1^2\sin(3\varphi-3.5\pi) \end{cases}$$

(4)从动件近休程运动方程。

在近休程 Φ'_s 段，即 $11\pi/6\leqslant\varphi\leqslant 2\pi$ 时，$s=0$，$v=0$，$a=0$。

若将与一个运动循环对应的凸轮总转角定义为整程角 Φ_w，则

$$\Phi_w=\Phi_0+\Phi_s+\Phi'_0+\Phi'_s$$

在工程实际中，大多数的凸轮机构与图 4.9 所示和例 4.1 所述的凸轮机构相同，其整程角 $\Phi_w=2\pi$。但是在一些情况下，还有采用整程角 $\Phi_w=2n\pi$ 和 $\Phi_w=\dfrac{2\pi}{n}$（n 为 $\geqslant 2$ 的自然数）的凸轮机构。

4.2.3 从动件运动规律的选择

在选择从动件运动规律时，除要考虑刚性冲击与柔性冲击外，还应对各种运动规律的速度幅值 v_{max}、加速度幅值 a_{max} 及其影响加以分析和比较。

1. 最大速度 v_{max}

v_{max} 越大，从动件动量幅值 mv_{max} 越大。为安全与缓和冲击起见，希望从动件的动量要小，所以要对 v_{max} 值加以限制，尤其是从动件质量较大时。

2. 最大加速度 a_{max}

a_{max} 值越大，从动件惯性力幅值（$-ma_{max}$）越大。从减小凸轮副的动压力、振动和磨损等方面考虑，a_{max} 值愈小愈好，尤其对于高速凸轮机构，宜选择 a_{max} 值较小的运动规律，并尽量避免因加速度突变而引起的柔性冲击。

表 4.2 为若干种从动件运动规律特性比较，其中列出了上述几种常用运动规律的 v_{max}、a_{max} 值及冲击特性，并给出了其适用范围，供选用时参考。

表 4.2 若干种从动件运动规律特性比较

运动规律	v_{max} $(h\omega/\Phi_0)\times$	a_{max} $(h\omega^2/\Phi_0^2)\times$	冲 击	应用场合
等速	1.00	∞	刚 性	低速轻负荷
等加速等减速	2.00	4.00	柔 性	中速轻负荷
余弦加速度	1.57	4.93	柔 性	中低速中负荷
正弦加速度	2.00	6.28	—	中高速轻负荷
3—4—5 多项式	1.88	5.77	—	高速中负荷

最后必须指出，上述各种运动规律方程式都是以直动从动件为对象来推导的，如为摆动从动件，则应将式中的 h、s、v 和 a 分别更换为行程角 Ψ_m、角位移 Ψ、角速度 ω 和角加速度 α。

4.3 按预定运动规律设计盘形凸轮轮廓

当根据工作要求和结构条件选定凸轮机构形式、从动件运动规律和凸轮转向，并确定凸轮基圆半径 r_0、偏距 e（以直动从动件盘形凸轮机构为例）等基本尺寸之后，就可以进行凸轮轮廓设计了。凸轮轮廓设计的方法有图解法和解析法，但基本原理都是相同的。

4.3.1 凸轮轮廓设计的基本原理

图 4.10(a)所示为对心直动尖顶从动件盘形凸轮机构，当凸轮以角速度 ω_1 等速顺时针转动时，从动件将按预定的运动规律运动。假设给整个机构加上一个公共的角速度 $-\omega_1$，使其绕凸轮轴心 O 做反向转动。根据相对运动原理，凸轮与从动件之间的相对运

动不变,但这样一来,凸轮静止不动,而从动件一方面随其导路以角速度$-\omega_1$绕O转动,另一方面还在其导路内按预定的运动规律移动。在这种复合运动中,从动件尖顶仍然始终与凸轮轮廓保持接触。因此,在一个运动循环中,从动件尖顶的运动轨迹即为凸轮轮廓。

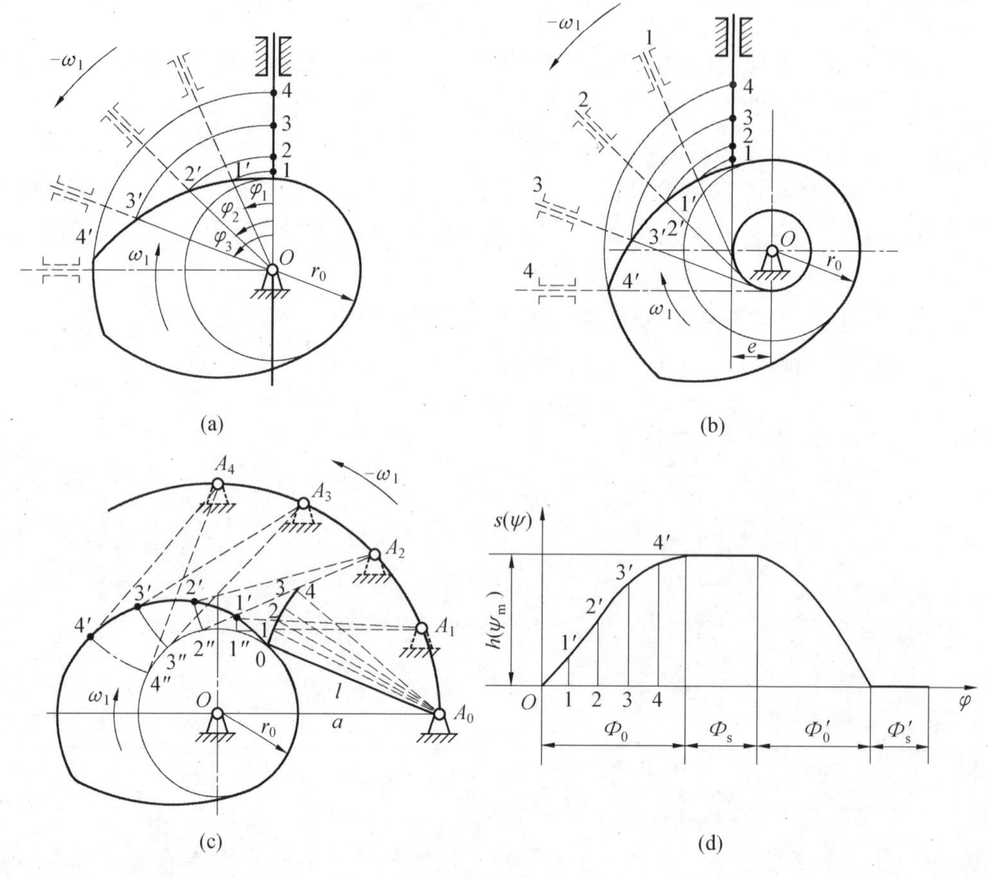

图 4.10

从上述分析可知,在凸轮轮廓设计时,可以让凸轮静止不动,而让从动件相对于凸轮轴心O做反转运动。若凸轮以ω_1沿顺时针方向转动,则令从动件以$-\omega_1$沿逆时针方向绕凸轮轴心O转动,如图4.10(a)所示。同时再令从动件相对其导路按图4.10(d)中给定的运动规律运动,即凸轮转过φ_1角时,相应地从动件反转φ_1角并移动到达点$1'$;凸轮转过φ_2角时,相应地从动件反转φ_2角并移动到达点$2'$……从动件尖顶在反转运动中到达的点$1'$,$2'$,$3'$,…即为所求的凸轮轮廓上的点。这就是凸轮轮廓设计的基本原理,一般称为"反转法"。

图4.10(b)所示为偏置直动尖顶从动件盘形凸轮轮廓设计反转法的原理图。反转运动中,从动件移动导路中心线应恒切于半径为e的偏距圆,同时从动件还应按图4.10(d)所示的运动规律相对于导路移动。在此过程中,从动件尖顶依次到达点$1'$,$2'$,$3'$,…,这些点连成的光滑曲线即为所求的凸轮轮廓。

图4.10(c)所示为摆动尖顶从动件盘形凸轮轮廓设计反转法的原理图。若凸轮以ω_1

顺时针转动，令从动件从初始位置 $0A_0$ 以 $-\omega_1$ 沿逆时针方向绕凸轮中心 O 转动 $\varphi_i(i=1,2,3,\cdots)$ 角，依次到达 $1''A_1$，$2''A_2$，$3''A_3$，…位置；再令 $i''A_i$ 按图 4.10(d)中给定的运动规律(此时，图 4.10(d)中位移曲线中的 $11'$，$22'$，$33'$，…代表从动件摆角的大小，分别对应于图 4.10(c)中的摆杆摆角 $\angle 0A_01$，$\angle 0A_02$，$\angle 0A_03$，…)绕 A_i 摆动，即使摆杆摆角 $\angle 1''A_01'=\angle 0A_01$，$\angle 2''A_02'=\angle 0A_02$，…，从而摆杆尖顶依次到达点 $1'$，$2'$，$3'$，…，这些点连成的光滑曲线即为所求的凸轮轮廓。

凸轮轮廓设计的图解法和解析法都是根据上述原理进行设计的。在计算机技术已经高度发展和普及的今天，图解法因其绘图烦琐、精度低而基本失去实用价值。而解析法不仅具有计算精度高，速度快，易实现数字化、可视化等优点，而且更适合于凸轮在数控机床上的加工，有利于实现 CAD/CAM 一体化。因此，本书只介绍用解析法设计凸轮轮廓。

4.3.2 尖顶、滚子从动件盘形凸轮

1. 直动从动件盘形凸轮

(1)直动尖顶从动件盘形凸轮。

已知从动件运动规律 $s=s(\varphi)$、尖顶从动件导路相对于凸轮轴心 O 的偏距 e、凸轮基圆半径 r_0 及凸轮沿顺时针转动，要求设计凸轮轮廓。

建立直角坐标系 xOy，如图 4.11 所示，B_0 点为凸轮轮廓上的推程起始点。当凸轮转过 φ 角时，直动尖顶从动件将自点 B_0 外移 $s=s(\varphi)$ 至点 $B'(x',y')$。根据"反转法"原理，令凸轮不动，让从动件沿凸轮转动的相反方向绕原点 O(凸轮轴心)转过 φ 角，直动从动件尖顶的点 $B'(x',y')$将转到对应点 $B(x,y)$位置，它就是凸轮轮廓上的一点，即矢量 $\boldsymbol{OB}'$ 沿逆时针转过 φ 角而得，按照附录Ⅱ中式(Ⅱ.2)，可得凸轮轮廓坐标为

$$\begin{bmatrix} x \\ y \end{bmatrix}=\boldsymbol{R}_\varphi\begin{bmatrix} x' \\ y' \end{bmatrix}$$

式中，旋转矩阵 $\boldsymbol{R}_\varphi=\begin{bmatrix} \cos\varphi & -\sin\varphi \\ \sin\varphi & \cos\varphi \end{bmatrix}$。

B' 点的坐标(x',y')可由图 4.11 得

$$\begin{bmatrix} x' \\ y' \end{bmatrix}=\begin{bmatrix} -e \\ s_0+s \end{bmatrix}$$

故得凸轮轮廓上点 $B(x,y)$的坐标为

$$\begin{bmatrix} x \\ y \end{bmatrix}=\begin{bmatrix} \cos\varphi & -\sin\varphi \\ \sin\varphi & \cos\varphi \end{bmatrix}\begin{bmatrix} -e \\ s_0+s \end{bmatrix}$$

即

$$\begin{cases} x=-(s_0+s)\sin\varphi-e\cos\varphi \\ y=(s_0+s)\cos\varphi-e\sin\varphi \end{cases}\quad(0\leqslant\varphi\leqslant 2\pi)\tag{4.1}$$

式中，$s_0=\sqrt{r_0^2-e^2}$。

式(4.1)即为直动尖顶从动件盘形凸轮的轮廓方程。

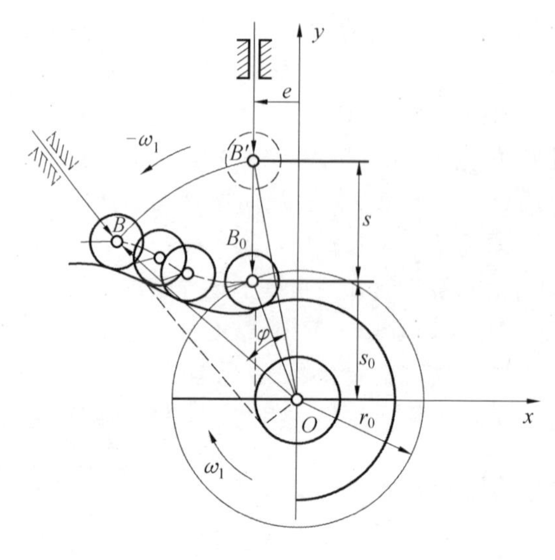

图 4.11

(2)直动滚子从动件盘形凸轮。

①理论轮廓方程。如图 4.11 所示,在滚子从动件凸轮机构中,滚子与从动件铰接,且铰接时滚子中心恰好与前述尖顶重合,故滚子中心的运动规律即为尖顶的运动规律。如果把滚子中心视作尖顶从动件的尖顶,按前述求得的尖顶从动件凸轮轮廓称为该滚子从动件盘形凸轮的理论轮廓。式(4.1)即为凸轮理论轮廓方程。

②工作轮廓方程。以理论轮廓上各点为圆心、以滚子半径 r_r 为半径的滚子圆族的包络线称为滚子从动件盘形凸轮的工作轮廓,或称实际轮廓。

设理论轮廓上各点即滚子圆族圆心的坐标为(x,y),其包络线(即凸轮工作轮廓)上各点的坐标为(X,Y)。由微分几何知,以 φ 为单参数的平面曲线族的包络线方程为

$$\begin{cases} f(X,Y,\varphi)=0 \\ \partial f(X,Y,\varphi)/\partial\varphi=0 \end{cases} \tag{4.2}$$

其中,$f(X,Y,\varphi)=0$ 是曲线族的方程,即为滚子圆族的方程。当滚子圆半径为 r_r 时,有

$$\begin{cases} f(X,Y,\varphi)=(X-x)^2+(Y-y)^2-r_r^2=0 \\ \partial f(X,Y,\varphi)/\partial\varphi=-2(X-x)\mathrm{d}x/\mathrm{d}\varphi-2(Y-y)\mathrm{d}y/\mathrm{d}\varphi=0 \end{cases}$$

由上式解得

$$\begin{cases} X=x\mp r_r\dfrac{\mathrm{d}y/\mathrm{d}\varphi}{\sqrt{(\mathrm{d}x/\mathrm{d}\varphi)^2+(\mathrm{d}y/\mathrm{d}\varphi)^2}} \\ Y=y\pm r_r\dfrac{\mathrm{d}x/\mathrm{d}\varphi}{\sqrt{(\mathrm{d}x/\mathrm{d}\varphi)^2+(\mathrm{d}y/\mathrm{d}\varphi)^2}} \end{cases} \quad (0\leqslant\varphi\leqslant 2\pi) \tag{4.3}$$

式(4.3)即为凸轮工作轮廓方程。式中,上面一组"一、+"号表示内包络轮廓,下面一组"+、一"号表示外包络轮廓;$\mathrm{d}x/\mathrm{d}\varphi$ 和 $\mathrm{d}y/\mathrm{d}\varphi$ 为凸轮理论轮廓方程对 φ 的导数。对于直动滚子从动件盘形凸轮,可将式(4.1)对 φ 求导得到。

2. 摆动从动件盘形凸轮

(1)摆动尖顶从动件盘形凸轮。

摆动从动件盘形凸轮机构可分为两种，即顺摆式（摆动从动件推程与凸轮转向相同，图 4.12(a)）和逆摆式（摆动从动件推程与凸轮转向相反，图 4.12(b)）。

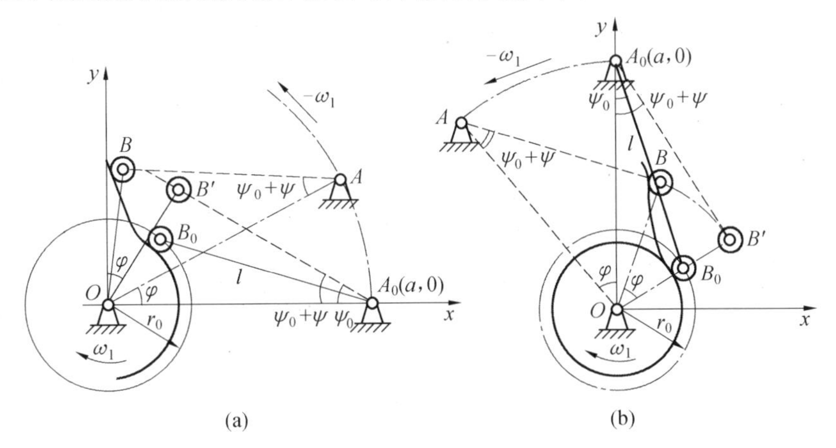

图 4.12

已知摆动从动件运动规律 $\Psi=\Psi(\varphi)$、从动件长度 l、中心距 a、凸轮基圆半径 r_0 及凸轮沿顺时针转动，要求设计凸轮轮廓。

建立直角坐标系 xOy，如图 4.12 所示。B_0 点为凸轮轮廓上推程起始点。当凸轮转过 φ 角时，摆动尖顶从动件将自点 B_0 被凸轮外推摆过角度 $\Psi=\Psi(\varphi)$ 至点 $B'(x',y')$。根据“反转法”原理，令凸轮不动，而使摆过 Ψ 角的从动件沿凸轮转动的相反方向绕原点 O（凸轮轴心）转过 φ 角，此时摆动从动件的尖顶点 $B'(x',y')$ 将转到对应点 $B(x,y)$ 位置（A_0 点转到 A 点位置），它应是凸轮轮廓上的一点，其坐标为

$$\begin{bmatrix} x \\ y \end{bmatrix}=\boldsymbol{R}_\varphi\begin{bmatrix} x' \\ y' \end{bmatrix}$$

对于顺摆式凸轮机构，根据图 4.12(a)，$B'(x',y')$ 点的坐标为

$$\begin{bmatrix} x' \\ y' \end{bmatrix}=\begin{bmatrix} a-l\cos(\Psi_0+\Psi) \\ l\sin(\Psi_0+\Psi) \end{bmatrix}$$

由于旋转矩阵 $\boldsymbol{R}_\varphi=\begin{bmatrix} \cos\varphi & -\sin\varphi \\ \sin\varphi & \cos\varphi \end{bmatrix}$，故有

$$\begin{bmatrix} x \\ y \end{bmatrix}=\begin{bmatrix} \cos\varphi & -\sin\varphi \\ \sin\varphi & \cos\varphi \end{bmatrix}\begin{bmatrix} a-l\cos(\Psi_0+\Psi) \\ l\sin(\Psi_0+\Psi) \end{bmatrix}$$

即顺摆式凸轮理论廓线方程为

$$\begin{cases} x=a\cos\varphi-l\cos(\Psi_0+\Psi-\varphi) \\ y=a\sin\varphi+l\sin(\Psi_0+\Psi-\varphi) \end{cases}\quad(0\leqslant\varphi\leqslant2\pi)\tag{4.4}$$

对于逆摆式凸轮机构，根据图 4.12(b)，点 $B'(x',y')$ 的坐标为

$$\begin{bmatrix} x' \\ y' \end{bmatrix}=\begin{bmatrix} l\sin(\Psi_0+\Psi) \\ a-l\cos(\Psi_0+\Psi) \end{bmatrix}$$

根据旋转矩阵 $\boldsymbol{R}_\varphi=\begin{bmatrix} \cos\varphi & -\sin\varphi \\ \sin\varphi & \cos\varphi \end{bmatrix}$，有

$$\begin{bmatrix} x \\ y \end{bmatrix} = \begin{bmatrix} \cos\varphi & -\sin\varphi \\ \sin\varphi & \cos\varphi \end{bmatrix} \begin{bmatrix} l\sin(\Psi_0+\Psi) \\ a-l\cos(\Psi_0+\Psi) \end{bmatrix}$$

即逆摆式凸轮理论廓线方程为

$$\begin{cases} x=l\sin(\Psi_0+\Psi+\varphi)-a\sin\varphi \\ y=a\cos\varphi-l\cos(\Psi_0+\Psi+\varphi) \end{cases} \quad (0\leqslant\varphi\leqslant 2\pi) \tag{4.5}$$

式(4.4)和式(4.5)中,Ψ_0 为摆动从动件初始摆角,其值为 $\Psi_0=\arccos\left(\dfrac{a^2+l^2-r_0^2}{2al}\right)$。

(2)摆动滚子从动件盘形凸轮。

①理论轮廓方程。式(4.4)和式(4.5)即为图4.12所示凸轮的理论轮廓方程。

②工作轮廓方程。摆动从动件盘形凸轮的工作轮廓仍用式(4.3)计算,只是其中的 x、y 值应用式(4.4)或式(4.5)计算,其中 $\mathrm{d}x/\mathrm{d}\varphi$、$\mathrm{d}y/\mathrm{d}\varphi$ 应用式(4.4)或式(4.5)对 φ 求导后代入计算。

4.3.3 直动平底从动件盘形凸轮

平底从动件盘形凸轮机构的凸轮轮廓实际上是“反转”过程中从动件平底一系列位置(一族直线)的包络线,这里只讨论直动平底从动件盘形凸轮机构。

已知直动从动件运动规律 $s=s(\varphi)$、平底从动件导路相对于凸轮轴心 O 的偏距 e、从动件平底与导路的夹角 $\beta=90°$、凸轮基圆半径 r_0 及凸轮沿顺时针转动,要求设计凸轮轮廓。

建立直角坐标系 xOy,如图4.13所示。设凸轮轮廓上推程起始位置用平底与凸轮轮廓的切点 B_0 表示,当凸轮转过 φ 角时,直动平底从动件将自点 B_0 位置外移 $s=s(\varphi)$ 至点 $B'(x',y')$ 位置(仍与凸轮轮廓相切)。根据“反转法”原理,将处于 B' 位置的从动件与平底一起沿凸轮转动的相反方向绕原点 O(凸轮轴心)转过 φ 角,即得直动平底从动件的对应位置 $B(x,y)$(平底与凸轮轮廓的切点),因此平底从动件凸轮廓线应为从动件平底直线族的包络线,当凸轮转过任意角度 φ 时,平底直线的方程为

$$Y=kX+b$$

式中,k 为平底直线的斜率,$k=\tan\varphi=\sin\varphi/\cos\varphi$;$b$ 为平底直线在 y 轴上的截距,由三角形 ONM 可得 $b=(r_0+s)/\cos\varphi$。则有

$$Y=\frac{\sin\varphi}{\cos\varphi}X+\frac{r_0+s}{\cos\varphi}$$

即

$$f(X,Y,\varphi)=X\sin\varphi-Y\cos\varphi+(r_0+s)=0$$

根据单参数曲线族包络线方程式(4.2),还需求得

$$\partial f(X,Y,\varphi)/\partial\varphi=X\cos\varphi+Y\sin\varphi+\frac{\mathrm{d}s}{\mathrm{d}\varphi}=0$$

联立以上两,解得

$$\begin{cases} X=-(r_0+s)\sin\varphi-\dfrac{\mathrm{d}s}{\mathrm{d}\varphi}\cos\varphi \\ Y=(r_0+s)\cos\varphi-\dfrac{\mathrm{d}s}{\mathrm{d}\varphi}\sin\varphi \end{cases} \quad (0\leqslant\varphi\leqslant 2\pi) \tag{4.6}$$

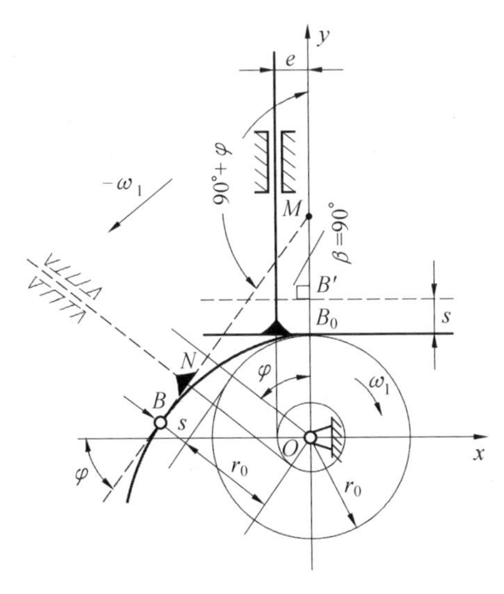

图 4.13

式(4.6)即为直动平底从动件盘形凸轮机构的凸轮轮廓方程。

由式(4.6)可见,直动平底从动件盘形凸轮轮廓形状与偏距 e 无关,如果考虑结构和接触状况等因素,有时采用偏置平底从动件。

例 4.2 已知某直动尖顶从动件盘形凸轮机构的凸轮基圆半径 $r_0=26$ mm,偏距 $e=10$ mm,其他已知条件同例 4.1,试写出凸轮轮廓方程。

解 据式(4.1)、$s_0=\sqrt{r_0^2-e^2}=24$ mm 及例 4.1 中的中间结果,推演得到如下结果。

(1)推程凸轮轮廓方程为

$$\begin{cases} x=-\left[34-10\cos\left(\dfrac{6}{5}\varphi\right)\right]\sin\varphi-10\cos\varphi \\ y=\left[34-10\cos\left(\dfrac{6}{5}\varphi\right)\right]\cos\varphi-10\sin\varphi \end{cases} \quad \left(0\leqslant\varphi\leqslant\frac{5\pi}{6}\right)$$

(2)远休程凸轮轮廓方程为

$$\begin{cases} x=-44\sin\varphi-10\cos\varphi \\ y=44\cos\varphi-10\sin\varphi \end{cases} \quad \left(\frac{5\pi}{6}\leqslant\varphi\leqslant\frac{7\pi}{6}\right)$$

(3)回程凸轮轮廓方程为

$$\begin{cases} x=-\left[79-\dfrac{30}{\pi}\varphi+\dfrac{10}{\pi}\sin(3\varphi-3.5\pi)\right]\sin\varphi-10\cos\varphi \\ y=\left[79-\dfrac{30}{\pi}\varphi+\dfrac{10}{\pi}\sin(3\varphi-3.5\pi)\right]\cos\varphi-10\sin\varphi \end{cases} \quad \left(\frac{7\pi}{6}\leqslant\varphi\leqslant\frac{11\pi}{6}\right)$$

(4)近休程凸轮轮廓方程为

$$\begin{cases} x=-24\sin\varphi-10\cos\varphi \\ y=24\cos\varphi-10\sin\varphi \end{cases} \quad \left(\frac{11\pi}{6}\leqslant\varphi\leqslant 2\pi\right)$$

4.4 盘形凸轮机构基本尺寸的确定

由上节知，设计凸轮轮廓，需先确定凸轮基圆半径 r_0、直动从动件的偏距 e 或摆动从动件长度 l、摆动从动件的摆动中心与凸轮轴心间的中心距 a 以及滚子半径 r_r 等基本尺寸。本节将从凸轮机构传力性能的优劣、结构是否紧凑及运动是否失真等方面对上述尺寸详加讨论。

4.4.1 凸轮机构的压力角 α 及其许用值

图 4.14 所示为直动尖顶从动件盘形凸轮机构，从动件与凸轮在 B 点接触。$\boldsymbol{G}$ 为作用在从动件上的载荷(包括生产阻力、从动件自重及弹簧压力等)；$\boldsymbol{F}_{12}$ 为凸轮 1 作用在从动件 2 上的推动力，当不计摩擦时，力 $\boldsymbol{F}_{12}$ 必须沿接触点处凸轮廓线的法线 $n—n$ 方向；$\boldsymbol{v}_2$ 为从动件的速度。在不考虑构件的惯性力和运动副中摩擦力时，从动件在与凸轮轮廓接触点 B 处所受正压力的方向(即凸轮轮廓在该点法线 $n—n$ 的方向)与从动件上点 B 的速度 v_2 方向之间所夹的锐角称为压力角，用 α 表示。

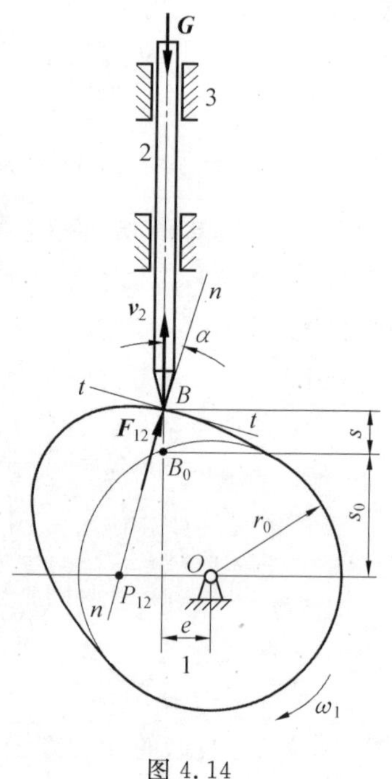

图 4.14

压力角 α 是表征、反映凸轮机构受力情况的一个重要参数。在其他条件相同的情况下，压力角 α 愈大，则作用力 $\boldsymbol{F}_{12}$ 沿垂直于速度 $\boldsymbol{v}_2$ 方向的有害分力越大，凸轮推动从动件就越费力。当压力角 α 增大至某一数值 α_c 时，作用力 $\boldsymbol{F}_{12}$ 增至无穷大，而效率降为零，此时机构发生自锁，α_c 称为临界压力角。为保证凸轮机构能正常运转，应使最大压力角 α_{max} 小于临界压力角 α_c。在工程实际中，为提高机械效率和改善受力情况，通常规定凸轮机构的最大压力角 α_{max} 应小于或等于某一许用压力角，即 $\alpha_{max} \leqslant [\alpha]$，而 $[\alpha]$ 之值小于临界压力角 α_c。根据实践经验，推荐的许用压力角取值如下。

(1)推程(工作行程)：直动从动件取 $[\alpha]=30°\sim40°$；摆动从动件取 $[\alpha]=35°\sim45°$；

(2)回程(空回行程)：考虑到此时从动件靠其他外力(如弹簧力等)推动返回，故不会自锁，许用压力角的取值可以适当放宽。直动和摆动从动件荐取 $[\alpha]'=70°\sim80°$。

4.4.2 按许用压力角确定凸轮机构的基本尺寸

在图 4.14 所示的直动尖顶从动件盘形凸轮机构中，过接触点 B 的凸轮轮廓公法线 $n—n$ 与过 O 点的导路垂线交于 P_{12} 点，该点即为凸轮 1 与从动件 2 的相对速度瞬心。即凸轮上 P_{12} 点的线速度 $\omega_1 \overline{OP_{12}}$ 与从动件的移动速度 v_2 相等，有 $\omega_1 \overline{OP_{12}}=v_2$，可得

$$\overline{OP_{12}}=\frac{v_2}{\omega_1}=\mathrm{d}s/\mathrm{d}\varphi$$

式中，$\mathrm{d}s/\mathrm{d}\varphi$ 为类速度，推程时为正，回程时为负。

按图 4.14 并考虑回程时 $\mathrm{d}s/\mathrm{d}\varphi$ 为负值，可得出凸轮机构的压力角为

$$\tan\alpha=\frac{|\overline{OP_{12}}-e|}{s_0+s}=\frac{|\mathrm{d}s/\mathrm{d}\varphi-e|}{s_0+s} \tag{4.7}$$

式中，$s_0=\sqrt{r_0^2-e^2}$。

由式(4.7)可以看出，压力角 α 随凸轮基圆半径 r_0 的增大而减小，那么如何选择凸轮基圆半径 r_0 和偏距 e 使 $\alpha<[\alpha]$？基本思想是将式(4.7)图形化，通过作一些辅助的限制线确定凸轮回转中心相对于从动件起始点位置的取值范围(在取值范围内，选定一个凸轮回转中心的位置，就可确定一个基圆半径 r_0 和偏距 e)以保证 $\alpha<[\alpha]$，方法如下。

(1)建立坐标系，绘制 $\mathrm{d}s/\mathrm{d}\varphi-s$ 曲线。

以图 4.14 从动件最低点位置 B_0 为坐标原点，从动件的位移 s 为纵坐标、类速度 $\mathrm{d}s/\mathrm{d}\varphi$ 为横坐标建立如图 4.15(a)所示的直角坐标系 $\mathrm{d}s/\mathrm{d}\varphi-B_0-s$。位移 s 在纵坐标上自 B_0 点向上取值，推程的类速度 $\mathrm{d}s/\mathrm{d}\varphi$ 则按从动件速度方向沿凸轮转动的时针方向转 90°后取值。即当凸轮顺时针转动时，推程的 $\mathrm{d}s/\mathrm{d}\varphi$ 作在 s 轴的右侧，回程的 $\mathrm{d}s/\mathrm{d}\varphi$ 作在 s 轴的左侧；反之，当凸轮逆时针转动时，推程的 $\mathrm{d}s/\mathrm{d}\varphi$ 作在 s 轴的左侧，回程的 $\mathrm{d}s/\mathrm{d}\varphi$ 作在 s 轴的右侧。当给定从动件的运动规律后，可求得对应于推程和回程一系列凸轮转角 φ 的从动件位移 s 和类速度 $\mathrm{d}s/\mathrm{d}\varphi$ 值。图 4.15(a)所示为凸轮顺时针转动时的 $\mathrm{d}s/\mathrm{d}\varphi-s$ 曲线。

(2)作推程许用压力角$[\alpha]$的辅助限制线，初步确定凸轮回转中心的选取范围。

在图 4.15(a)中推程的 $\mathrm{d}s/\mathrm{d}\varphi-s$ 曲线上任选一点 D，B_0B 为该瞬时的从动件位移 s，而 DB 则为其对应的 $\mathrm{d}s/\mathrm{d}\varphi$，如图 4.15(b)所示。自点 D 作 $\angle BDd'=90°-[\alpha]$得直线 Dd'，则 Dd' 与纵坐标轴间所夹的锐角为推程的许用压力角$[\alpha]$；自 D 点作$\angle BDd''=90°+[\alpha]$得直线 Dd''，则 Dd''与纵坐标轴间所夹的锐角为推程的许用压力角$[\alpha]$。在 s 轴右侧、直线 Dd' 与直线 Dd''下方取凸轮轴心 O。令 O 到纵轴 s 的距离为偏距 e，O 到坐标原点 B_0 的距离 OB_0 为基圆半径 r_0，则 O 到横轴 $\mathrm{d}s/\mathrm{d}\varphi$ 的距离为 $s_0=\sqrt{r_0^2-e^2}$。连接点 O 与 D，并过点 O 作垂直于 BD 的直线 OM，则 $\tan\angle MOD=\frac{|\mathrm{d}s/\mathrm{d}\varphi-e|}{s_0+s}$，因此$\angle MOD$ 就是推程 $s=B_0B$时凸轮机构的压力角 α。

由图 4.15(b)可以看出，$\angle MOD<[\alpha]$，因此，此时凸轮机构的压力角 $\alpha<[\alpha]$。

点 D 是在推程 $\mathrm{d}s/\mathrm{d}\varphi-s$ 曲线上任取的一点，为保证整个推程内及推程起始点处凸轮机构的压力角 $\alpha<[\alpha]$，作 Dd' 的平行线 $D_td'_t$且与 $\mathrm{d}s/\mathrm{d}\varphi-s$ 曲线的切点为 D_t；过点 D_t 作 Dd''的平行线 $D_td''_t$；过点 B_0 作 Dd''的平行线 $B_0d'_0$及 Dd''的平行线 $B_0d''_0$。由于 $B_0d'_0$在 $D_td'_t$的左上方，$D_td''_t$在 $B_0d''_0$的右上方，即 $B_0d'_0$与 $D_td''_t$这两条线不起限制作用，在作图时可以省略，所以凸轮的回转中心 O 选在推程段类速度曲线同侧(凸轮顺时针转动时，在 s 轴右侧；否则在 s 轴左侧)、直线 $D_td'_t$与 B_0d''下方公共区域内(或在边界直线上)时，推程的压力角 $\alpha\leqslant[\alpha]$。

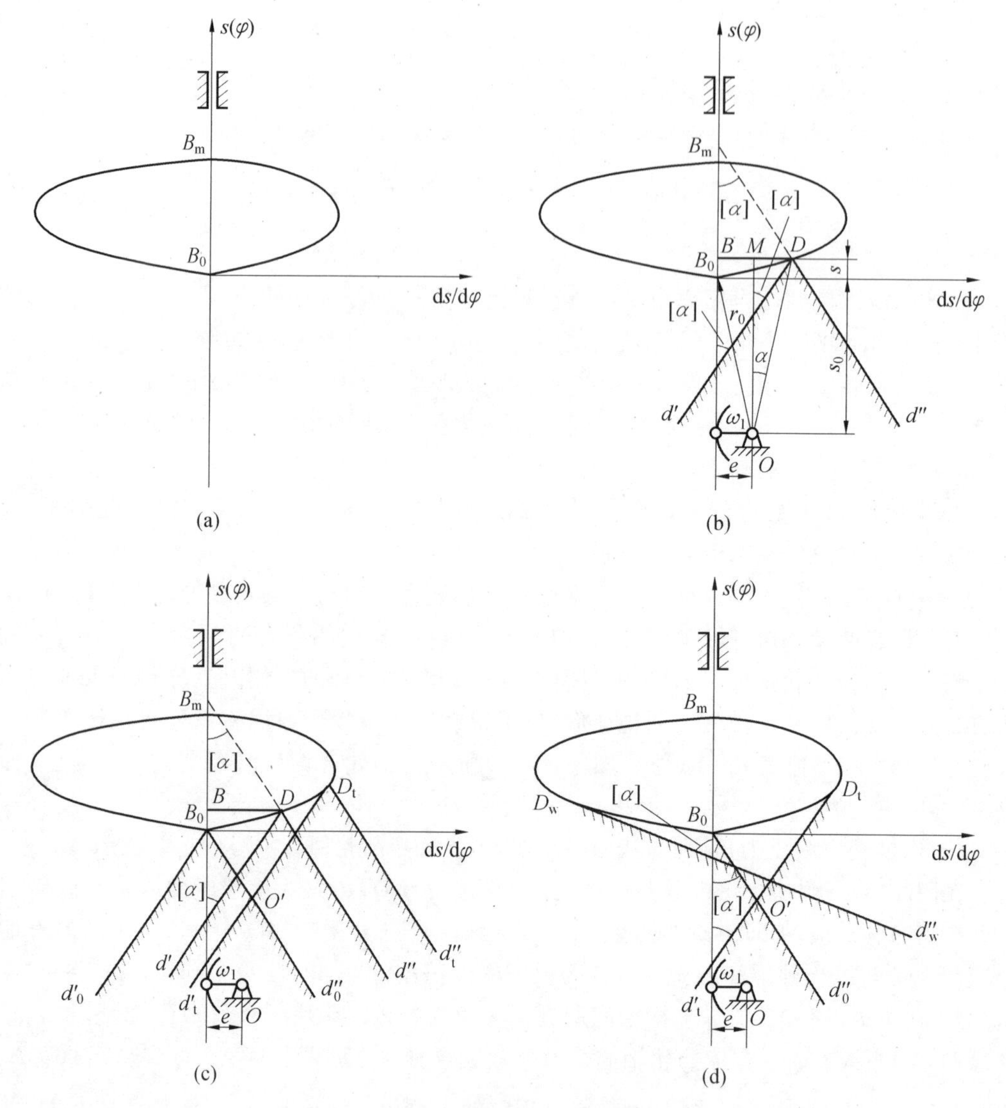

图 4.15

(3)作回程许用压力角$[\alpha]'$的辅助限制线。

按与作推程许用压力角限制线相同的方法作出回程的许用压力角限制线。经分析可知,只有$D_w d''_w$线起作用,如图 4.15(d)所示。

综上,当凸轮的回转中心 O 选在推程段类速度曲线同侧(图 4.15 为 s 轴右侧)、直线$D_t d'_t$、直线 $B_0 d''$、直线 $D_w d''_w$(或在边界直线上)时,凸轮在推程和回程内的压力角都小于各自的许用压力角,如图 4.15(d)所示。只要在公共许用区域内选定凸轮轴心 O 的位置,凸轮基圆半径 r_0 和偏距 e 就确定了,可以用数值计算法求出此凸轮轴心公共许用区域以及 r_0 和 e 的大小,但其求解过程复杂,详见参考文献[28,29]。

应当指出,关于直动从动件盘形凸轮机构,为了改善其传力性能或减小凸轮尺寸,经常采用如图 4.16 所示的偏置式凸轮机构。为了达到上述目的,其偏置必须随凸轮转向的不同而按图示的方位确定，即应使偏置与推程时的相对瞬心 P_{12} 位于凸轮轴心的同一侧，凸轮顺时针转动时，从动件导路应偏于凸轮轴心的左侧；凸轮逆时针转动时，从动件导路应偏置于凸轮轴心的右侧。若从动件导路位置与图示位置相反配置时，反而会适得其反，使凸轮机构的推程压力角增大，传力性能变坏。此时，用式(4.7)计算压力角，e 需用"－"值代入，这也是图 4.13 中将凸轮回转中心选在推程段类速度曲线一侧的原因。

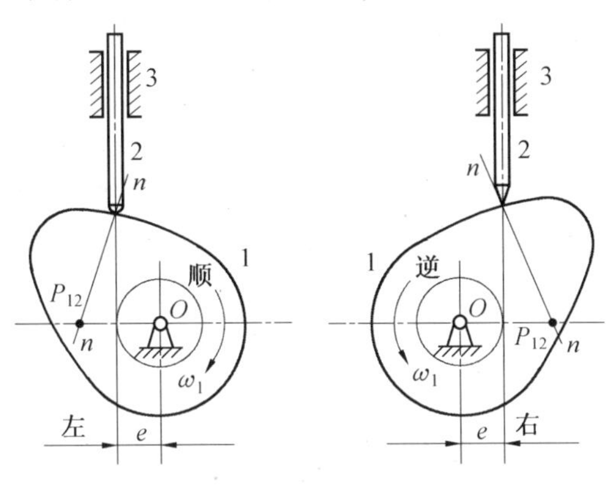

图 4.16

如需了解尖顶(滚子)摆动从动件盘形凸轮机构的情况，详见参考文献[30,31]。对于平底从动件盘形凸轮机构可按凸轮轮廓全部外凸条件确定基圆半径 r_0，详见参考文献[1]。

例 4.3 已知如图 4.17(a)所示的直动平底推杆盘形凸轮机构，凸轮为 $r=30$ mm 的偏心圆盘，$AO=20$ mm。试求：

(1)基圆半径 r_0 和升程 h；

(2)推程运动角 Φ_0、回程运动角 Φ_0'、远休止角 Φ_s 和近休止角 Φ_s'；

(3)凸轮机构的最大压力角 α_{max} 和最小压力角 α_{min}；

(4)推杆的位移 s、速度 v 和加速度 a 的方程式；

(5)若凸轮以 $\omega_1=10$ rad/s 匀速转动，当 AO 成水平位置时推杆的速度。

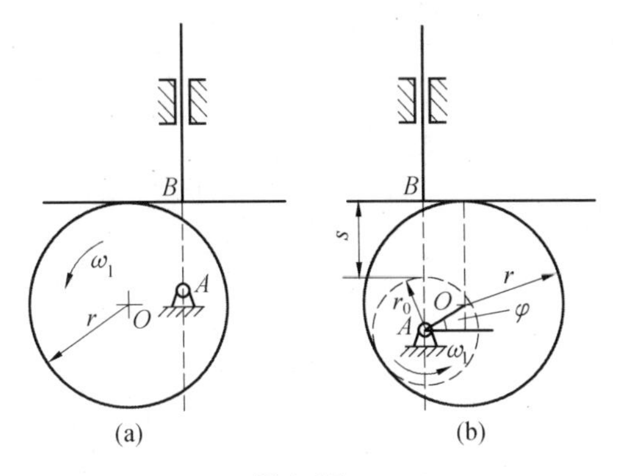

图 4.17

解 (1)基圆半径 r_0 为

$$r_0=r-AO=30-20=10(\text{mm})$$

升程 h 为

$$h=r+AO-r_0=30+20-10=40(\text{mm})$$

(2)推程运动角 Φ_0 和回程运动角 Φ_0' 为

$$\Phi_0=\Phi_0'=180°$$

远休止角 Φ_s 和近休止角 Φ_s' 为

$$\Phi_s=\Phi_s'=0°$$

(3)凸轮机构的最大压力角 α_{max} 和最小压力角 α_{min} 为

$$\alpha_{max}=\alpha_{min}=0°$$

(4)如图 4.17(b)所示,取 AO 连线与水平的夹角为凸轮的转角 φ,则

$$s=r+AO\sin\varphi-r_0=30+20\sin\varphi-10=20(1+\sin\varphi)$$

$$v=20\omega\cos\varphi$$

$$a=-20\omega^2\sin\varphi$$

(5)当 $\varphi=0°$时

$$v_{0°}=20\omega\cos 0°=20\omega=20\times10=200(\text{mm/s})$$

当 $\varphi=180°$时

$$v_{180°}=20\omega\cos 180°=-20\omega=-20\times10=-200(\text{mm/s})$$

4.4.3 滚子半径 r_r 的选择

1. 凸轮理论轮廓的内凹部分

如图 4.18(a)所示,工作轮廓曲率半径 ρ_a、理论轮廓曲率半径 ρ 与滚子半径 r_r 三者之间的关系为

$$\rho_a=\rho+r_r \tag{4.8}$$

这种情况下,工作轮廓曲率半径恒大于理论轮廓曲率半径,即 $\rho_a>\rho$。这样,当理论轮廓作出后,不论选择多大的滚子,都能作出工作轮廓。

2. 凸轮理论轮廓的外凸部分

如图 4.18(b)~(d)所示,工作轮廓曲率半径 ρ_a、理论轮廓曲率半径 ρ 与滚子半径 r_r 三者之间的关系为

$$\rho_a=\rho-r_r \tag{4.9}$$

(1)当 $\rho>r_r$ 时,$\rho_a>0$。这时,可以作出凸轮的工作轮廓(图 4.18(b))。

(2)当 $\rho=r_r$ 时,$\rho_a=0$,如图 4.18(c)所示。这时,虽然能作出凸轮工作轮廓,但出现了尖点,尖点处是极易磨损的。

(3)当 $\rho<r_r$ 时,$\rho_a<0$,如图 4.18(d)所示。这时,作出的凸轮工作轮廓出现了相交的包络线。这部分工作轮廓无法实现,因此也无法实现从动件的预期运动规律,即出现运动“失真”现象。

综上可知,滚子半径 r_r 不宜过大。但因滚子装在销轴上,故亦不宜过小。一般推荐

$$r_r<\rho_{min}-\Delta \tag{4.10}$$

式中,ρ_{min} 为凸轮理论轮廓外凸部分的最小曲率半径;$\Delta=3\sim5$ mm。

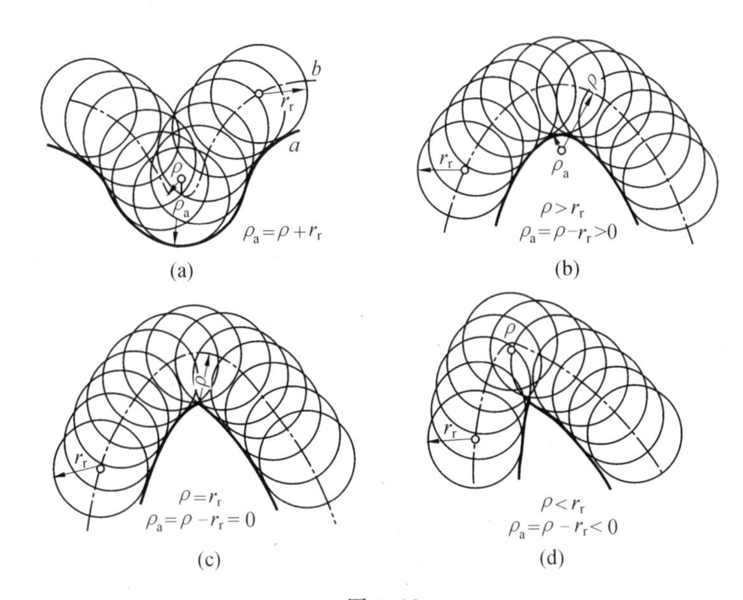

图 4.18

对于重载凸轮，可取 $r_r \approx \rho_{amin} \approx \rho_{min}/2$，这时滚子与凸轮间的接触应力最小，从而可提高凸轮的使用寿命，详见参考文献[32]。

4.5 空间凸轮机构简介

由 4.1 节知，凸轮机构两活动构件之间的相对运动为空间运动的称为空间凸轮机构。当凸轮为主动件时，从动件一般按预期运动规律做往复摆动或移动；当凸轮为机架时，从动件上的点一般按预期的轨迹做空间复杂运动。

空间凸轮机构基本都采用滚子从动件。空间凸轮机构按凸轮形状可分类如下。

(1)圆柱凸轮机构。

凸轮是一个相对机架做定轴转动或为机架的圆柱形构件，如图 4.5 所示。当凸轮为主动件时，其从动件的运动形式可为往复摆动或移动。如图 4.19 所示的圆柱分度凸轮机构，在香烟包装和拉链嵌齿机等自动机械中得到了广泛应用，分度频率达到 1 500 次/min，分度精度达到 30″。其实质为滚子摆动从动件圆柱凸轮机构的变异形式。

(2)圆锥凸轮机构。

凸轮是一个相对机架做定轴转动或为机架的圆锥形构件，如图 4.20 所示。当凸轮为主动件时，其从动件的运动形式可为往复摆动或移动。

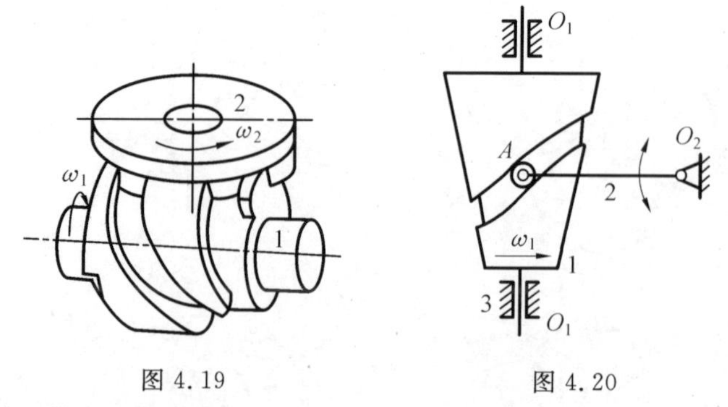

图 4.19　　　　图 4.20

(3)弧面凸轮机构。

凸轮是一个相对机架做定轴转动或为机架的鼓形构件,如图 4.21 所示。当凸轮为主动件时,其从动件的运动形式为间歇转动。图 4.22 所示的弧面分度凸轮机构,在高速冲床、多色印刷机和包装机等自动机械中得到了广泛应用,分度频率高达 2 000 次/min,分度精度达 15″。实质上,它是滚子摆动从动件弧面凸轮机构的变异形式。

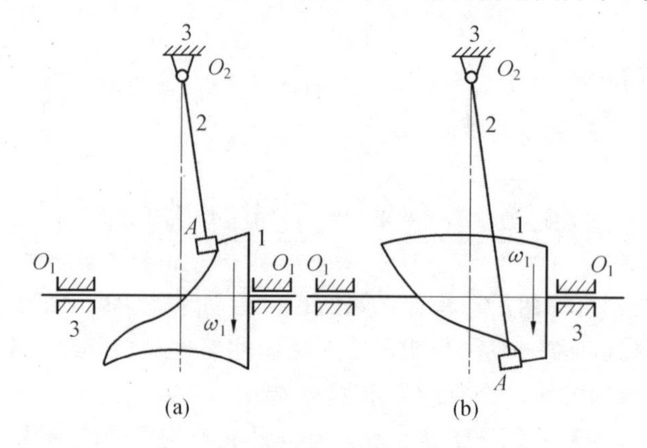

图 4.21

(4)球面凸轮机构。

凸轮是一个相对机架做定轴转动或为机架的球形构件,其轴线与摆动从动件的轴线相交,如图 4.23 所示。当凸轮为主动件时,其从动件的运动形式仅可为往复摆动。

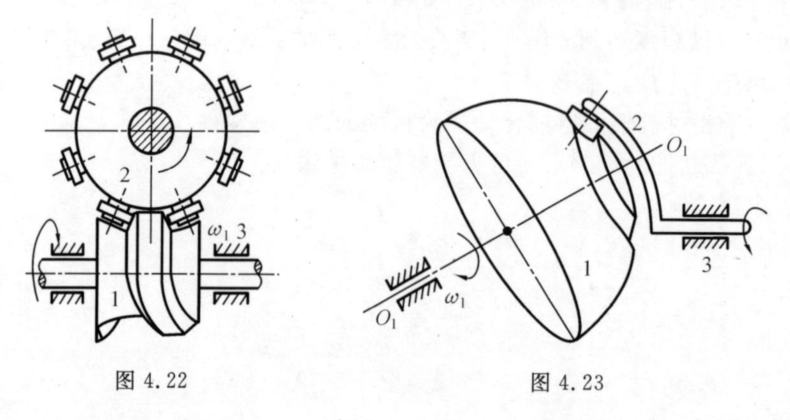

图 4.22　　　　图 4.23

习 题

4.1 在摆动从动件盘形凸轮机构中，从动件行程角 $\Psi_{max}=30°$，$\Phi_0=120°$，$\Phi_s=120°$，$\Phi_0'=120°$，从动件推程、回程分别采用等加速等减速和正弦加速度运动规律。试写出摆动从动件在各行程的位移方程式。

4.2 题图4.2所示为从动件在推程的部分运动曲线，其 $\Phi_s\neq0°$，$\Phi_s'\neq0°$。试根据 s、v 和 a 之间的关系定性地补全该运动曲线，并指出该凸轮机构工作时，何处有刚性冲击？何处有柔性冲击？

4.3 在题图4.3所示偏置滚子直动从动件盘形凸轮机构中，凸轮1的工作轮廓为圆，其圆心和半径分别为 C 和 R，凸轮1沿逆时针方向转动，推动从动件往复移动。已知：$R=100$ mm，$OC=20$ mm，偏距 $e=10$ mm，滚子半径 $r_r=10$ mm，试回答：

(1)凸轮的理论轮廓。

(2)凸轮基圆半径 r_0、从动件行程 h 各为多少？

(3)推程运动角 Φ_0、回程运动角 Φ_0'、远休止角 Φ_s、近休止角 Φ_s' 各为多少？

(4)从动件推程、回程位移方程式。(选做)

(5)凸轮机构的最大压力角 α_{max}、最小压力角 α_{min} 各为多少？分别在工作轮廓上哪点出现？(选做)

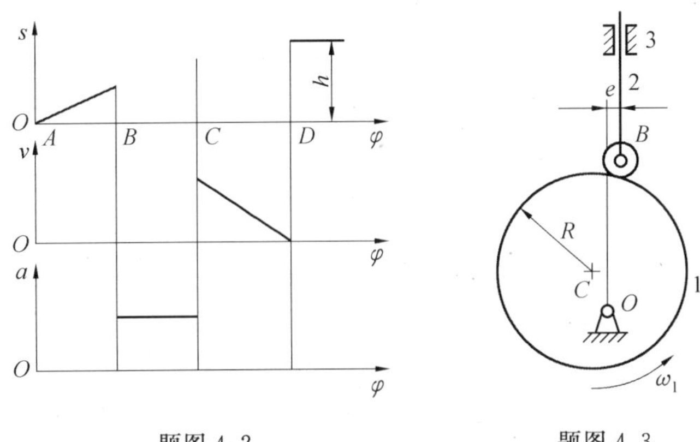

题图4.2　　　　题图4.3

4.4 在题图4.4所示滚子摆动从动件盘形凸轮机构中，凸轮1的工作轮廓为圆，其圆心和半径分别为 C 和 R，凸轮1沿顺时针方向转动，推动从动件往复摆动。已知：$R=100$ mm，$OC=30$ mm，摆杆长度 $l=250$ mm，中心距 $a=300$ mm，滚子半径 $r_r=10$ mm，试回答：

(1)绘出凸轮的理论轮廓。

(2)该机构为顺摆式还是逆摆式？

(3)推程运动角 Φ_0、回程运动角 Φ_0'、远休止角 Φ_s、近休止角 Φ_s' 各为多少？

(4)凸轮基圆半径 r、从动件行程角 Ψ_{max} 各为多少？

(5)凸轮机构的最大压力角 α_{max}、最小压力角 α_{min} 各为多少？又分别在工作轮廓上哪点出现？(选做)

4.5 如题图 4.5 所示，设计摆动尖顶从动件盘形凸轮。已知凸轮 1 沿顺时针方向等速转动，中心距 $a=75$ mm，凸轮基圆半径 $r_0=30$ mm，从动件长度 $l=58$ mm，从动件行程角 $\Psi_{max}=15°$，$\Phi_0=150°$，$\Phi_s=0°$，$\Phi_0'=120°$，从动件在推程、回程皆采用简谐运动规律。试通过计算机辅助设计求凸轮理论轮廓和工作轮廓上各点的坐标值(每隔 10°计算一点)，并绘出凸轮轮廓。

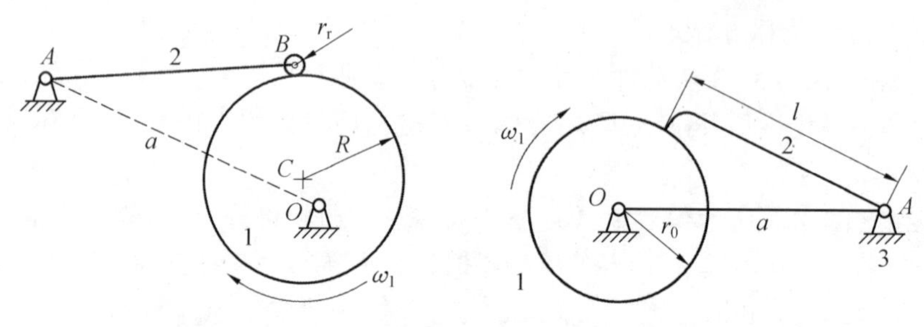

题图 4.4　　题图 4.5

4.6 如题图 4.6 所示设计偏置直动滚子从动件盘形凸轮。已知凸轮 1 沿顺时针方向等速转动，凸轮基圆半径 $r_0=40$ mm，偏距 $e=10$ mm，从动件行程 $h=30$ mm，滚子半径 $r_r=10$ mm，$\Phi_0=150°$，$\Phi_s=30°$，$\Phi_0'=120°$，$\Phi_s'=60°$，从动件在推程、回程皆采用简谐运动规律。试通过计算机辅助设计求凸轮理论轮廓和工作轮廓上各点的坐标值(每隔 10°计算一点)，并绘出凸轮的理论轮廓与工作轮廓。

4.7 如题图 4.7 所示，设计直动平底从动件盘形凸轮。已知凸轮 1 沿顺时针方向等速转动，凸轮基圆半径 $r_0=40$ mm，从动件平底与导路夹角 $\beta=90°$，从动件行程 $h=20$ mm，$\Phi_0=120°$，$\Phi_s=30°$，$\Phi_0'=90°$，从动件推程、回程皆采用简谐运动规律。试校核是否满足凸轮轮廓全部外凸条件，并绘出凸轮轮廓。

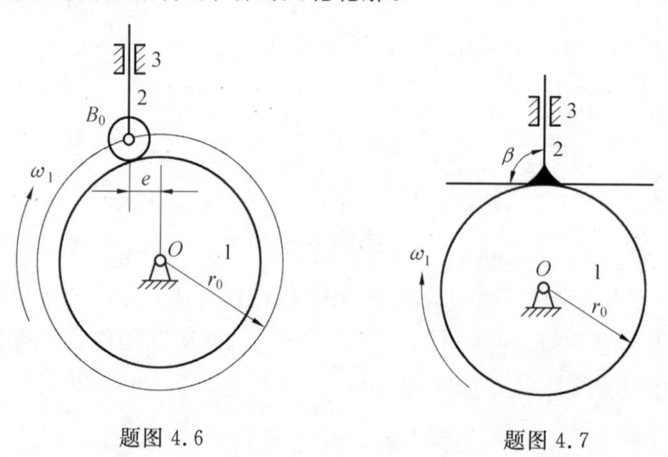

题图 4.6　　题图 4.7

第5章 齿轮机构及其设计

5.1 齿轮机构的类型和应用

齿轮机构是现代机械中应用最广泛的一种传动机构。与其他传动机构相比，齿轮机构的优点是结构紧凑、工作可靠、效率高、寿命长、传动比恒定，而且传递的功率与适用的速度范围大。但是，其制造安装费用较高，低精度齿轮传动的振动噪声较大。

齿轮机构是通过一对对轮齿齿面的依次啮合来传递两轴之间的运动和动力的，根据一对齿轮实现传动比的情况，它可以分为定传动比和变传动比齿轮机构。本章仅讨论实现定传动比的圆形齿轮机构。

定传动比的圆形齿轮机构的类型很多，根据两传动轴线的相对位置，可分为三类。

1. 平行轴齿轮机构

平行轴齿轮机构两齿轮的传动轴线平行，这是一种平面齿轮机构。如表5.1平行轴齿轮机构中所示的外啮合齿轮机构、内啮合齿轮机构及齿轮齿条机构。

表5.1 平行轴齿轮机构

啮合形式	直齿圆柱齿轮传动	斜齿圆柱齿轮传动	人字齿轮传动
外啮合	轮齿分布在圆柱体外部且齿向与其轴线平行，应用非常广泛 	轮齿齿向与其轴线倾斜，传动平稳，适合于高速传动，但有轴向力 	由两排旋向相反的斜齿轮对称组成，其轴向力被相互抵消。适合高速和重载传动，但制造成本较高 
内啮合	轮齿齿向与其轴线平行且分布在空心圆柱体的内部，在同向齿轮传动中有较多应用 	轮齿齿向与其轴线倾斜的内齿轮，加工困难，有轴向力，应用较少 	

续表 5.1

啮合形式	直齿圆柱齿轮传动	斜齿圆柱齿轮传动	人字齿轮传动
齿轮齿条啮合(齿轮旋转、齿条平移)	一对外啮合齿轮传动中,当大齿轮的半径为无穷大时,将演变成齿条。齿轮转动时,齿条直线移动	斜齿轮斜齿条啮合传动应用较少	

2. 相交轴齿轮机构

相交轴齿轮机构两齿轮的传动轴线相交于一点,这是一种空间齿轮机构。如表 5.2 相交轴齿轮机构中的各种锥齿轮机构。

表 5.2 相交轴齿轮机构

直齿锥齿轮传动	斜齿锥齿轮传动	曲线齿锥齿轮传动
轮齿齿向沿圆锥母线排列于截锥表面,是相交轴齿轮传动的基本形式,制造较为简单	轮齿齿向倾斜于圆锥母线,制造困难,应用较少	轮齿齿向是曲线形,有圆弧齿、摆线齿等,传动平稳,承载能力大,适用于高速、重载传动,但制造成本较高

3. 交错轴齿轮机构

交错轴齿轮机构两齿轮的传动轴线为空间任意交错位置,它也是空间齿轮机构。如表 5.3 交错轴齿轮机构中的各种交错轴齿轮机构。

表 5.3　交错轴齿轮机构

交错轴斜齿轮传动	蜗杆蜗轮传动	准双曲线齿轮传动
两螺旋角 $\beta_1 \neq \beta_2$ 的斜齿轮啮合时，可形成两轴线任意交错传动，两轮齿为点接触，且滑动速度较大，主要用于传递运动或轻载传动 	蜗杆蜗轮传动多用于两轴交错角为 90°的传动，其传动比大、传动平稳，可具有自锁性，但效率较低 	其节曲面为单叶双曲线回转体的一部分。它能实现两轴线中心距较小的交错轴传动，但制造困难 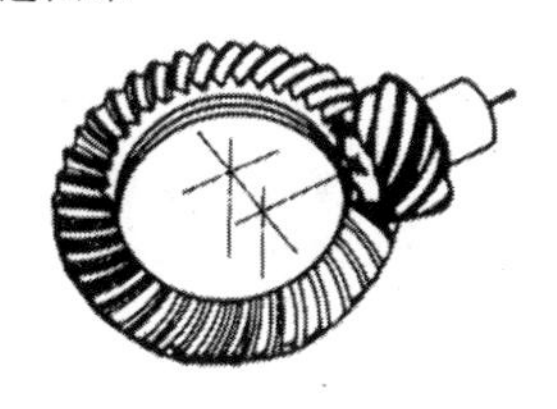

直齿圆柱齿轮是最简单、最基本、也是应用最广泛的一种齿轮，本章将重点讨论这种齿轮机构的传动原理与设计计算。

5.2　瞬时传动比与齿廓曲线

5.2.1　齿廓啮合基本定律

齿轮传动是靠主动轮的齿廓依次推动从动轮的齿廓来实现的。两齿轮的角速度之比称为传动比。不论两齿轮的齿廓形状如何，就其整周而言，两齿轮的传动比总等于齿数的反比，但其瞬时传动比却与齿廓的形状有关。图 5.1 所示为一对相互啮合的圆柱齿轮的齿廓 K_1 与齿廓 K_2。齿轮 1 以角速度 ω_1 转动并以齿廓 K_1 推动齿轮 2 的齿廓 K_2 以角速度 ω_2 转动。

根据三心定理，两齿廓接触点 K 处的公法线 $n—n$ 与两齿轮连心线的交点 C 为两齿轮的相对速度瞬心，因此

$$\omega_1\ \overline{O_1C}=\omega_2\ \overline{O_2C}$$

由此，得瞬时传动比 i_{12} 为

$$i_{12}=\frac{\omega_1}{\omega_2}=\frac{\overline{O_2C}}{\overline{O_1C}} \tag{5.1}$$

式(5.1)说明，具有任意齿廓的两齿轮啮合时，其瞬时角速度的比值等于齿廓接触点的公法线将其中心距分成两段长度的反比。这就是齿廓啮合基本定律。

满足齿廓啮合基本定律，且传动比为常数或按一定规律变化的一对齿廓称为共轭齿廓。共轭齿廓啮合时，其接触点的公法线与两齿轮中心线交点的位置不同，则其传动比就不同；而齿廓在不同接触点处公法线的方向，则取决于两齿廓曲线的形状。据此，可以根据齿廓啮合基本定律，求得齿廓曲线与齿轮传动比的关系；也可以按照传动比的大小，利

用齿廓啮合基本定律,求得两齿轮的共轭齿廓曲线。

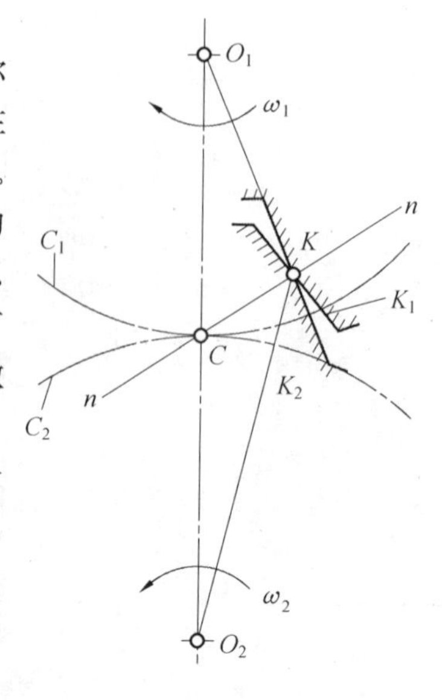

图 5.1

在齿轮机构中,相对速度瞬心 C 称为啮合节点,简称节点。根据式(5.1),为实现定传动比传动,要求两齿廓在任何位置啮合时,其节点 C 都为中心线上的一个固定点。两齿轮啮合传动时,节点 C 在两齿轮各自运动平面内的轨迹称为相对瞬心线,它们分别是以 O_1、O_2 为圆心,以 O_1C和 O_2C 为半径的圆 C_1 和 C_2,称为齿轮的节圆。故节圆是齿轮的相对瞬心线,齿轮的啮合传动相当于两节圆做纯滚动。

若要求齿轮的传动比 i_{12} 按某一规律变化,齿廓每个瞬时的啮合节点 C 就不再是固定点,而应在其中心线 $\overline{O_1O_2}$ 上按一定规律移动。移动的节点 C 在两齿轮的各自运动平面内所形成的相对瞬心线也就不再是“圆”,而是某种“非圆曲线”。实现变传动比运动的齿轮,其相对瞬心线(又称为节曲线)为非圆曲线。图 5.2 为两种非圆齿轮传动与其对应的瞬心线。

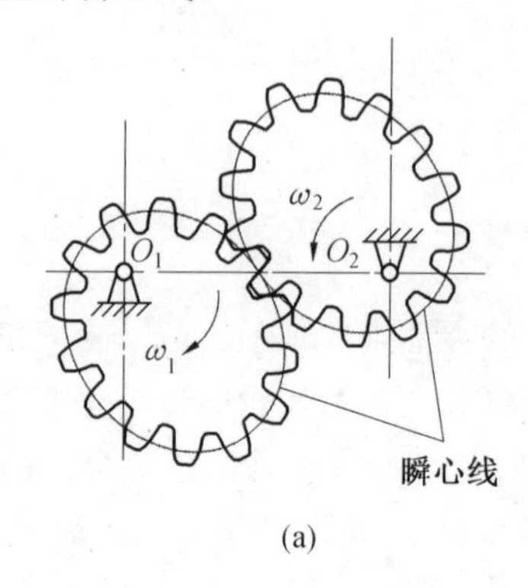

(a)

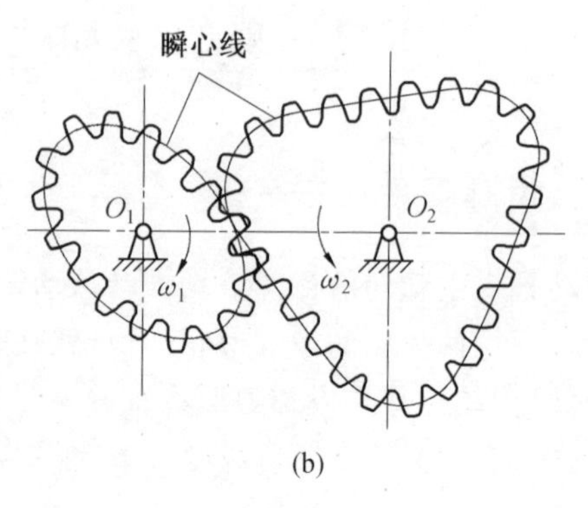

(b)

图 5.2

5.2.2 共轭齿廓的形成

共轭齿廓啮合时,两齿廓在啮合点相切,其啮合点的公法线通过节点 C。理论上,只要给定一个齿轮的齿廓曲线,并给定中心距 $\overline{O_1O_2}$ 和传动比 i_{12},就可以求出与之共轭的另一个齿轮的齿廓曲线。共轭齿廓可以用包络线法或齿廓法线法等方法求得。

用包络线法生成的共轭齿廓如图 5.3 所示,图中 C_1、C_2 为给定的一对瞬心线,当 C_1 沿 C_2 做纯滚动时,与 C_1 相固连的齿廓 K_1 即可包络出齿廓 K_2。

用齿廓法线法求共轭齿廓的方法可参考相关文献,这里不再赘述。

给定任意曲线作齿廓时,总可以求出与其共轭的另一齿轮的齿廓。在考虑加工制造和强度要求等因素后,生产中多用渐开线作齿廓,主要因为渐开线具有较好的传动性能,而且在制造、安装、测量和互换等方面还具有许多优点。本章主要研究渐开线齿轮。

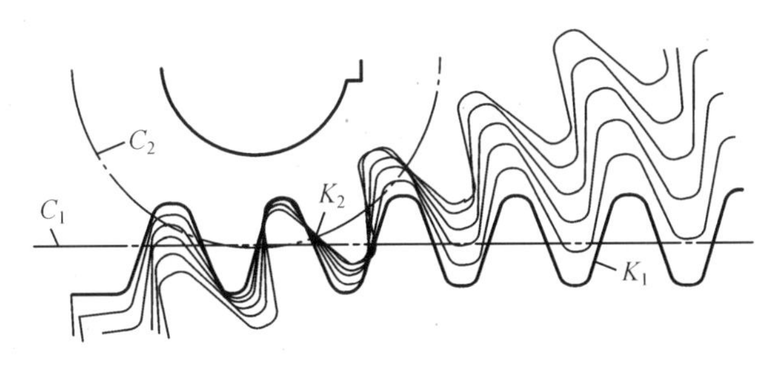

图 5.3

5.3 渐开线和渐开线齿廓啮合传动的特点

5.3.1 渐开线和渐开线方程

1. 渐开线及其性质

在图 5.4 中，当直线 $x—x$ 沿半径为 r_b 的圆做纯滚动时，该直线上任一点 K 的轨迹称为该圆的渐开线，该圆称为渐开线的基圆，直线 $x—x$ 称为渐开线的发生线，角 θ_K 称为渐开线 AK 段的展角。由渐开线的形成过程可得出渐开线的下列性质：

(1)发生线在基圆上滚过的线段长度$\overline{KN}$等于基圆上被滚过的圆弧长度$\widehat{AN}$，即$\overline{KN}=\widehat{AN}$。

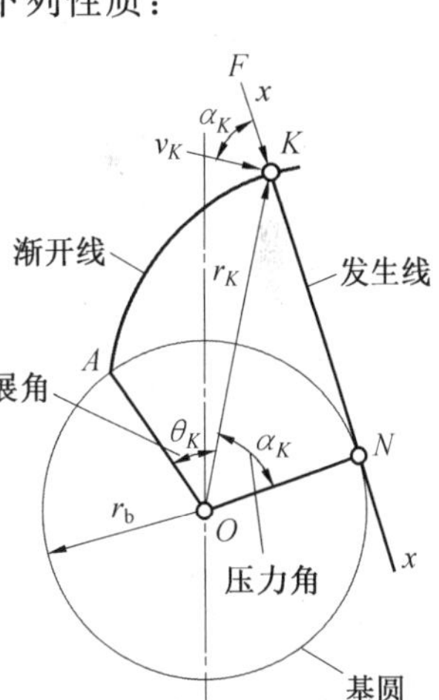

图 5.4

(2)渐开线上任一点的法线切于基圆。当发生线 $x—x$ 沿基圆做纯滚动时，切点 N 为其瞬时转动中心，因而$\overline{KN}$为渐开线在 K 点处的曲率半径，故渐开线法线与其基圆在 N 点相切。渐开线上各点的曲率不等，离基圆越近，其曲率半径越小，离基圆越远，其曲率半径就越大。

(3)基圆以内没有渐开线。

(4)渐开线的形状仅取决于其基圆的大小。基圆越小，渐开线越弯曲，基圆越大，渐开线越平直，当基圆半径为无穷大时，渐开线就变成一条直线，因此，直线为渐开线的一个特例，如图 5.5 所示。

(5)同一基圆上，任意两条渐开线间的法向距离相等(图 5.6)，即$\overline{ab}=\overline{a'b'}=\widehat{AB}$，$\overline{ac}=\overline{a'c'}=\widehat{AC}$。

2. 渐开线方程

如图 5.4 所示，以 OA 为极坐标轴，渐开线上的任一点 K 可用向径 r_K和展角 θ_K 来确定。

根据渐开线的性质$\overline{KN}=\widehat{AN}$，有

$$r_b\tan\alpha_K=r_b(\theta_K+\alpha_K)$$

故

$$\theta_K = \tan\alpha_K - \alpha_K$$

式中,角 α_K 的值是渐开线在 K 点的法线 KN 与 K 点绕基圆中心 O 转动时的速度 v_k 之间所夹的锐角。当渐开线作为齿廓曲线且另一渐开线齿廓有正压力 F 作用在该齿廓上的 K 点时,则角 α_K 就是该齿廓在接触点 K 处的压力角;展角 θ_K 随压力角 α_K 的大小而变化,是压力角 α_K 的函数,这个函数称为渐开线函数,工程上常用 $\mathrm{inv}\ \alpha_K$ 表示。

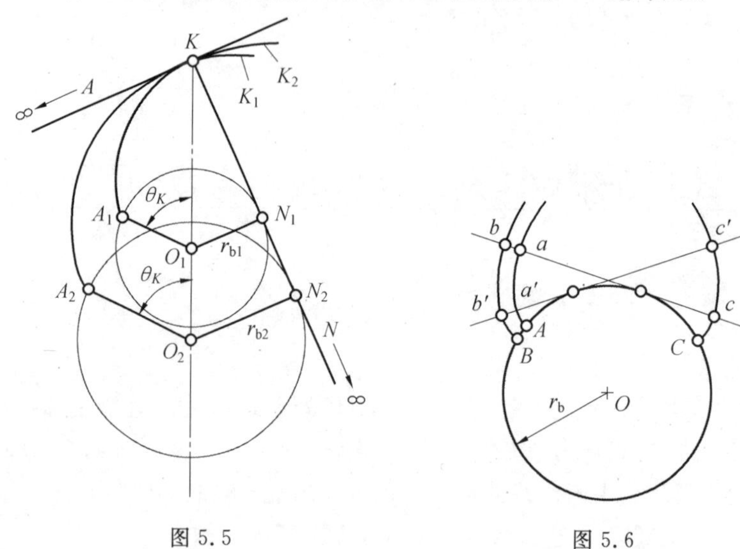

图 5.5　　图 5.6

综上所述,可得渐开线的极坐标参数方程为

$$\begin{cases} r_K = r_b / \cos\alpha_K \\ \theta_K = \mathrm{inv}\ \alpha_K = \tan\alpha_K - \alpha_K \end{cases} \tag{5.2}$$

5.3.2 渐开线齿廓啮合传动的特点

1. 传动比恒定

图 5.7 所示为一对渐开线齿廓啮合图。不论一对渐开线齿轮的安装中心距如何,过任意啮合点 K 作两齿廓的公法线,它必与两齿轮的基圆相切且为其内公切线。两齿轮基圆的大小和位置已确定,其在一个方向上的内公切线只有一条,它与中心线的交点也只有一个,即为节点 C。因此,根据齿廓啮合基本定律,一对渐开线齿廓啮合能够实现定传动比传动,即

$$i_{12} = \frac{\omega_1}{\omega_2} = \frac{\overline{O_2C}}{\overline{O_1C}} = \frac{r'_2}{r'_1} \tag{5.3}$$

式中,r'_1、r'_2 分别为两齿轮的节圆半径。

2. 中心距的变动不影响传动比

在图 5.7 中,不论这对齿轮安装的中心距如何,总存在 $\triangle O_1CN_1 \backsim \triangle O_2CN_2$,故有

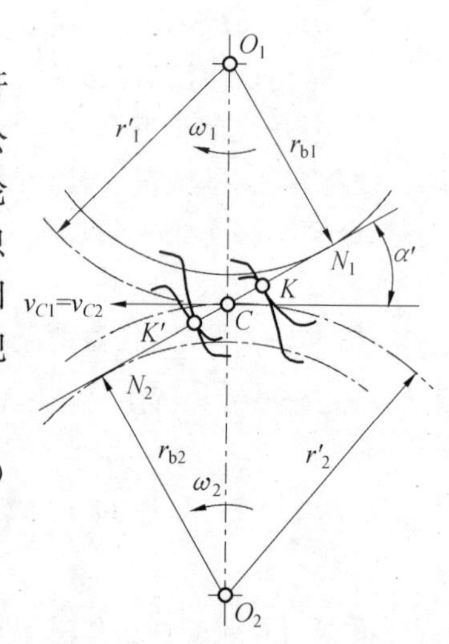

图 5.7

$$i_{12}=\frac{\omega_1}{\omega_1}=\frac{\overline{O_2C}}{\overline{O_1C}}=\frac{r_2'}{r_1'}=\frac{r_{b2}}{r_{b1}} \tag{5.4}$$

由于两齿轮已经加工完成，其基圆半径不会再改变，因此，不论这对齿轮的中心距 $\overline{O_1O_2}$ 如何改变(即由于制造、安装等原因造成实际中心距不等于设计中心距时)，其传动比 i_{12} 总等于两齿轮基圆半径的反比。这种中心距的改变而其传动比不变的性质，称为渐开线齿轮的可分性。这样，就可以适当放宽渐开线齿轮的中心距公差，以便于加工和装配。

3. 啮合线是过节点的直线

一对齿轮啮合过程中，啮合点在固定坐标系中的轨迹称为啮合线。由图 5.7 可知，一对渐开线齿廓不论在何处啮合，其啮合点的公法线 $\overline{N_1N_2}$ 恒为两基圆的内公切线，轮齿只能在 $\overline{N_1N_2}$ 线上啮合，即 $\overline{N_1N_2}$ 为啮合点的轨迹，称为渐开线齿轮的理论啮合线，切点 N_1 和 N_2 称为极限啮合点。

啮合线 $\overline{N_1N_2}$ 与中心连线 $\overline{O_1O_2}$ 的垂线间的夹角称为啮合角，用 α' 表示。它是渐开线齿廓在节点 C 处的压力角。当不计摩擦时，渐开线齿轮齿廓间的作用力是沿其接触点的公法线方向的。因此，不论轮齿在何位置啮合，其力的作用线方向始终不变，这对于齿轮传动的平稳性是很有利的。

5.4 渐开线圆柱齿轮及其基本齿廓

5.4.1 齿轮的各部分名称

图 5.8 所示为外啮合直齿圆柱齿轮的一部分，其各部分的名称如下：

(1)齿顶圆。齿顶圆为过齿轮各轮齿顶端的圆，其直径用 d_a 表示，半径用 r_a 表示。

(2)齿根圆。齿根圆为与齿轮各轮齿齿槽底部相切的圆，其直径用 d_f 表示，半径用 r_f 表示。

(3)齿厚。任意圆周上一个轮齿的两侧齿廓间的弧线长度称为该圆上的齿厚，用 s_i 表示。

(4)齿槽宽。相邻两齿间的空间称为齿槽，任意圆周上齿槽两侧齿廓间的弧线长度称为该圆上的齿槽宽，用 e_i 表示。

(5)齿距(周节)。任意圆周上相邻两齿同侧齿廓间的弧线长度称为齿距(或称周节)，用 p_i 表示，有

$$p_i=s_i+e_i$$

(6)分度圆。分度圆是为设计和制造的方便而规定的一个参考圆，用它作为度量齿轮尺寸的基准圆，其直径用 d、半径用 r 表示。规定标准齿轮分度圆上的齿厚 s 与齿槽宽 e 相等，即

$$s=e=\frac{1}{2}p$$

(7)齿顶高。位于齿顶圆与分度圆之间的轮齿部分称为齿顶,齿顶部分的径向高度称为齿顶高,用 h_a 表示。

(8)齿根高。位于齿根圆与分度圆之间的轮齿部分称为齿根,齿根部分的径向高度称为齿根高,用 h_f 表示。

(9)全齿高。全齿高为齿顶圆与齿根圆之间的径向距离,用 h 表示,有

$$h=h_a+h_f$$

以上各名称的定义既适用于外齿轮(图 5.8),又适用于内齿轮(图 5.9)。

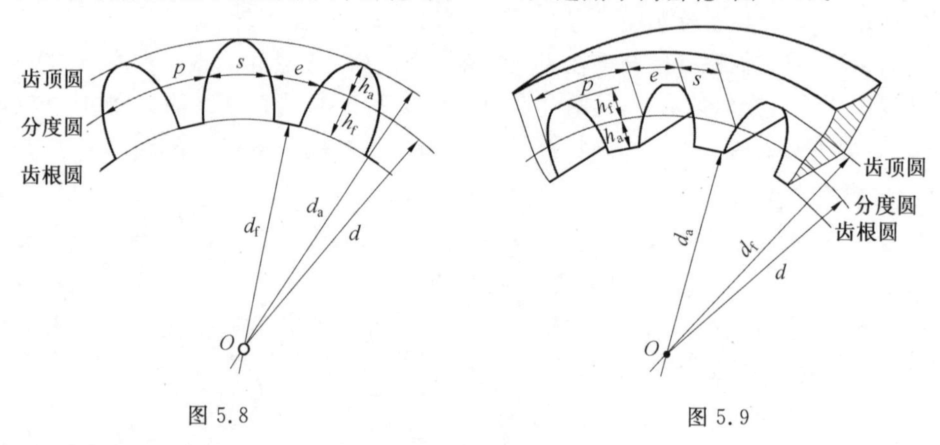

图 5.8　　图 5.9

5.4.2　渐开线齿轮的基本参数与基本齿廓

1. 齿数

齿数为在齿轮的整圆周上的轮齿总数,用 z 表示,z 应为整数。

2. 模数 m

齿轮的分度圆是计算各部分尺寸的基准,其周长为 $\pi d=zp$,分度圆直径为

$$d=\frac{p}{\pi}z$$

式中,无理数 π 对设计、制造和测量均不方便,为此,取 p/π 为一个有理数列,称为模数,并用 m 表示,即

$$m=\frac{p}{\pi} \tag{5.5}$$

模数 m 是齿轮的一个基本参数,其单位为 mm,从而得

$$\begin{cases}p=\pi m\\ d=mz\end{cases} \tag{5.6}$$

模数反映了齿轮的轮齿及各部分尺寸的大小。当齿数 z 不变时,模数增大,其齿距、齿厚、齿高和分度圆直径都相应增大。图 5.10 给出了齿数相同而模数不同的齿轮齿形。

为减少标准刀具数量,方便加工,模数已经标准化(表 5.4)。应该指出,只有分度圆上的模数为标准值。

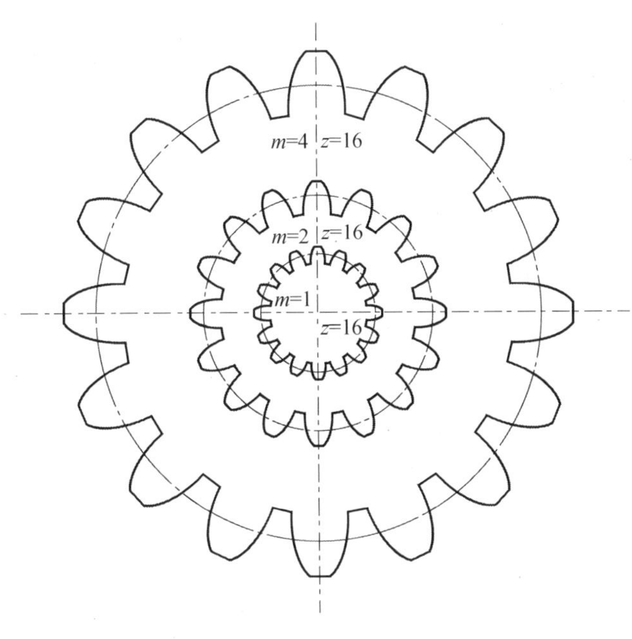

图 5.10

表 5.4 通用机械和重型机械用圆柱齿轮的模数(GB/T 1357—2008) mm

第一系列	0.1 0.12 0.15 0.2 0.25 0.3 0.4 0.5 0.6 0.8 1 1.25 1.5 2 2.5 3 4 5 6 8 10 12 16 20 25 32 40 50
第二系列	0.35 0.7 0.9 1.75 2.25 2.75 (3.25) 3.5 (3.75) 4.5 5.5 (6.5) 7 9 (11) 14 18 22 28(30) 36 45

注:优先选用第一系列,其次选用第二系列,括号内的数值尽可能不用。

3. 分度圆压力角(齿形角)

由式(5.2)可得渐开线齿廓上任一点 K 处的压力角 α_K 为

$$\alpha_K=\arccos(r_b/r_K)$$

可见,对于同一渐开线齿廓,r_K 不同,α_K 也就不同,r_K 越接近于基圆,α_K 就越小。基圆上的压力角为零。若用 α 表示分度圆上的压力角,则有

$$\alpha=\arccos(r_b/r)$$

或

$$r_b=r\cos\alpha=\frac{1}{2}mz\cos\alpha \tag{5.7}$$

可见,当齿轮的齿数 z 和模数 m 一定时,分度圆大小一定;若分度圆压力角 α 不同,其基圆大小就不同,渐开线齿廓的形状也就不同。因此,分度圆压力角 α 就成为决定渐开线齿廓形状的基本参数。为设计、制造和检验的方便,国家标准《通用机械和重型机械用圆柱齿轮 标准基本齿条齿廓》(GB/T 1356—2001)中规定分度圆压力角 α 为标准值,$\alpha=20°$。若为提高齿轮的综合强度而增大分度圆压力角时,推荐 $\alpha=25°$。但在某些场合,也有用 $\alpha=14.5°$、$15°$或 $22.5°$的情况。

这样,渐开线齿轮的分度圆还可完整地定义如下:齿轮上具有标准模数和标准压力角

的圆。

4.其他齿形参数

齿顶高系数 h_a^* 为齿顶高 h_a 与模数 m 的比值,即

$$h_a^* = h_a/m$$

齿顶高为

$$h_a = h_a^* m \tag{5.8}$$

两齿轮啮合时,为避免一个齿轮的齿顶与相啮合齿轮的齿槽底部干涉,应使两者之间留有一定的径向间隙,称为顶隙,用 c 表示,故规定:

顶隙系数 c^* 为顶隙 c 与模数 m 的比值,即

$$c^* = c/m$$

顶隙为

$$c = c^* m$$

齿根高为

$$h_f = (h_a^* + c^*)m \tag{5.9}$$

齿顶高系数 h_a^* 和顶隙系数 c^* 均为标准值,其值由基本齿廓规定。

正常齿标准齿制:

$$h_a^* = 1 \quad c^* = 0.25$$

若采用非标准的短齿制:

$$h_a^* = 0.8 \quad c^* = 0.3$$

5. 基本齿廓

当齿轮的齿数为无穷多时,齿轮的各个圆均变成直线,渐开线齿轮就变成直线齿廓的齿条,如图 5.11 所示。齿条的主要特点如下。

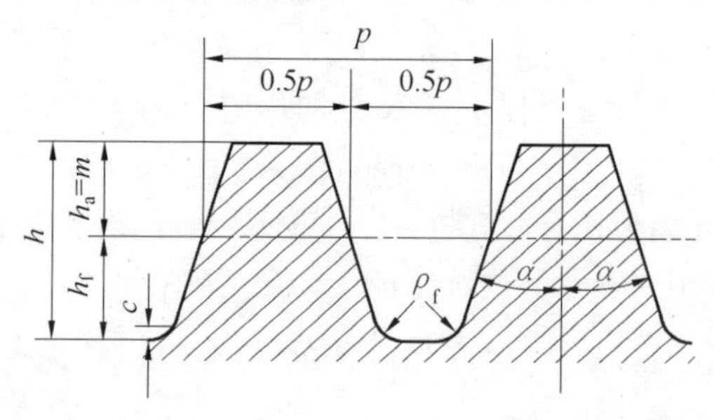

图 5.11

(1)齿条的同侧齿廓为平行的直线,齿廓上各点具有相同的压力角,即为其齿形角 α,它等于齿轮分度圆压力角。

(2)与齿顶线平行的任一直线上具有相同的齿距 $p=\pi m$。

(3)与齿顶线平行且齿厚 s 等于齿槽宽 e 的直线称为分度线,它是计算齿条尺寸的基准线。

由于齿条就是齿轮的特例,而且还能用这种直线齿廓的齿条包络出各种齿数的渐开线齿轮来,为此国家标准《通用机械和重型机械用圆柱齿轮　标准基本齿条齿廓》(GB/T 1356—2001)规定用如图 5.11 所示的齿条表示齿轮的基本齿廓,其标准数值与前述相同。

5.4.3 渐开线标准直齿圆柱齿轮的几何尺寸

标准齿轮的模数 m、压力角 α、齿顶高系数 h_a^*、顶隙系数 c^* 均为标准值，且分度圆齿厚 s 等于分度圆齿槽宽 e。根据齿轮承受的载荷大小等条件按表 5.4 选定模数 m，并选定 h_a^*、c^* 和 α，确定齿数 z_1、z_2之后，标准齿轮各部分尺寸即可按渐开线标准直齿圆柱齿轮几何尺寸公式表中的公式计算(表 5.5)。

表 5.5 渐开线标准直齿圆柱齿轮几何尺寸公式表

名　称	代 号	公　式
分度圆直径	d	$d_1=mz_1$，$d_2=mz_2$
基圆直径	d_b	$d_{b1}=mz_1\cos\alpha$，$d_{b2}=mz_2\cos\alpha$
齿顶高	h_a	$h_a=h_a^* m$
齿根高	h_f	$h_f=(h_a^*+c^*)m$
齿顶圆直径	d_a	$d_{a1}=d_1+2h_a=m(z_1+2h_a^*)$， $d_{a2}=d_2\pm 2h_a=m(z_2\pm 2h_a^*)$
齿根圆直径	d_f	$d_{f1}=d_1-2h_f=m(z_1-2h_a^*-2c^*)$， $d_{f2}=d_2\mp 2h_f=m(z_2\mp 2h_a^*\mp 2c^*)$
分度圆齿距	p	$p=m$
分度圆齿厚	s	$s=\frac{1}{2}\pi m$
基圆齿距	p_b	$p_b=m\cos\alpha$
中心距	a	$a=\frac{1}{2}m(z_2\pm z_1)$

注：本表各公式中，“±”符号用于外齿轮或外啮合传动，“∓”符号用于内齿轮或内啮合传动。

5.5 渐开线标准直齿圆柱齿轮的啮合传动

5.5.1 一对渐开线齿轮的正确啮合条件

一对渐开线齿廓啮合传动能够保证定传动比，因此轮齿交替啮合过程中如何保持连续定传动比，就成为保证齿轮传动比为常数的关键问题了。

如图 5.12 所示，一对渐开线齿轮齿廓的啮合点都应在理论啮合线$\overline{N_1N_2}$上，为使每对轮齿都能正确地进入啮合，即在交替啮合时，轮齿既不脱开又不相互嵌入，要求前一对轮齿在啮合线上 K 点啮合时(尚未脱离啮合)，后一对轮齿在啮合线上的另一点 B_2 接触，只有这样，两个齿轮的各对轮齿交替啮合过程中才不致出现卡死或冲击，亦即在轮齿交替啮合过程中保持传动比为常数。

图 5.12 中的线段$\overline{KB_2}$的长度即为齿轮的法向齿距 p_n，亦为齿轮的基圆齿距 p_b。从

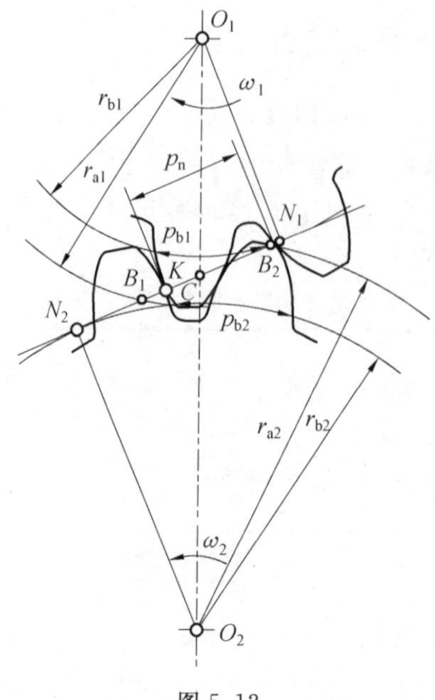

图 5.12

而得出结论:齿轮正确啮合条件为两齿轮的基圆齿距相等。即

$$p_{b1}=p_{b2}$$

基圆齿距 $p_b=\pi d_b/z=\pi mz\cos\alpha/z=\pi m\cos\alpha$,则有

$$p_{b1}=\pi m_1\cos\alpha_1,\quad p_{b2}=\pi m_2\cos\alpha_2$$

因此,一对齿轮的正确啮合条件为

$$m_1\cos\alpha_1=m_2\cos\alpha_2 \tag{5.10}$$

由于模数 m 和分度圆压力角 α 均已标准化了,不能任意选取,因此,一对齿轮正确啮合条件是两齿轮的模数和分度圆压力角分别相等,即

$$\begin{cases}m_1=m_2=m\\ \alpha_1=\alpha_2=\alpha\end{cases} \tag{5.11}$$

当然,若为改善加工工艺,采用非标准模数 m 和压力角 α,如采用小压力角滚刀加工大压力角齿轮时,只要求保证等式(5.10)成立,即要求两齿轮的模数与分度圆压力角余弦乘积相等即可。

5.5.2 标准齿轮传动的中心距和啮合角

为避免齿轮啮合传动过程中正、反转时产生冲击,要求相啮合的轮齿齿侧没有间隙。为保证无侧隙啮合,一齿轮的节圆齿厚 s_1' 应等于另一齿轮的节圆齿槽宽 e_2',即

$$s_1'=e_2' \quad 或 \quad s_2'=e_1'$$

这就是一对齿轮无侧隙啮合的几何条件。实际齿轮啮合要求有微量的齿侧间隙,以保证润滑油膜、装配误差或热胀的需要,这由制造时的最小齿厚减薄量来保证,设计时仍按无侧隙啮合进行计算。

由于标准齿轮的分度圆齿厚等于其齿槽宽，因此一对标准齿轮啮合时，只要保证两齿轮的分度圆相切，就可以保证齿轮无齿侧间隙啮合传动。两轮的中心距为

$$a=r_1+r_2=\frac{1}{2}m(z_1+z_2) \tag{5.12}$$

该中心距称为标准中心距。

当两标准齿轮按标准中心距安装时称为标准安装，其啮合角 α' 等于其分度圆压力角 α，两齿轮的节圆半径等于各自的分度圆半径，如图 5.13(a)所示；否则若 $a'>a$，则啮合角 α' 不再等于其分度圆压力角 α，两齿轮的节圆半径大于各自的分度圆半径，如图 5.13(b)所示，此时齿轮侧面有间隙，一般齿轮传动时，这种非标准安装是不允许的。

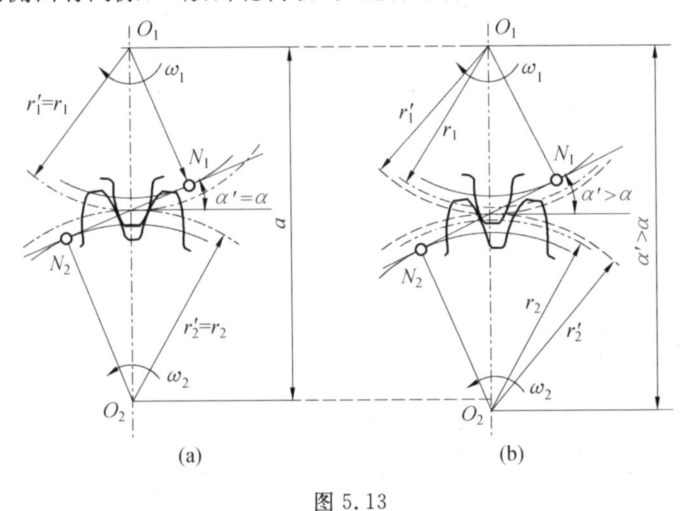

图 5.13

5.5.3 渐开线齿轮连续传动条件

1. 重合度的基本概念

图 5.14 为一对外啮合直齿圆柱齿轮，图中主动轮 1 推动前一对轮齿在 K 点啮合尚未脱开时，后一对轮齿即在 B_2 点(从动轮 2 的齿顶圆与啮合线的交点)开始啮合，图中线段 $\overline{B_2K}$ 为轮齿的法向齿距，它等于齿轮的基圆齿距，即 $\overline{B_2K}=p_{b1}=p_{b2}$。前一对轮齿继续转动到 B_1 点(齿轮 1 的齿顶圆与啮合线交点)时，即脱开啮合。线段 $\overline{B_1B_2}$ 称为实际啮合线，轮齿啮合只能在 B_1B_2 内进行。因基圆内无渐开线，所以实际啮合线不能超过极限啮合点 N_1、N_2。

为保证齿轮传动的连续性，实际啮合线 $\overline{B_1B_2}$ 长度应大于其基圆齿距 p_b，否则，若 $\overline{B_1B_2}<p_b$，其前一对轮齿在 B_1 点处脱开啮合时，后一对轮齿尚未进入 B_2 点啮合，这样，前后两对轮齿交替啮合时必然造成冲击，无法保证传动的平稳性。

实际啮合线 $\overline{B_1B_2}$ 与基圆齿距 p_b 的比值称为重合度，用 ε_α 表示：

$$\varepsilon_\alpha=\frac{\overline{B_1B_2}}{p_b} \tag{5.13}$$

显然，为保证传动的连续定传动比和平稳性，应满足重合度 $\varepsilon_\alpha>1$。重合度 ε_α 值越

大，表明齿轮传动的连续性和平稳性越好。一般机械制造业中，齿轮传动的许用重合度$[\varepsilon_\alpha]=1.3\sim1.4$，即要求$\varepsilon_\alpha\geqslant[\varepsilon_\alpha]$。

2. 重合度的计算

在图 5.15 中，实际啮合线

$$\overline{B_1B_2}=\overline{B_1C}+\overline{B_2C}$$

而

$$\begin{aligned}\overline{B_1C}&=\overline{B_1N_1}-\overline{CN_1}\\&=r_{b1}(\tan\alpha_{a1}-\tan\alpha')\\&=\frac{1}{2}mz_1(\tan\alpha_{a1}-\tan\alpha')\cos\alpha\end{aligned}$$

同理

$$\begin{aligned}\overline{B_2C}&=\overline{B_2N_2}-\overline{CN_2}\\&=r_{b2}(\tan\alpha_{a2}-\tan\alpha')\\&=\frac{1}{2}mz_2(\tan\alpha_{a2}-\tan\alpha')\cos\alpha\end{aligned}$$

式中，α'为啮合角；α_{a1}、α_{a2}分别为二齿轮的齿顶压力角，其值为

$$\alpha_{a1}=\arccos(r_{b1}/r_{a1}),\quad \alpha_{a2}=\arccos(r_{b2}/r_{a2})$$

将上式的$\overline{B_1C}$、$\overline{B_2C}$和基圆齿距$p_b=\pi m\cos\alpha$值代入式(5.13)，化简得

$$\varepsilon_\alpha=\frac{1}{2\pi}[z_1(\tan\alpha_{a1}-\tan\alpha')+z_2(\tan\alpha_{a2}-\tan\alpha')]\tag{5.14}$$

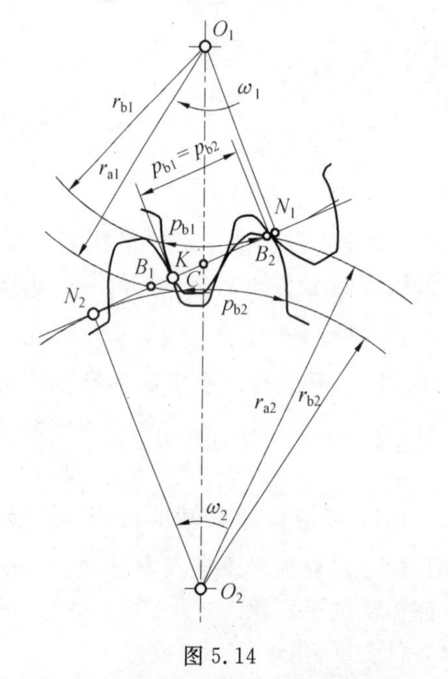

图 5.14

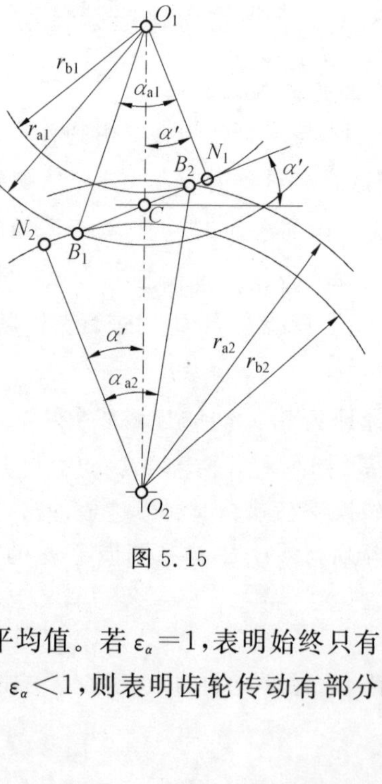

图 5.15

3. 重合度的物理意义及影响因素

重合度的大小表明同时参与啮合轮齿对数的平均值。若$\varepsilon_\alpha=1$，表明始终只有一对轮齿啮合(只在B_1、B_2两点的瞬间有 2 对齿啮合)；若$\varepsilon_\alpha<1$，则表明齿轮传动有部分时间传

动比不恒定，会产生冲击和振动。图5.16表示 $\varepsilon_\alpha>1$ 的情况，若 $\varepsilon_\alpha=1.3$，则表示 $\overline{B_1B_2}=1.3p_b$，在实际啮合线 B_1B_2 的两端各有一段 $0.3p_b$ 长度上（B_1K 段和 B_2D 段）有两对轮齿啮合，称为双齿对啮合区；在节点 C 附近 DK 段的 $0.7p_b$ 长度上为一对齿啮合，称为单齿对啮合区。一般齿轮传动，其节点 C 多在单齿啮合区。

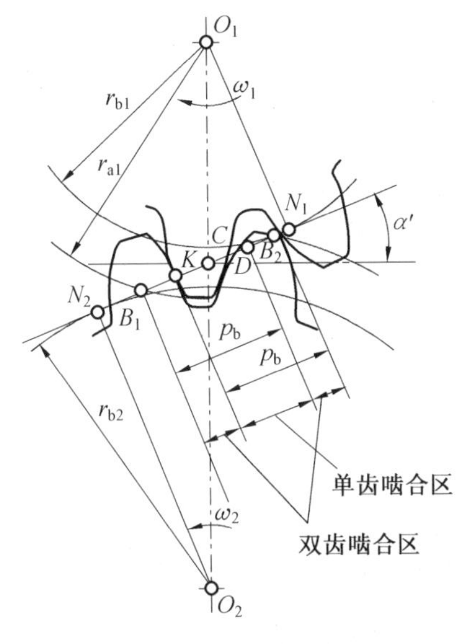

图5.16

为了改善齿轮传动的平稳性、提高承载能力，一般希望增大重合度 ε_α，但是 ε_α 不可能任意增大。重合度 ε_α 与模数 m 无关，它受到如下因素的影响：

(1) 齿顶高系数 h_a^*。增大 h_a^* 可使实际啮合线 $\overline{B_1B_2}$ 加长，从而增大 ε_α。

(2) 齿数 z_1、z_2。齿数增多，也可使 $\overline{B_1B_2}$ 加长，从而增大 ε_α。当 z_1 一定，z_2 增至无穷多即变为齿条时，其重合度为

$$\varepsilon_\alpha=\frac{1}{2\pi}\left[z_1(\tan\alpha_{a1}-\tan\alpha')+\frac{4h_a^*}{\sin 2\alpha}\right] \tag{5.15}$$

若设想将 z_1、z_2 都增大成齿条时，则重合度 ε_α 将趋向于某极限值 $\varepsilon_{\alpha\max}$，此时 $\overline{B_1C}=\overline{B_2C}=h_a^*m/\sin\alpha$，则得

$$\varepsilon_{\alpha\max}=\frac{2h_a^*m}{\pi m\sin\alpha\cos\alpha}=\frac{4h_a^*}{\pi\sin 2\alpha} \tag{5.16}$$

当 $h_a^*=1$，$\alpha=20^\circ$ 时，$\varepsilon_{\alpha\max}=1.981$。

(3)啮合角 α'。ε_α 将随啮合角 α' 的增大而减小。当其他条件不变时，若增大安装的中心距会使啮合角 α' 增大，重合度 ε_α 减小。因此，渐开线齿轮传动的可分性受到传动连续性的制约，必须保证 $\varepsilon_\alpha>1$。

5.6 渐开线齿廓的加工原理

齿轮的加工方法很多，有铸造、热轧、冲压、模锻、粉末冶金和切削法等，其中最常用的

为切削法。切削法加工也有多种方法,但从加工原理看,可概括成仿形法和展成法两大类。

5.6.1 仿形法

仿形法是利用与齿轮的齿槽形状相同的刀具直接加工出齿轮齿廓的。图 5.17 和图 5.18 分别表示盘状铣刀和指状铣刀加工齿轮的情况,铣刀绕自身轴线回转,轮坯沿本身轴线移动,当铣完一个齿槽后,轮坯退回原处,再用分度头将轮坯转过 $360°/z$。用同样方法铣第二个齿槽,重复进行,直至铣出全部轮齿。

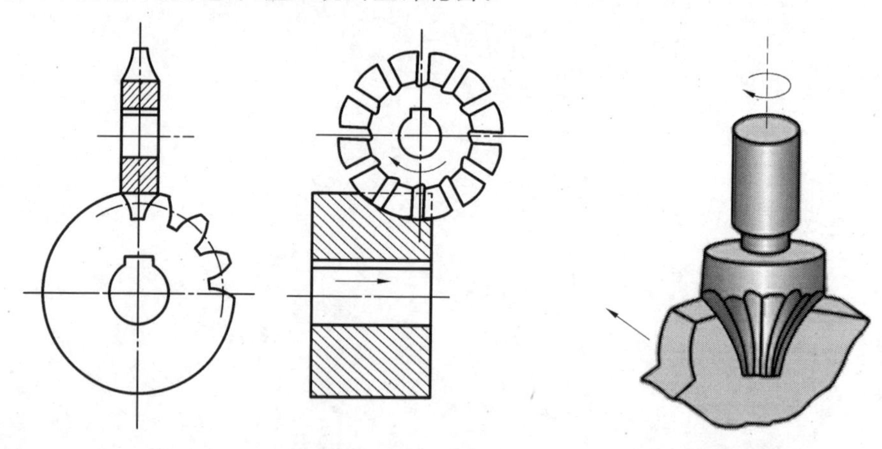

图 5.17　　　　图 5.18

仿形法加工费用低,在普通铣床上即可加工齿轮,但其效率较低,一般适用于修配或小量生产。

5.6.2 展成法

展成法又称范成法,是根据一对齿轮或齿轮与齿条相互啮合时其共轭齿廓互为包络线的原理来切齿的。当把其中一个齿轮或齿条做成刀具(如图 5.3 中把与瞬心线 C_1 固连的直线齿廓的齿条 K_1 做成刀具),并加上切削运动时,它可以切出渐开线齿廓。

1. 刀具及其齿形

展成法切削齿轮时,常用的刀具有齿轮插刀、齿条插刀(梳刀)和滚刀。齿条插刀(梳刀)比较典型,而且滚刀在轮坯端面上的投影齿形也可以看成齿条,因此,把梳刀和滚刀统称为齿条型刀具,其齿形如图 5.19 所示,它相当于在基本齿廓的齿顶上加一段齿顶圆角,其高度为 $c^* m$,用以加工出齿轮的齿根圆角部分。刀具的中线又称为分度线,中线上的齿厚 s 等于齿槽宽 e,均为$\frac{1}{2}\pi m$。中线上下两段直线齿廓是用来加工渐开线的,其高度皆为 $h_a^* m$,齿廓倾斜角 α 称为齿形角。齿条刀具的 h_a^*、c^* 和 α 等参数均由基本齿廓做出规定。

齿轮插刀的形状与外齿轮相似,它不但可以加工外齿轮,还能加工内齿轮。

2. 切削过程中的运动

为加工出要求的齿廓,必须保证齿轮插刀的节圆与被加工齿轮的节圆相切或齿条刀

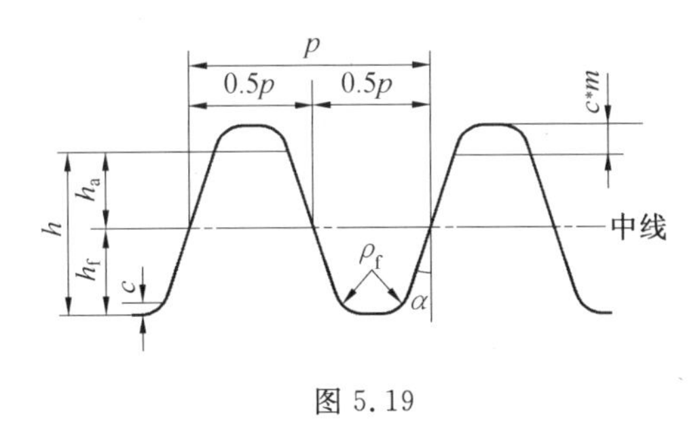

图 5.19

具的节线与被加工齿轮的分度圆相切并做纯滚动运动，这种运动称为展成运动。在此过程中刀具的齿廓即可包络出被加工齿轮的齿廓。

图 5.20 为用齿轮插刀插齿，为满足插齿刀节圆与被加工齿轮节圆做纯滚动的展成运动，插齿机床的传动系统使插齿刀（齿数为 z_0，角速度为 ω_0）与被加工齿轮（齿数为 z，角速度为 ω）保持恒定传动比 $i=\omega_0/\omega=z/z_0$ 的回转运动。

图 5.21 为用齿条插刀插齿，为保证刀具节线与齿轮毛坯分度圆之间的纯滚动，机床传动链应使齿条插刀的移动速度 v 与被加工齿轮（齿数为 z，角速度为 ω）分度圆线速度相等，即 $v=\omega r=\frac{1}{2}\omega mz$。

为了切削出要求的齿廓，除了展成运动之外，刀具必须有沿齿坯轴向的切削运动，这是加工齿轮的主运动。为避免刀具返回时擦伤已加工出的齿廓，当刀具返回时，工件还要有让刀运动。此外，为了切出全齿高，还要有进给运动。

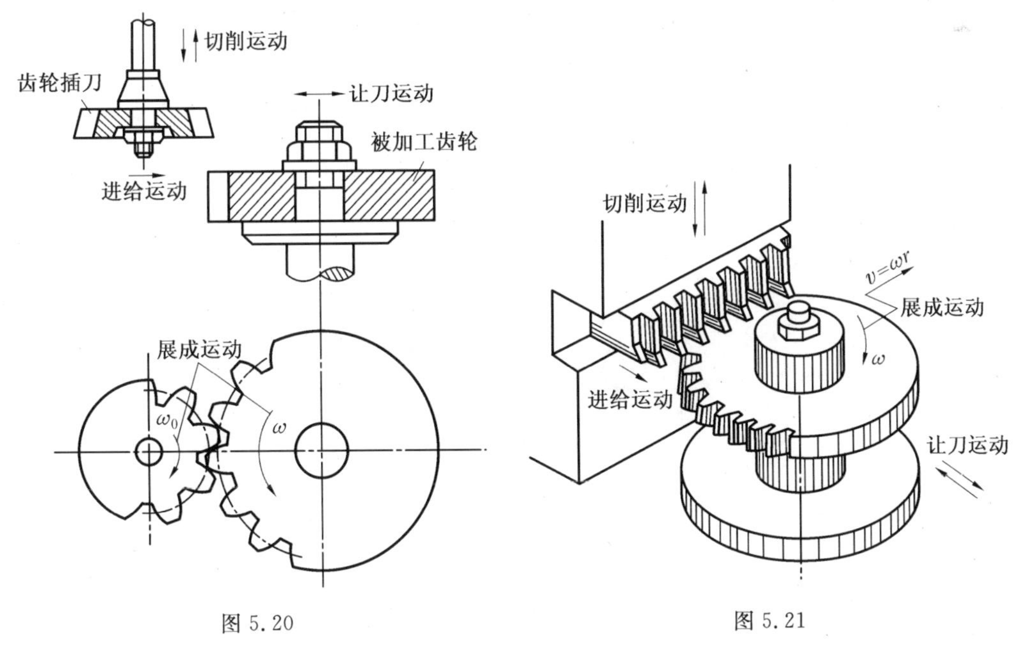

图 5.20　　图 5.21

3. 滚齿加工的特点

齿条插刀（梳刀）插齿的运动关系较易理解，但由于梳刀的长度有限，在加工几个齿廓之后必须退回到原来位置，这就造成机床结构复杂且难以保证分齿精度。为解决这个矛盾并克服插齿过程中切削不连续的缺点,生产中多用滚齿加工。图 5.22 为滚齿原理图,滚刀在轮坯端面的投影非常近似于直线齿形的齿条。滚刀旋转时,相当于直线齿廓的齿条沿其轴线方向连续不断地移动,从而加工出任意要求齿数的齿轮。为了沿齿宽方向加工出齿槽,滚刀在转动的同时,还需沿轮坯轴线方向做进给切削运动。滚齿加工切削连续、生产效率高,还能方便地加工出斜齿轮,因此大批量生产中常采用这种方法。

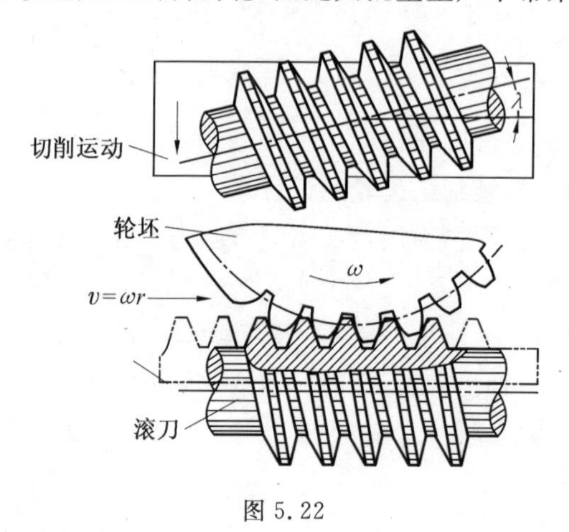

图 5.22

4. 标准齿轮及变位齿轮的加工

为清楚起见,现以齿条型刀具为例讨论标准齿轮和变位齿轮加工问题。

(1) 标准齿轮加工。

当齿条刀具的中线(分度线)与齿轮毛坯的分度圆相切做纯滚动时,刀具移动的线速度 v 等于轮坯分度圆的线速度 ωr,即 $v=\omega r$ 时,加工出齿轮的分度圆压力角等于刀具的齿形角 α,分度圆齿厚 s 等于刀具中线上的齿槽宽 e,即 $s=e=\frac{1}{2}\pi m$,其齿顶高为 $h_a^* m$,齿根高为 $(h_a^*+c^*)m$,这种齿轮称为标准齿轮,如图 5.23 中的虚线齿轮。

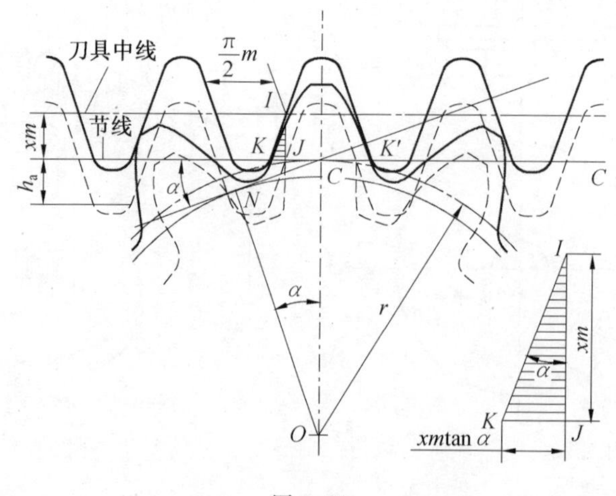

图 5.23

(2) 变位齿轮加工。

当齿条刀具的中线不与轮坯的分度圆相切，而是相距（相割或拉开）xm 距离时，如图 5.23 中的实线位置，刀具的移动速度 v 仍等于轮坯的分度圆线速度 ωr，即 $v=\omega r$，此时平行于刀具中线的一条直线（节线）与轮坯的分度圆相切并做纯滚动，这种改变刀具位置使其中线距离轮坯分度圆为 xm 距离时加工出的齿轮，称为变位齿轮，x 称为变位系数。当刀具远离轮坯中心，其中线与轮坯分度圆拉开时，x 为正，称为正变位；当刀具移近轮坯中心，其中线与轮坯分度圆相割时，x 为负，称为负变位。

由于齿轮的分度圆与刀具上的节线（图 5.23 中的直线 CC）相切并做纯滚动，因此齿轮的分度圆齿厚 s 应等于刀具节线上的齿槽宽 e'，但不再等于 $\frac{1}{2}\pi m$。对于正变位齿轮，$x>0$，其分度圆齿厚比标准齿轮增大；而负变位齿轮，$x<0$，其分度圆齿厚比标准齿轮减小。

由标准加工和变位加工而加工出来的齿轮齿数、模数、压力角、齿距和基圆均相同，但齿顶高、齿根高、齿厚和齿槽宽各不相同。它们的齿廓曲线是由相同基圆展出的渐开线，只不过它们分别应用同一渐开线的不同段而已，如图 5.24 所示。

5. 根切现象及其避免方法

(1) 根切现象及产生原因。

用展成法加工渐开线齿轮的过程中，有时刀具齿顶会把被加工齿轮根部的渐开线齿廓切去一部分，这种现象称为根切，如图 5.25 所示。根切将削弱齿根强度，甚至可能降低传动的重合度，影响传动质量，应尽量避免。

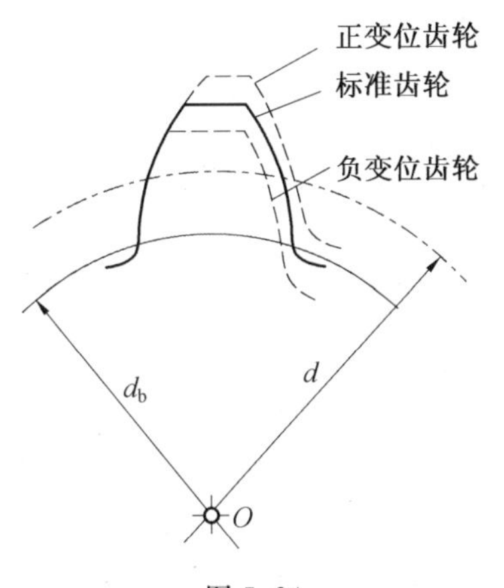

图 5.24

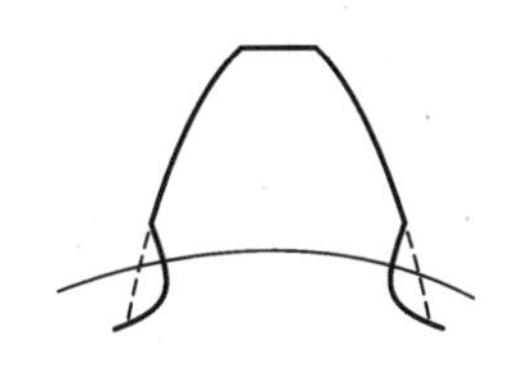

图 5.25

根切现象是因为刀具齿顶线（齿条型刀具，不包括圆角部分）或齿顶圆（齿轮插刀）超过了极限啮合点（啮合线与被切齿轮基圆的切点）而产生的。图 5.26 表示齿条刀具的齿顶线超过极限啮合点 N_1 的情况，当刀具齿廓处于被加工齿轮的齿顶圆与啮合线的交点 B_1 时开始切削被加工齿轮的渐开线齿廓，切削到啮合线与刀具齿顶线的交点 B_2 处结束。在此切削过程中，当刀具处于位置Ⅱ时，已经将渐开线齿廓加工完了（即被加工齿轮基圆以外的齿廓全部为渐开线），但此时刀具还没到达 B_2 点，展成运动继续进行，刀刃仍将继续进行切削。若齿条刀具自位置Ⅱ移动距离 s 到达位置Ⅲ时，刀刃与啮合线交于一点 K，此时齿轮应转过 φ 角，其分度圆转过的弧长为 s。故有

$$\overline{N_1K}=s\cos\alpha=\varphi r\cos\alpha=\varphi r_b=\overset{\frown}{N_1N_1'}$$

自同一点 N_1 出发的直线$\overline{N_1K}$为刀具两位置之间的法向距离，而$\overset{\frown}{N_1N_1'}$则为齿轮基圆上转过的弧长，它们的长度相等，因而渐开线齿廓上的点 N_1' 必然落在刀刃上点 K 的左侧，即刀具进入到已切好的渐开线齿廓内部，从而将 N_1' 点附近的渐开线切掉而产生根切，如图 5.26 中的阴影部分。应该注意，由根切所形成的齿根部分的齿廓曲线不是渐开线。

(2) 避免根切的方法。

用展成法加工齿轮时，产生根切的根本原因是刀具的齿顶线(圆)超过了极限啮合点 N_1。如果移动刀具，使其齿顶线不超过极限啮合点 N_1，则可避免根切。

如图 5.27 所示，此时刀具的齿顶线刚好通过极限啮合点 N_1，是不产生根切的极限情况，其变位量为 xm，即不根切的条件为极限啮合点 N_1 到刀具中线间的距离大于等于刀具的齿顶高(保证刀具的齿顶线位于 N_1 点的下方)，即

$$\overline{N_1M}+xm\geqslant h_a^* m$$

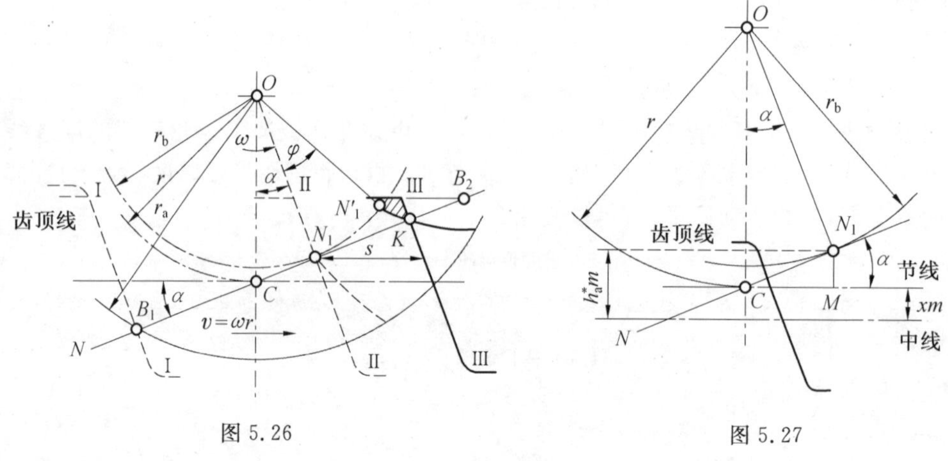

图 5.26　　　　图 5.27

因$\overline{N_1M}=\overline{CN_1}\sin\alpha=r\sin^2\alpha=\dfrac{1}{2}mz\sin^2\alpha$，从而得

$$\frac{1}{2}mz\sin^2\alpha+xm\geqslant h_a^* m$$

故

$$x\geqslant h_a^*-\frac{1}{2}z\sin^2\alpha \tag{5.17}$$

令式(5.17)中的 $x=0$，可得加工标准齿轮($x=0$)而又避免根切的条件为

$$z\geqslant\frac{2h_a^*}{\sin^2\alpha}$$

式中，z 为被加工齿轮齿数。

因此，用齿条刀加工渐开线标准齿轮不产生根切的最少齿数 $z_{\min}$ 为

$$z_{\min}=\frac{2h_a^*}{\sin^2\alpha} \tag{5.18}$$

当 $h_a^*=1$、$\alpha=20°$时，$z_{\min}=17$。因此，齿数小于 17 的渐开线标准齿轮会产生根切。

为便于记忆，将式(5.17)与式(5.18)联立消去 $\sin^2\alpha$，得最小变位系数 $x_{\min}$ 为

$$x_{\min}=h_a^*\ \frac{(z_{\min}-z)}{z_{\min}} \tag{5.19}$$

这样，避免根切的方法可有：

(1) 选用 $z>z_{\min}$ 的齿数。

(2) 采用 $x>x_{\min}$ 的变位齿轮。

(3) 改变齿形参数，如减小 h_a^* 或加大 α 均可使 $z_{\min}$ 减小，以避免根切，但是这要更换刀具，增加生产成本，故一般不宜采用。不过，由于加大 α 可以提高齿轮的承载能力，故在一些对强度要求比较高的行业，如汽车、航空等领域，也常采用大 α 角，以减轻齿轮传动的质量。

当 $z<z_{\min}$ 时，为了避免根切，必须采用正变位，即 $x>0$；而当 $z>z_{\min}$ 时，允许有一定的负变位($x<0$)也不至于产生根切。但是，绝不能错误地认为，为了避免根切，齿数多的齿轮一定要采用负变位。

5.7 渐开线变位直齿圆柱齿轮啮合传动计算

5.7.1 变位齿轮的齿厚及测量

1. 分度圆齿厚和齿槽宽

如图5.23所示，当齿条刀具的中线与轮坯的分度圆拉开 xm 距离时，刀具节线处的齿槽宽比刀具中线处的齿槽宽增加 $2\,\overline{KJ}$。由于用展成法加工齿轮的过程相当于齿轮齿条做无侧隙啮合传动，齿轮的分度圆与刀具的节线相切并做纯滚动，因此齿轮的分度圆齿厚 s 应等于刀具节线上的齿槽宽 e'。有

$$s=e'=\overline{KK'}=\frac{1}{2}\pi m+2\,\overline{KJ}=\frac{1}{2}\pi m+2xm\tan\alpha$$

齿轮的分度圆齿厚为

$$s=m\left(\frac{\pi}{2}+2x\tan\alpha\right) \tag{5.20}$$

齿轮的分度圆齿槽宽为

$$e=m\left(\frac{\pi}{2}-2x\tan\alpha\right)$$

对于负变位齿轮，也可用式(5.20)计算，只需将变位系数 x 用负值代入即可。

2. 任意圆上的弧齿厚

图5.28为外齿轮的一个轮齿，设 s_i 为轮齿任意半径为 r_i 的圆周上的弧齿厚，s 为其分度圆上的弧齿厚，并设 s_i 和 s 分别对应的中心角为 φ_i 和 φ，由图可知

$$s_i=\widehat{CC}=r_i\varphi_i$$

$$\varphi_i=\varphi-2\angle BOC=\frac{s}{r}-2\angle BOC$$

$$\angle BOC=\theta_i-\theta=\mathrm{inv}\,\alpha_i-\mathrm{inv}\,\alpha$$

$$\alpha_i=\arccos(r_b/r_i)$$

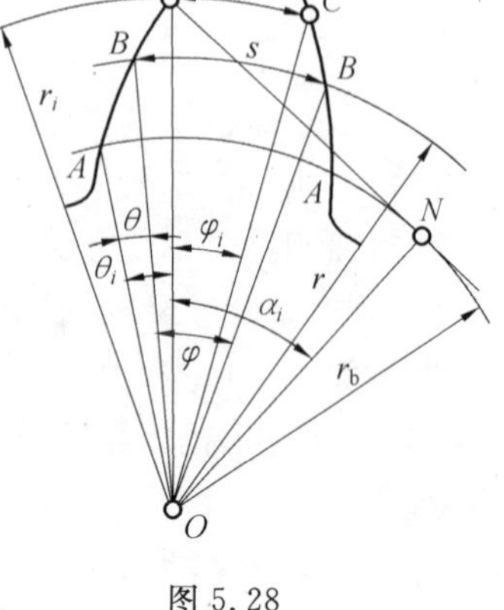

图 5.28

式中,r、r_b分别为该齿轮的分度圆和基圆半径;α_i、α 分别为渐开线上C点和分度圆上(B点)的压力角。

从而得

$$s_i=s\frac{r_i}{r}-2r_i(\text{inv }\alpha_i-\text{inv }\alpha) \tag{5.21}$$

若以不同圆的半径r_i和该圆上的渐开线压力角α_i代入式(5.21),即可求得相应圆的弧齿厚。

齿顶厚为

$$s_a=s\frac{r_a}{r}-2r_a(\text{inv }\alpha_a-\text{inv }\alpha)$$

故

$$s_a=d_a\left(\frac{s}{mz}+\text{inv }\alpha-\text{inv }\alpha_a\right) \tag{5.22}$$

式中,d_a为齿顶圆直径;α_a为齿顶压力角,$\alpha_a=\arccos(d_b/d_a)$。

基圆齿厚 s_b

$$s_b=s\frac{r_b}{r}-2r_b(\text{inv }\alpha_b-\text{inv }\alpha)$$

由于基圆半径$r_b=r\cos\alpha$,基圆压力角$\alpha_b=0$,故

$$s_b=s\cos\alpha+mz\cos\alpha\,\text{inv }\alpha \tag{5.23}$$

3. 齿厚的测量——公法线长度

在齿轮的加工过程中,通常要进行齿厚的测量。由于弧齿厚无法测量,测量弦齿厚又必须以齿顶圆作为定位基准,测量精度低,为此,必须寻求用直线长度表示齿厚的方法。如图5.29所示,作渐开线齿轮基圆的切线,它与齿轮不同轮齿的左右侧齿廓交于A、B两点,根据渐开线的性质可知,基圆切线AB必为两侧齿廓的法线,因此称之为渐开线齿轮的公法线。测量时,用卡尺两卡爪跨过k个轮齿($k>1$,图中为$k=2$和3的情况),并与渐开线齿廓切于A、B两点,卡爪间的距离$\overline{AB}$(或$\overline{AD}$)即为公法线长度,用W_k表示。在图5.29中,当跨两齿($k=2$)时有

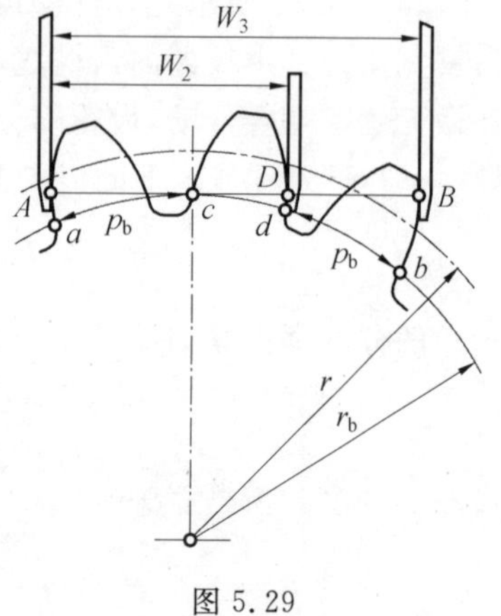

图 5.29

$$W_2=\overline{AD}=\overset{\frown}{ad}=\overset{\frown}{ac}+\overset{\frown}{cd}=(2-1)p_b+s_b$$

当跨三个齿($k=3$)时有

$$W_3=\overline{AB}=\overset{\frown}{ab}=\overset{\frown}{ac}+\overset{\frown}{cd}+\overset{\frown}{bd}=(3-1)p_b+s_b$$

因此,当跨k个齿测量时,其公法线长度W_k为

$$W_k=(k-1)p_b+s_b \tag{5.24}$$

式(5.24)给出了公法线长度与基圆齿距和基圆齿厚的关系,公法线长度的变化可以表示其齿厚的变化情况,这是不用定位基准测量齿厚的好方法。

将基圆齿距 $p_b=\pi m\cos\alpha$、基圆齿厚 $s_b=s\cos\alpha+mz\cos\alpha\,\mathrm{inv}\,\alpha$ 代入式(5.24)得

$$W_k=m\cos\alpha[(k-1)\pi+z\,\mathrm{inv}\,\alpha]+s\cos\alpha \tag{5.24$'$}$$

对于变位齿轮，其分度圆齿厚 $s=\frac{1}{2}\pi m+2xm\tan\alpha$，故

$$W_k=m\cos\alpha[(k-0.5)\pi+z\,\mathrm{inv}\,\alpha]+2xm\sin\alpha \tag{5.25}$$

式(5.25)也适用于标准齿轮，此时变位系数 $x=0$。

在测量公法线时，必须首先确定跨齿数 k，当齿数 z 一定时，如果跨齿数太多，卡尺的卡爪就可能与齿轮顶部的棱角接触；如果跨齿数太少，卡爪就可能与齿根部的非渐开线接触，其测量的结果都不是真正的公法线。为了使卡尺的卡爪与分度圆附近的渐开线齿廓接触，其跨齿数为

$$k=\frac{z}{180^\circ}\arccos\frac{z\cos\alpha}{z+2x}+0.5 \tag{5.26}$$

由式(5.26)算得的 k 值均应按四舍五入的原则取整。

5.7.2 变位齿轮的啮合传动计算

1. 齿轮传动的啮合角 α'——无侧隙啮合方程式

图 5.30 为一对变位齿轮的啮合情况。啮合过程中，两节圆(半径为 r_1'、r_2' 的圆)做无滑动的纯滚动，因此两齿轮的节圆齿距应相等，即 $p_1'=p_2'$。为保证无齿侧间隙啮合，一齿轮的节圆齿厚 s_1' 必须等于另一齿轮的节圆齿槽宽 e_2'，即 $s_1'=e_2'$ 或 $s_2'=e_1'$。

这样

$$p_1'=s_1'+e_1'=p_2'=s_2'+e_2'$$

故

$$p'=s_1'+s_2' \tag{5.27}$$

式(5.27)称为变位齿轮的无侧隙啮合条件，即一对渐开线变位齿轮的无侧隙啮合条件为：节圆齿距等于两齿轮的节圆齿厚之和。

据式(5.21)得节圆齿厚 s_1'、s_2' 为

$$s_1'=s_1\frac{r_1'}{r_1}-2r_1'(\mathrm{inv}\,\alpha'-\mathrm{inv}\,\alpha)$$

$$s_2'=s_2\frac{r_2'}{r_2}-2r_2'(\mathrm{inv}\,\alpha'-\mathrm{inv}\,\alpha)$$

将 s_1'、s_2' 及以下各式

$$\frac{r_1'}{r_1}=\frac{r_2'}{r_2}=\frac{\cos\alpha}{\cos\alpha'},\quad r_1=\frac{1}{2}mz_1,\quad r_2=\frac{1}{2}mz_2,\quad p=\pi m$$

$$\frac{p'}{p}=\frac{2\pi r'/z}{2\pi r/z}=\frac{r'}{r}=\frac{\cos\alpha}{\cos\alpha'},\quad s_1=m\left(\frac{\pi}{2}+2x_1\tan\alpha\right),\quad s_2=m\left(\frac{\pi}{2}+2x_2\tan\alpha\right)$$

代入式(5.27)并化简得

$$\mathrm{inv}\,\alpha'=\mathrm{inv}\,\alpha+\frac{2(x_1+x_2)}{z_1+z_2}\tan\alpha \tag{5.28}$$

式(5.28)称为无侧隙啮合方程式。当已知二齿轮变位系数后，应按此式求得的啮合角 α'进行安装，才能保证无侧隙啮合。

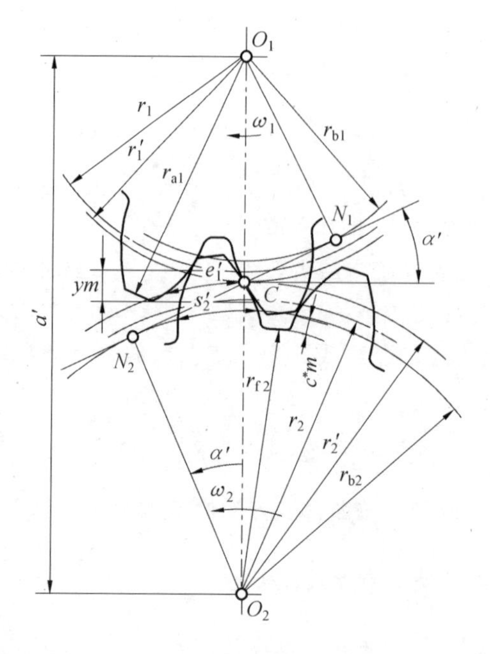

图 5.30

对于标准齿轮传动,因 $x_1=x_2=0$,故为保证标准齿轮传动的无侧隙啮合,其啮合角 α'应等于其分度圆压力角 α。

2. 中心距 a'及中心距变动系数 y

如图 5.30 所示,变位齿轮传动的实际中心距为 a',它可由无侧隙啮合方程式确定啮合角 α'后求得,即

$$a'=r_1'+r_2'=(r_{b1}+r_{b2})/\cos\alpha'=(r_1+r_2)\cos\alpha/\cos\alpha'$$

故

$$a'=\frac{1}{2}m(z_1+z_2)\cos\alpha/\cos\alpha' \tag{5.29}$$

对于标准齿轮传动,$x_1=x_2=0$,啮合角 $\alpha'=\alpha$,故标准齿轮传动中心距

$$a=r_1+r_2=\frac{1}{2}m(z_1+z_2) \tag{5.29'}$$

此时,两齿轮的分度圆相切。

在图 5.30 中

$$a'-(r_1+r_2)=a'-a=ym=a\left(\frac{\cos\alpha}{\cos\alpha'}-1\right)$$

式中,ym 为两齿轮的分度圆分离距离,或称中心距变动量,系数 y 为中心距变动系数,其值为

$$\begin{cases} y=\dfrac{1}{2}(z_1+z_2)\left(\dfrac{\cos\alpha}{\cos\alpha'}-1\right) \\ y=\dfrac{a'-a}{m} \end{cases} \tag{5.30}$$

变位齿轮的几何尺寸及啮合传动计算公式见表 5.6。

表 5.6 圆柱齿轮传动计算公式

序号	名称	代号	标准直齿轮传动	高度变位直齿轮传动	角度变位直齿轮传动	变位斜齿轮传动
			$x_\Sigma = x_1 = x_2 = 0$	$x_\Sigma = x_1 + x_2 = 0$ $x_1 = -x_2$	$x_\Sigma = x_1 + x_2 \neq 0$	$x_{\Sigma t} = x_{t1} + x_{t2} \neq 0$
			已知条件：z_1、z_2、$m(m_n)$、$\alpha(\alpha_n)$、$h_a^*(h_{an}^*)$、$c^*(c_n^*)$及α'			
1	分度圆直径	d	$d_1 = mz_1, d_2 = mz_2$			$d_1 = m_t z_1, d_2 = m_t z_2$
2	基圆直径	d_b	$d_{b1} = d_1 \cos\alpha,\ d_{b2} = d_2 \cos\alpha$			$d_{b1} = d_1 \cos\alpha_t,\ d_{b2} = d_2 \cos\alpha_t$
3	标准中心距	a	$a = \frac{1}{2}(d_1 + d_2) = \frac{1}{2}m(z_1 + z_2)$			$a = (d_1 + d_2)/2$
4	实际中心距	a'	$a' = a = \frac{1}{2}m(z_1 + z_2)$		$a' = a\frac{\cos\alpha}{\cos\alpha'}$	$a' = a\frac{\cos\alpha_t}{\cos\alpha_t'}$
5	中心距变动系数	y	$y = 0$		$y = \frac{a' - a}{m} = \frac{1}{2}(z_1 + z_2) \cdot \left(\frac{\cos\alpha}{\cos\alpha'} - 1\right)$	$y_t = \frac{1}{2}(z_1 + z_2) \cdot \left(\frac{\cos\alpha_t}{\cos\alpha_t'} - 1\right)$
6	啮合角	α' α_t'	分度圆压力角 α 取标准值，$\alpha' = \alpha$		$\cos\alpha' = \frac{a}{a'}\cos\alpha$ 当已知 x_1、x_2 时 $\mathrm{inv}\,\alpha' = \mathrm{inv}\,\alpha + \frac{2(x_1 + x_2)}{z_1 + z_2}\tan\alpha$	$\cos\alpha' = \frac{a}{a'}\cos\alpha$ 当已知 x_{n1}、x_{n2} 时 $x_{t1} = x_{n1}\cos\beta$ $x_{t2} = x_{n2}\cos\beta$ $\alpha'_t = \alpha_t + \frac{2(x_{t1} + x_{t2})}{z_1 + z_2}\tan\alpha_t$
7	总变位系数	x_Σ $x_{\Sigma t}$	$x_\Sigma = 0$		$x_\Sigma = \frac{z_1 + z_2}{2\tan\alpha} \cdot (\mathrm{inv}\,\alpha' - \mathrm{inv}\,\alpha)$ $x_\Sigma = x_1 + x_2$	$x_{\Sigma t} = \frac{z_1 + z_2}{2\tan\alpha_t} \cdot (\mathrm{inv}\,\alpha_t' - \mathrm{inv}\,\alpha_t)$ $x_{\Sigma t} = x_{t1} + x_{t2}$
8	变位系数分配	x_1 x_2	$x_1 = x_2 = 0$	根据传动情况选择 $x_1 = -x_2$	根据传动的具体要求分配 x_1、x_2	根据传动的具体要求分配 x_{n1}、x_{n2}

续表 5.6

序号	名　称	代　号	标准直齿轮传动	高度变位直齿轮传动	角度变位直齿轮传动	变位斜齿轮传动
			$x_\Sigma = x_1 = x_2 = 0$	$x_\Sigma = x_1 + x_2 = 0$ $x_1 = -x_2$	$x_\Sigma = x_1 + x_2 \neq 0$	$x_{\Sigma t} = x_{t1} + x_{t2} \neq 0$
			已知条件：z_1、z_2、$m(m_n)$、$\alpha(\alpha_n)$、$h_a^*(h_{an}^*)$、$c^*(c_n^*)$ 及 α'			
9	齿高变动系数	Δy、Δy_t	$\Delta y = 0$		$\Delta y = x_\Sigma - y$	$\Delta y_t = x_{\Sigma t} - y_t$
10	齿顶高	h_a	$h_{a1} = h_{a2} = h_a^* m$ h_a^* 取标准值	$h_{a1} = m(h_a^* + x_1)$ $h_{a2} = m(h_a^* + x_2)$ h_a^* 取标准值	$h_{a1} = m(h_a^* + x_1 - \Delta y)$ $h_{a2} = m(h_a^* + x_2 - \Delta y)$ h_a^* 取标准值	$h_{a1} = m_t(h_{at}^* + x_{t1} - \Delta y_t)$ $h_{a2} = m_t(h_{at}^* + x_{t2} - \Delta y_t)$ h_{an}^* 取标准值，$h_{at}^* = h_{an}^* \cos\beta$
11	齿根高	h_f	$h_{f1} = h_{f2} = m(h_a^* + c^*)$ c^* 取标准值	$h_{f1} = m(h_a^* + c^* - x_1)$ $h_{f2} = m(h_a^* + c^* - x_2)$ c^* 取标准值		$h_{f1} = m_t(h_{at}^* + c_t^* - x_{t1})$ $h_{f2} = m_t(h_{at}^* + c_t^* - x_{t2})$ c_n^* 取标准值，$c_t^* = c_n^* \cos\beta$
12	全齿高	h	$h = h_a + h_f$			
13	齿顶圆直径	d_a	$d_a = d + 2h_a$			
14	齿根圆直径	d_f	$d_f = d - 2h_f$			
15	重合度	ε_α	$\varepsilon_\alpha = \frac{1}{2\pi}[z_1(\tan\alpha_{a1} - \tan\alpha') + z_2(\tan\alpha_{a2} - \tan\alpha')]$ α_{a1}，α_{a2}—齿顶压力角，$\alpha_a = \arccos(d_b/d_a)$			$\varepsilon_\alpha = \frac{1}{2\pi}[z_1(\tan\alpha_{at1} - \tan\alpha_t') +$ $z_2(\tan\alpha_{at2} - \tan\alpha_t')]$ $\alpha_{at} = \arccos(d_b/d_a)$
16	公法线　跨齿数	k	$k = \frac{\alpha^\circ}{180}z + 0.5$ 按四舍五入取整	$k = \frac{z}{180}\arccos\frac{z\cos\alpha}{z+2x} + 0.5$ 按四舍五入取整		$k = \frac{z_v}{180}\arccos\frac{z_v\cos\alpha_n}{z+2x_n} + 0.5$ 按四舍五入取整，$z_v = z/\cos^3\beta$
	公法线　公法线长度	W_k	$W_k = m\cos\alpha$ $[\pi(k-0.5) + z\mathrm{inv}\,\alpha]$	$W_k = m\cos\alpha[\pi(k-0.5) + z\mathrm{inv}\,\alpha] + 2xm\sin\alpha$		$W_k = m_n\cos\alpha_n[\pi(k-0.5) +$ $z'\mathrm{inv}\,\alpha_n] + 2x_n m_n \sin\alpha_n$， $z' = z\mathrm{inv}\,\alpha_t/\mathrm{inv}\,\alpha_n$

5.7.3 渐开线齿轮传动类型

变位齿轮传动的特性与变位系数和 $x_\Sigma=(x_1+x_2)$ 的大小及变位系数 x_1、x_2 分配有关。根据 x_Σ、x_1 和 x_2 的数值，可把齿轮传动分为三种基本类型(图 5.31)。

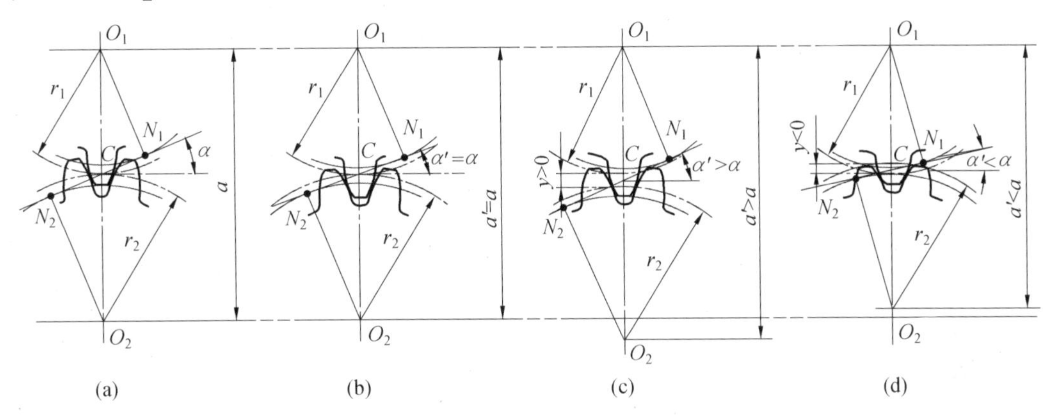

图 5.31

(1) 标准齿轮传动($x_\Sigma=x_1=x_2=0$)。

标准齿轮传动是变位齿轮传动的特例，如图 5.31(a)所示，其啮合角 α' 等于分度圆压力角 α，中心距 a' 等于标准中心距 a。为避免根切，要求 $z>z_{\min}$。这类齿轮传动设计简单，使用方便，可以保持标准中心距，但小齿轮的齿根较弱，易磨损。

(2) 高度变位齿轮传动($x_\Sigma=x_1+x_2=0, x_1=-x_2$)。

高度变位齿轮传动又称为等移距变位齿轮传动，如图 5.31(b)所示。

这种齿轮传动与标准齿轮相比，其啮合角 $\alpha'=\alpha$ 不变，仅仅齿顶高和齿根高发生了变化，即

$$h_{a1}=(h_a^*+x_1)m,\quad h_{f1}=(h_a^*+c^*-x_1)m$$

故称之为高度变位齿轮传动。

为避免根切，一般要求 $z_1+z_2\geqslant 2z_{\min}$，这时，小齿轮 z_1 可以小于 $z_{\min}$ 而采用正变位，因而这类齿轮传动可以减小机构尺寸，并且还可以提高承载能力，改善磨损情况。

(3) 角度变位齿轮传动($x_\Sigma=x_1+x_2\neq 0$)。

当总变位系数 $x_\Sigma=x_1+x_2\neq 0$ 时，其啮合角 α' 不再等于标准齿轮的分度圆压力角 α，故称为角度变位齿轮传动。它又可分为两种情况：

① 正传动。

$$x_\Sigma=x_1+x_2>0$$

由于 $x_1+x_2>0$，根据式(5.28)～(5.30)有 $\alpha'>\alpha, a'>a, y>0$。即在正传动中，啮合角 α' 大于分度圆压力角 α，中心距 a' 也大于标准中心距 a，两分度圆不再相切，而是分离 ym 的距离，如图 5.31(c)所示。

正传动的主要优点是可以减小机构尺寸、减轻轮齿的磨损、提高承载能力，还可以配凑并满足不同中心距的要求。其主要缺点是因啮合角 α' 的增大而导致重合度减小较多。

② 负传动。

$$x_{\Sigma}=x_1+x_2<0$$

由于 $x_{\Sigma}=x_1+x_2<0$，根据式(5.28)～(5.30)有 $\alpha'<\alpha$，$a'<a$，$y<0$。这种齿轮传动的两分度圆相交，如图 5.31(d)所示。

负传动的主要优点是可以配凑不同的中心距，但是其承载能力和强度都有所下降，一般只在配凑中心距等不得已的情况下，才采用负传动。

5.7.4 变位系数的选择

从制造齿轮的机床、刀具和工艺方法等诸方面考虑，变位齿轮的制造成本与标准齿轮是相同的，而变位齿轮传动又具有可提高齿轮的承载能力、配凑中心距、避免根切及可修复已磨损的旧齿轮等优点，因此在齿轮传动设计中应尽量扩大变位齿轮的应用。要充分发挥变位齿轮的优越性，关键是变位系数的选择，只要合理地选择变位系数，变位齿轮的承载能力可比标准齿轮提高 20%以上。变位系数的选择是一个复杂的综合问题，一般来说，均应尽可能地增大齿轮传动的啮合角 α'，即尽量增大总变位系数 $x_{\Sigma}=x_1+x_2$。

为保证变位齿轮能正常啮合传动，选择和分配变位系数必须满足如下基本限制条件：

(1)齿轮啮合时不产生干涉。

(2)齿轮加工时不产生根切或仅有微量根切。

(3)齿轮的齿顶厚 $s_a>0.4m$(对表面淬火齿轮应特别注意满足此项要求)。

(4)齿轮啮合时重合度 $\varepsilon_{\alpha}\geqslant1.2$。

选择变位系数的方法很多，有的国家还为此制定了标准或规范。一般认为选择变位系数封闭图法考虑问题最全面，使用也很方便，见参考文献[33]。另外，被国内多种大型设计手册采用的外啮合渐开线齿轮选择变位系数线图法不仅可以满足上述四个基本限制条件，而且还能保证两齿轮啮合时的最大滑动系数接近相等；在模数限制线以下选取 x_{Σ} 时，用标准滚刀加工该模数齿轮不会产生不完全切削现象，详见参考文献[34]。

5.8 斜齿圆柱齿轮传动

5.8.1 斜齿圆柱齿轮齿廓曲面的形成

渐开线直齿圆柱齿轮齿廓曲面的形成原理如图 5.32(a)所示，发生面 S 在基圆柱上做纯滚动时，与基圆柱母线平行的直线 KK 所展成的渐开面即为直齿轮的齿面。这种齿轮啮合时，齿面的接触线与齿轮的轴线平行(图 5.32(b))，轮齿沿整个齿宽同时进入或退出啮合，因此轮齿上的载荷是突然加上或卸掉的，容易引起冲击和振动，不适于高速传动。

斜齿轮的齿廓曲面形成原理如图 5.33(a)所示，发生面 S 沿基圆柱纯滚动时，其上一条与基圆柱母线呈 β_b 角的直线 KK 所展成的螺旋渐开面就是斜齿轮的齿廓曲面。

一对斜齿轮啮合时，齿面接触线是斜直线(图 5.33(b))，接触线先由短变长，而后又由长变短，直至脱离啮合。由于进入啮合时接触线短，轮齿刚度较小，造成的啮入冲击也小，因此斜齿轮传动比较平稳。螺旋渐开面与齿轮端面的交线仍是渐开线，它与同轴线的

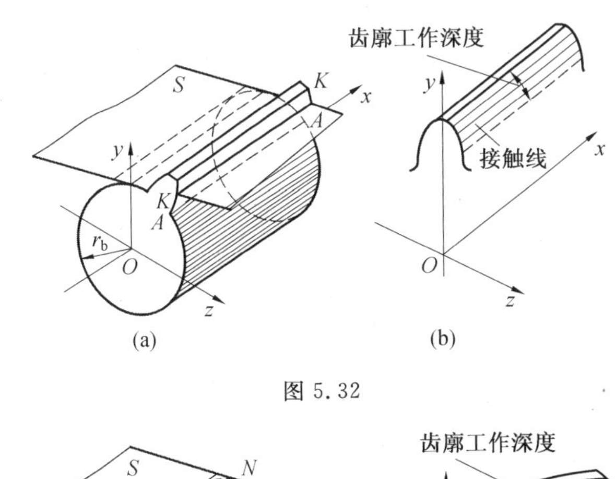

图 5.32

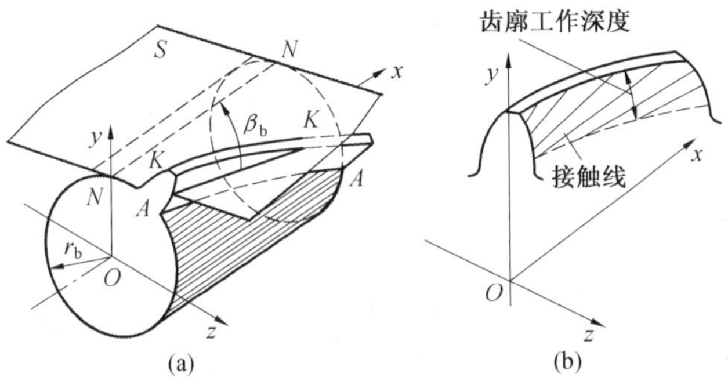

图 5.33

任一圆柱面的交线为螺旋线，不同圆柱面上的螺旋角不同，基圆柱上的螺旋角（图 5.33(a)）β_b 为

$$\tan \beta_b = \pi d_b / L$$

式中，L 为螺旋线的导程，即为螺旋线绕基圆柱一周后上升的高度；d_b 为基圆柱直径。设分度圆直径为 d，分度圆螺旋角为 β 时，有

$$\tan \beta = \pi d / L$$

故

$$\tan \beta_b / \tan \beta = d_b / d \tag{5.31}$$

斜齿轮设计时，一般规定其分度圆螺旋角 β 的数值，其他圆柱上的螺旋角可根据导程相同的条件计算出来，如基圆柱螺旋角 β_b 可以按式(5.31)计算。圆柱越大，螺旋角就越大。

5.8.2 斜齿轮的基本参数

在斜齿轮加工中，一般多用滚齿或铣齿法，此时刀具沿斜齿轮的螺旋线方向进刀，因此斜齿轮的法面参数如 m_n、α_n、h_{an}^* 和 c_n^* 等均与刀具参数相同，是标准值。而斜齿轮的齿面为螺旋渐开面，其端面齿形为渐开线。一对斜齿轮啮合，在端面看与直齿轮相同，因此斜齿轮的几何尺寸如 d、d_a、d_b、d_f 等的计算又应在端面上进行。为此，必须知道端面参数与法面参数间的换算关系。

1. 法面模数 m_n 与端面模数 m_t

由于斜齿轮可以与斜齿条正确啮合，故可以通过斜齿条来研究其法面模数与端面模数间的关系。如图 5.34 所示，斜齿条的法面齿距 p_n 与端面齿距 p_t 存在如下关系：

$$p_n = p_t \cos\beta \tag{5.32}$$

即

$$\pi m_n = \pi m_t \cos\beta$$

故法面模数 m_n 与端面模数 m_t 的关系为

$$m_n = m_t \cos\beta \tag{5.33}$$

式中，β 为斜齿条的倾斜角，即为斜齿轮分度圆柱上的螺旋角。

2. 法面齿顶高系数 h_{an}^* 与端面齿顶高系数 h_{at}^*

法面齿顶高与端面齿顶高是相同的，因此有

$$h_a = h_{an}^* m_n = h_{at}^* m_t$$

故

$$h_{at}^* = h_{an}^* m_n / m_t = h_{an}^* \cos\beta \tag{5.34}$$

同理，其顶隙系数也存在如下关系：

$$c_t^* = c_n^* \cos\beta \tag{5.35}$$

3. 法面压力角 α_n 与端面压力角 α_t

在图 5.34 中，角 α_n 的对边 $\overline{AC}$ 和角 α_t 的对边 $\overline{A'C'}$ 存在如下关系：$\overline{AC} = \overline{A'C'}\cos\beta$，而且法面齿高与端面齿高均为 h，有

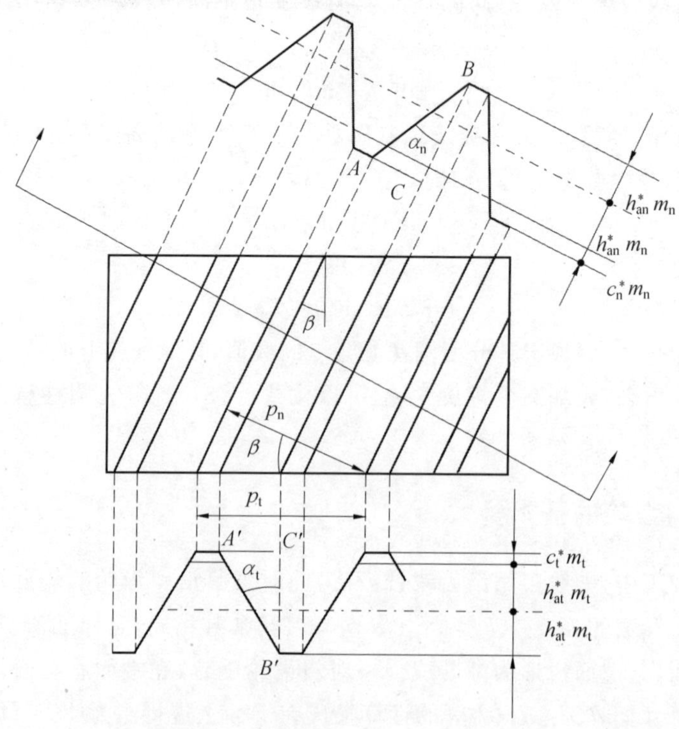

图 5.34

$$\tan\alpha_n = \overline{AC}/h\ ,\quad \tan\alpha_t = \overline{A'C'}/h$$

故

$$\tan\alpha_n = \tan\alpha_t\cos\beta \tag{5.36}$$

4. 法面变位系数 x_n 与端面变位系数 x_t

斜齿轮的变位距离不论是从法面看还是从端面看均应相同，即 $x_n m_n = x_t m_t$，故有

$$x_t = x_n\cos\beta \tag{5.37}$$

5. 分度圆柱螺旋角 β 与基圆柱螺旋角 β_b

斜齿轮的分度圆直径 $d = m_t z$，基圆直径 $d_b = m_t z\cos\alpha_t$，将其代入式(5.31)得

$$\tan\beta_b = \tan\beta\cos\alpha_t \tag{5.38}$$

5.8.3 斜齿轮传动的几何尺寸计算

斜齿轮的几何尺寸计算应在端面内进行，从端面看，斜齿轮啮合与直齿轮完全相同，所以只要把端面参数代入直齿轮计算公式，即可得斜齿轮计算公式，为了表示一般情况，表5.6中给出了变位斜齿轮的计算公式，当其中的 x_{n1}、x_{n2} 均为0时，即为标准斜齿轮传动。由于斜齿轮传动中心距的配凑可以通过改变螺旋角 β 来实现，而且变位斜齿轮比标准斜齿轮的承载能力提高得也不显著，因此生产中变位斜齿轮较少应用。

5.8.4 斜齿轮的正确啮合条件

一对斜齿轮正确啮合时，除应满足直齿轮的正确啮合条件外，其螺旋角还应相匹配。即斜齿轮的正确啮合条件如下。

(1) 模数相等：$m_{n1} = m_{n2}$ 或 $m_{t1} = m_{t2}$。

(2) 压力角相等：$\alpha_{n1} = \alpha_{n2}$ 或 $\alpha_{t1} = \alpha_{t2}$。

(3) 螺旋角大小相等，外啮合时应旋向相反，内啮合时应旋向相同。即

$$\beta_1 = \pm\beta_2$$

式中，"+"号用于内啮合；"−"用于外啮合。

5.8.5 斜齿轮传动的重合度 ε_γ

从端面看，斜齿轮的啮合与直齿轮完全一样，因此，将端面啮合角 α'_t 和端面齿顶压力角 α_{at1}、α_{at2} 代入式(5.14)，即得斜齿轮的端面重合度 ε_α 为

$$\varepsilon_\alpha = \frac{1}{2\pi}\left[z_1(\tan\alpha_{at1} - \tan\alpha'_t) + z_2(\tan\alpha_{at2} - \tan\alpha'_t)\right] \tag{5.39}$$

但由于斜齿轮的齿宽为 B，当一对轮齿在前端面啮合结束时，其齿宽的不同截面内仍在啮合，这就形成了斜齿轮的轴面重合度 ε_β。图5.35(a)所示为直齿轮啮合，轮齿沿整个齿宽 B 在 $B_2B'_2$ 进入啮合，到 $B_1B'_1$ 处整个轮齿脱离啮合，$B_2B'_2$ 与 $B_1B'_1$ 之间为轮齿啮合区。图5.35(b)所示为斜齿轮啮合传动，轮齿也是在 $B_2B'_2$ 位置进入啮合，但不是沿整个齿宽 B 同时进入啮合，而是由轮齿一端到达位置1时开始进入啮合，随着齿轮转动，直至到达位置2时才沿全齿宽进入啮合，当到达位置3时前端面开始脱离啮合，直至到达位置

4 时才沿全齿宽脱离啮合。显然，斜齿轮传动的实际啮合区比直齿轮增大了 $\Delta L = B\tan\beta_b$。由齿宽形成的轴向重合度为

$$\varepsilon_\beta = \Delta L / p_{bt} = B\tan\beta_b / p_{bt}$$

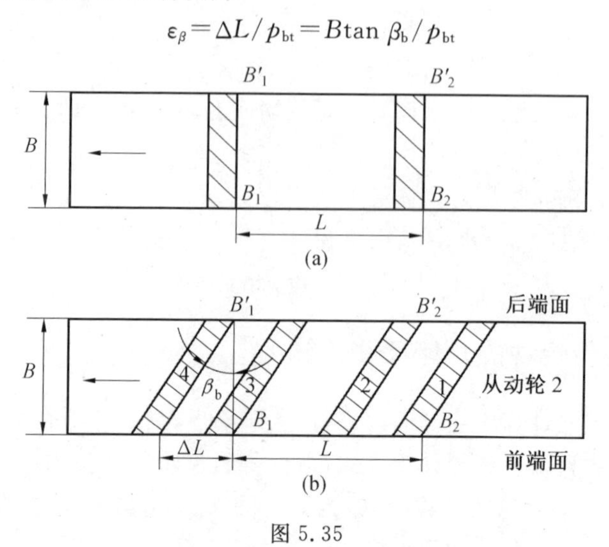

图 5.35

因 $\tan\beta_b = \tan\beta\cos\alpha_t$，$p_{bt} = \pi m_n\cos\alpha_t/\cos\beta$，故

$$\varepsilon_\beta = B\sin\beta/(\pi m_n) \tag{5.40}$$

斜齿轮传动的总重合度 ε_γ 为

$$\varepsilon_\gamma = \varepsilon_\alpha + \varepsilon_\beta \tag{5.41}$$

由于齿宽 B 和螺旋角 β 都没有限制，故斜齿轮的重合度可达很大值。有些机器中 ε_γ 可达 10 或 10 以上。这也是斜齿轮传动平稳的另一个原因。由于 β 增大后会使轴向力增大，因此轴承结构复杂化，为限制过大的轴向力，通常取 $\beta = 8° \sim 15°$(斜齿轮)，$\beta = 15° \sim 40°$(人字齿轮)。

这时，为保证斜齿轮的重合度 $\varepsilon_\gamma \geqslant 2$，其齿宽 B 应满足

$$B \geqslant 0.9\pi m_n/\sin\beta$$

5.8.6 斜齿轮的法面齿形及当量齿数

用仿形法加工斜齿轮时，刀具沿螺旋形齿槽方向进刀，其形状应与齿轮的法面齿形相同。由于斜齿轮的端面为渐开线，而其法面齿形比较复杂，不易精确求得，一般用以下近似方法求出法面齿形。

过斜齿轮分度圆柱螺旋线上的点 C 作某一轮齿的法面即得图 5.36，该法面将分度圆柱剖开，其剖面为一椭圆，点 C 附近的齿形可看作斜齿轮的法面齿形，椭圆的长半径 a 和短半径 b 分别为

$$a = r/\cos\beta,\quad b = r$$

式中，r 为斜齿轮的分度圆半径，$r = \frac{1}{2}m_t z$。

椭圆上节点 C 处的曲率半径 ρ 为

$$\rho=\frac{a^2}{b}=\frac{r}{\cos^2\beta}$$

若以 ρ 为分度圆半径，并以参数 m_n、α_n 确定一个假想的直齿轮，该直齿轮的齿形就可以看成斜齿轮的法面齿形，这个假想的齿轮称为斜齿轮的当量齿轮。当量齿轮的齿数称为当量齿数，用 z_v 表示，即当量齿轮的分度圆直径 $2\rho=m_n z_v$。故

$$z_v=\frac{2\rho}{m_n}=\frac{2r}{m_n\cos^2\beta}=\frac{m_t z}{m_n\cos^2\beta}=\frac{z}{\cos^3\beta} \qquad (5.42)$$

因 $\cos^3\beta<1$，故 $z_v>z$，一般不是整数。在斜齿轮强度计算时，要用当量齿数 z_v 决定其齿形系数；在用仿形法加工斜齿轮时，也要用当量齿数来决定铣刀的号数。

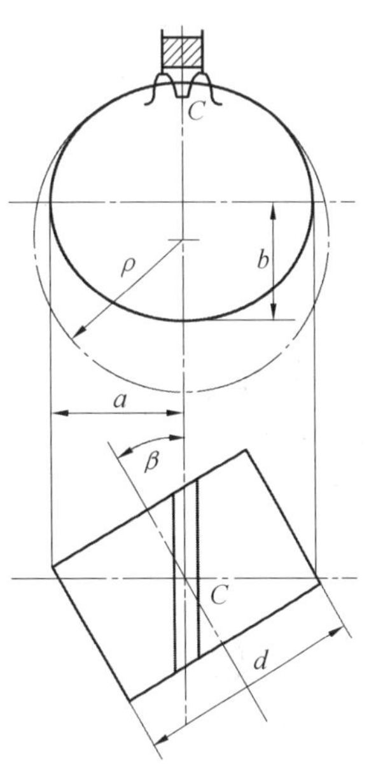

图 5.36

5.8.7 斜齿轮传动的优缺点

与直齿轮传动相比，斜齿轮传动有以下优、缺点：

(1) 啮合性能好，承载能力大。

斜齿轮齿面接触线与其轴线不平行，传动时，轮齿一端进入啮合接触线短，轮齿刚度小，啮入冲击也小，而后接触线逐渐增长，又逐渐缩短直至脱离啮合。同时由于重合度大，接触线总长度大，每一轮齿进入和退出啮合突变不显著，因此传动平稳，冲击和噪声小，承载能力也比直齿轮为高。

(2) 结构尺寸紧凑。

因不根切的最少齿数 $z_{min}=2h_{an}^*\cos\beta/\sin^2\alpha_t$，故斜齿轮不根切的最少齿数比直齿轮少，可得到更为紧凑的结构尺寸。

(3) 有轴向力。

由于斜齿轮的轮齿倾斜 β 角，产生轴向力（图 5.37(a)中的 $\boldsymbol{F}_a$），增大摩擦损失，这是斜齿轮传动的主要缺点。为克服这一缺点，可采用如图 5.37(b)所示的结构，即采用左右两排对称的斜齿轮组成“人字齿轮”，以便抵消轴向力。当然，人字齿轮制造较麻烦，这也是其缺点。

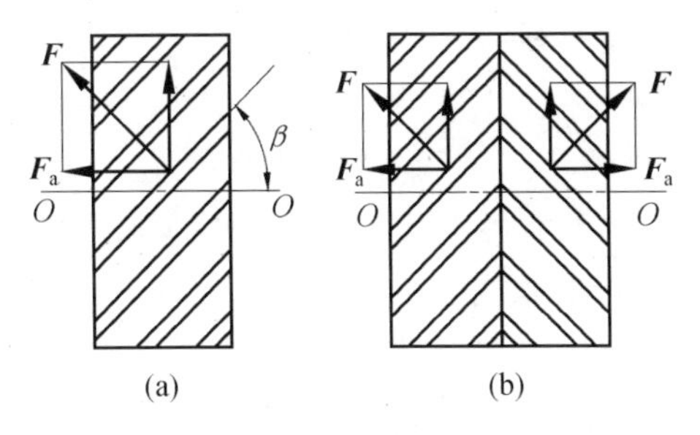

图 5.37

另外，还有交错轴斜齿轮传动、蜗杆蜗轮传动及锥齿轮传动等，这些传动形式的设计计算可参考齿轮手册等相关参考文献，本书不再赘述。

习　题

5.1　题图5.1所示渐开线齿廓中，基圆半径 $r_b=100$ mm，试求：

(1) 当 $r_K=135$ mm时，渐开线的展角 θ_K，渐开线压力角 α_K 和渐开线在 K 点的曲率半径 ρ_K。

(2) 当 $\theta_K=20°$、$25°$和$30°$时，渐开线的压力角 α_K 和向径 r_K。

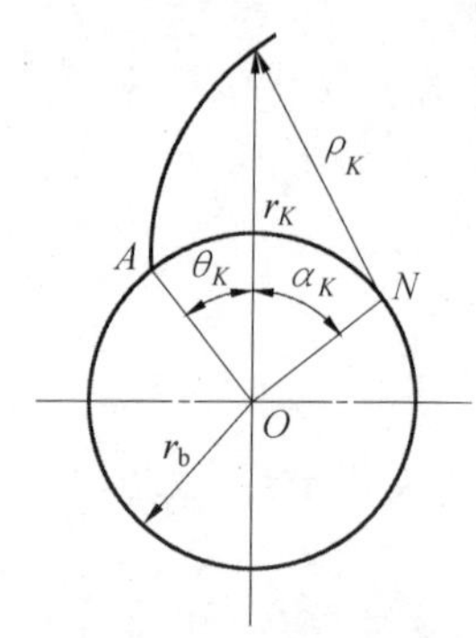

题图5.1

5.2　今测得一渐开线直齿标准圆柱齿轮齿顶圆直径 $d_a=110$ mm，齿根圆直径 $d_f=87.5$ mm，齿数 $z=20$，试确定该齿轮的模数 m、齿顶高系数 h_a^* 和顶隙系数 c^*。

5.3　已知一对外啮合渐开线直齿圆柱齿轮，齿数 $z_1=20$，$z_2=41$，模数 $m=2$ mm，$h_a^*=1$，$c^*=0.25$，$\alpha=20°$。

(1) 当该对齿轮为标准齿轮时，试计算齿轮的分度圆直径 d_1、d_2，基圆直径 d_{b1}、d_{b2}，齿顶圆直径 d_{a1}、d_{a2}，齿根圆直径 d_{f1}、d_{f2}，分度圆上齿距 p、齿厚 s 和齿槽宽 e。

(2) 求出当该对齿轮为标准齿轮且正确安装时的中心距 a、齿轮1的齿顶压力角 α_{a1} 和齿顶处齿廓的曲率半径 ρ_{a1}。

5.4　渐开线标准齿轮的基圆和齿根圆重合时的齿数为多少(考虑正常齿和短齿两种情况)？齿数为多少时基圆大于齿根圆？

5.5　已知一对外啮合渐开线标准直齿圆柱齿轮，其传动比 $i_{12}=2.4$，模数 $m=5$ mm，压力角 $\alpha=20°$，$h_a^*=1$，$c^*=0.25$，中心距 $a=170$ mm，试求该对齿轮的齿数 z_1、z_2，分度圆直径 d_1、d_2，齿顶圆直径 d_{a1}、d_{a2} 和基圆直径 d_{b1}、d_{b2}。

5.6　试指出题5.5的一对齿轮中，哪一个齿轮的基圆齿厚 s_b 大一些？计算出该对齿轮的公法线长度和相应的跨齿数。

5.7　题图5.7中给出了两对齿轮的齿顶圆和基圆，试分别在此两图上画出齿轮的啮合线，并标出：极限啮合点 N_1、N_2，实际啮合的开始点和终止点 B_1、B_2，啮合角 α'，节圆和节点 C，并标出两齿轮的转向。

5.8　设有一对外啮合直齿圆柱齿轮，$z_1=20$，$z_2=31$，模数 $m=5$ mm，压力角 $\alpha=20°$，齿顶高系数 $h_a^*=1$，试计算出其标准中心距 a。当实际中心距 $a'=130$ mm时，其啮合角 α'为多少？当取啮合角 $\alpha'=25°$时，试计算出该对齿轮的实际中心距 a'。

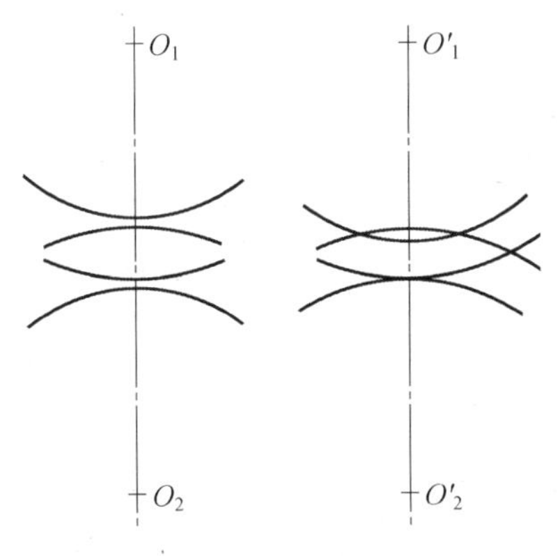

题图 5.7

5.9　已知一对正常齿制外啮合圆柱齿轮传动，$z_1=19$，$z_2=100$，$m=2$ mm，为了提高传动性能而采用变位齿轮时，若取 $x_1=1.0$，$x_2=-1.6$，该两齿轮的齿顶圆直径、齿根圆直径和分度圆直径各为多少？试画图看看这三者之间的关系。

5.10　已知一对外啮合变位圆柱齿轮，$z_1=15$ $z_2=42$，若取 $x_1=+1.0$，$x_2=-1.0$，$m=2$ mm，$h_a^*=1$，$c^*=0.25$，$\alpha=20°$，试计算该对齿轮传动的中心距 a'，啮合角 α'，齿顶圆直径 d_{a1}、d_{a2}，齿顶厚 s_{a1}、s_{a2}，并判断该对齿轮能否正常啮合传动，为什么？

5.11　用齿条刀具加工一直齿圆柱齿轮。已知被加工齿轮轮坯的角速度 $\omega_1=5$ rad/s，刀具移动速度为 0.375 m/s，刀具的模数 $m=10$ mm，压力角 $\alpha=20°$。

(1)求被加工齿轮的齿数。

(2)若刀具中线与被加工齿轮中心的距离为 77 mm，求被加工齿轮的分度圆齿厚。

(3)若已知该齿轮与大齿轮 2 相啮合时的传动比 $i_{12}=4$，当无齿侧间隙安装时，中心距 $a=377$ mm，求这两个齿轮的节圆半径 r_1'、r_2'及啮合角 α'。

5.12　设有一对平行轴外啮合圆柱齿轮传动，$z_1=18$，$z_2=35$，$m=2$ mm，中心距 $a=54$ mm。若不用变位直齿轮而用斜齿圆柱齿轮来配凑此中心距，其螺旋角 β 应为多少？

5.13　已知一对标准斜齿圆柱齿轮传动，$z_1=20$，$z_2=40$，$m_n=8$ mm，$\alpha_n=20°$，$\beta=30°$，$h_{an}^*=1$，齿宽 $B=30$ mm，试求中心距 a、总重合度 ε_γ 及基圆柱螺旋角 β_b。

5.14　设一对斜齿圆柱齿轮，$z_1=20$，$z_2=41$，$m=4$ mm，$\alpha=20°$，若取其螺旋角 $\beta=15°$，在求得中心距 a 进行圆整后再最后确定螺旋角 β 值，试计算：

(1) 该对斜齿轮分度圆及齿顶圆直径。

(2) 若齿宽 $B=30$ mm，试计算其端面重合度 ε_α、轴向重合度 ε_β 和总重合度 ε_γ。

(3) 求当量齿数 z_{v1}、z_{v2}。

第6章 轮系及其设计

6.1 轮系的类型

由一对齿轮组成的机构是齿轮传动机构的最简单形式。在实际机械中,为了解决原动机速度的单一性与工作机速度多样性之间的矛盾,往往需要由多对齿轮构成的齿轮传动系统,例如日常生活中所用的机械手表、工业生产中所用的各种变速器及航空发动机上所用的传动装置等。由一系列齿轮所构成的齿轮传动系统称为轮系。

轮系可分为定轴轮系、周转轮系和复合轮系。

6.1.1 定轴轮系

轮系运转时,如果各齿轮轴线的位置都固定不动,则称之为定轴轮系(或称为普通轮系)。如图6.1所示的减速器,各个齿轮在运转时其几何轴线相对于箱体的位置都是固定不变的,所以称为定轴轮系。

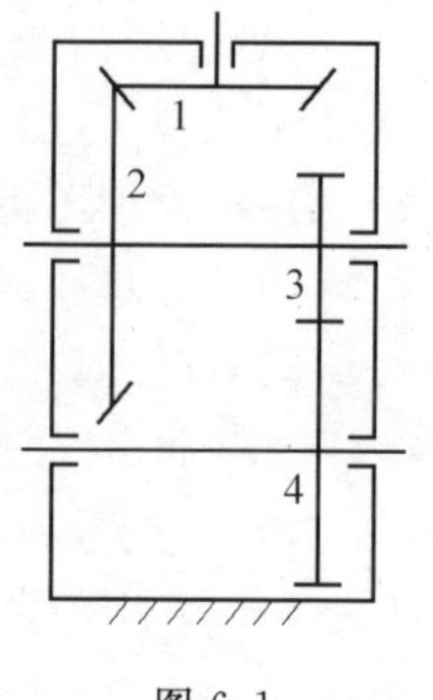

图6.1

6.1.2 周转轮系

轮系运转时,至少有一个齿轮轴线的位置不固定,而是绕某一固定轴线回转,则称该轮系为周转轮系。

如图6.2(a)所示轮系,齿轮2装在构件 H 上,一方面绕轴线 O_1O_1 自转,同时又随着构件 H 的转动绕固定轴线 OO 公转。整个轮系的运动犹如行星绕太阳的运行,故称为行星轮系;由于齿轮2既有自转又有公转,如同行星运动一样,故称它为行星轮;用以支撑行星轮并使其得到公转的构件称为系杆或行星架;与行星轮相啮合且其轴线不动的齿轮1和3称为中心轮或太阳轮;中心轮1、中心轮3和系杆 H 的轴线相互重合,这一共同轴线称为周转轮系的主轴线(轴线 OO)。

周转轮系又可以根据自由度数和基本构件进行进一步分类。

1.根据自由度数分类

(1)差动轮系。

如图6.2(a)所示的轮系,其中心轮1和3都是转动的活动构件,则该机构的自由度为2,这表明,需要有两个独立运动的主动件,机构的运动才能完全确定。这种两个中心轮都不固定、自由度为2的周转轮系称为差动轮系。

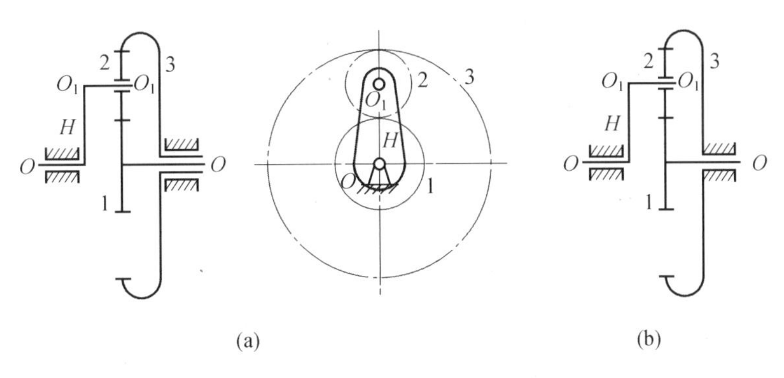

(a) (b)

图 6.2

(2)行星轮系。

如图 6.2(b)所示，中心轮 3 被固定，则该机构的自由度为 1，这种有一个中心轮固定、自由度为 1 的周转轮系称为行星轮系。

2.根据基本构件分类

在周转轮系运转过程中，中心轮与系杆的轴线位置均固定且都与主轴线重合，通常以它们作为运动(或动力)的输入和输出构件，故称其为周转轮系的基本构件。中心轮用 K 表示，系杆用 H 表示，输出轴用 V 表示。周转轮系可根据不同类型基本构件的数量及代号进行分类，图 6.2 所示的周转轮系称为 $2K-H$ 型周转轮系；图 6.3 所示的周转轮系称为 $3K$ 型周转轮系(因为系杆 H 仅起支承行星轮 $2-2'$ 的作用，不传递外力矩，因此不是基本构件)；如果把图 6.2(b)中的中心轮 1 去掉，将行星轮 2 的直径增大，并使得内齿圈 3 与行星轮 2 的齿数差变得很小，然后将行星轮 2 的运动通过机构传到输出轴 V，如图 6.4 所示，则可构成一个以系杆 H 为主动件、行星轮 2 为从动件的少齿差传动，基本构件是中心轮 K、系杆 H 和输出轴 V，故称其为 $K-H-V$ 型周转轮系。

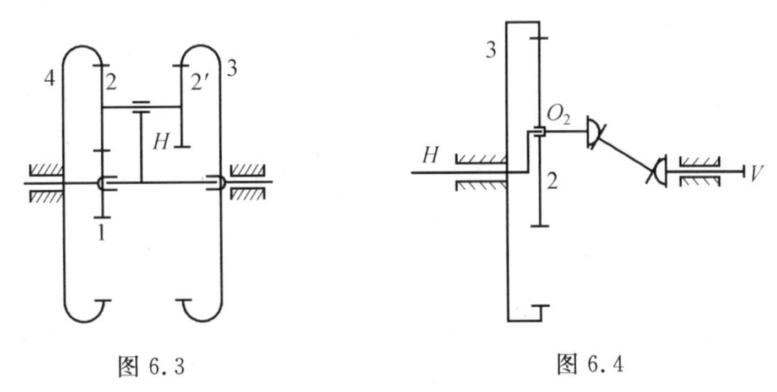

图 6.3 图 6.4

6.1.3 复合轮系

由定轴轮系和周转轮系或者由两个以上的周转轮系组成的轮系称为复合轮系。如图 6.5 所示的轮系，是由定轴轮系 $1-2-2'-3$ 和行星轮系 $5-4-4'-6-H$ 构成的复合轮系。

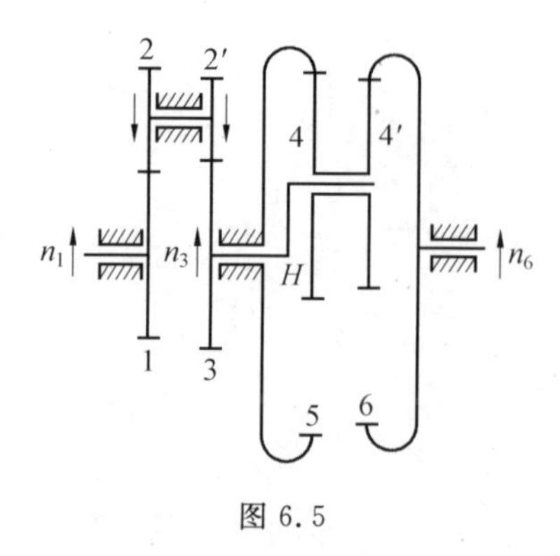

图 6.5

6.2 轮系的应用

在各种机械设备中,轮系的应用非常广泛,主要有以下几个方面。

1. 实现相距较远的两轴之间的传动

当输入轴和输出轴之间的距离较远时,如果只用一对齿轮直接把输入轴的运动传递给输出轴,如图 6.6 所示的齿轮 1 和齿轮 2,则齿轮的尺寸很大。这样既占空间又费材料,而且制造、安装均不方便。若改用齿轮 a、b、c 和 d 组成的轮系来传动,便可克服上述缺点。

2. 实现分路传动

当输入轴的转速一定时,利用轮系可将输入轴的一种转速同时传到几根输出轴上,获得所需的各种转速。图 6.7 所示为滚齿机上实现轮坯与滚刀展成运动的传动简图,轴 Ⅰ 的运动和动力经过锥齿轮 1、2 传给滚刀,同时经过齿轮 3、4、5、6、7 和蜗杆 8 传给蜗轮 9,并带动与之同轴线的轮坯一起转动。

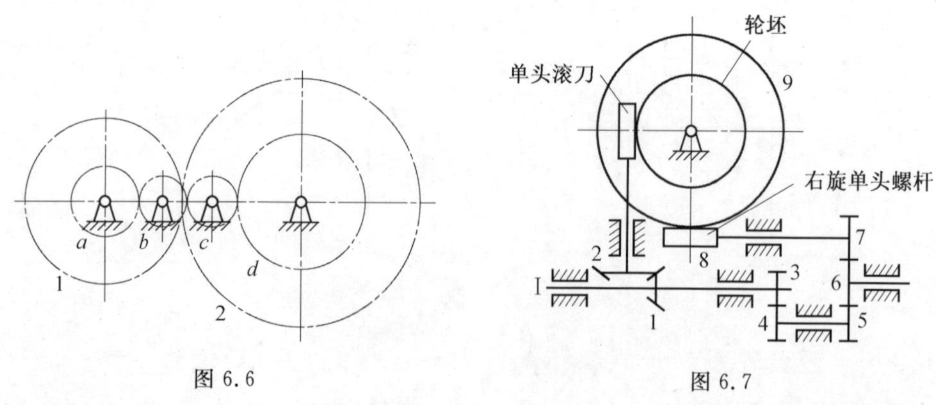

图 6.6　　图 6.7

3. 实现变速变向传动

输入轴的转速转向不变,利用轮系可使输出轴得到若干种转速或改变输出轴的转向,这种传动称为变速变向传动。如汽车在行驶中需经常变速,倒车时需要变向等。

图 6.8 所示为汽车上常用的三轴四速变速箱的传动简图。发动机的运动由安装有齿轮 1 和牙嵌离合器的一半 x 的轴 Ⅰ 输入,输出轴 Ⅲ 用滑键与双联齿轮 4、6 和离合器的另

一半 y 相连。齿轮 2、3、5 和 7 安装在轴Ⅱ上，齿轮 8 则安装在轴Ⅳ上。操纵变速杆拨动双联齿轮 4、6，使之与轴Ⅱ上的不同齿轮啮合，从而得到不同的输出转速。当向右移动双联齿轮 4、6 使离合器 y 与 x 接合时，得到高速挡；如果使齿轮 4 与 3 啮合或齿轮 6 与 5 啮合，可得中速或低速挡；当双联齿轮移至最左边位置时，使齿轮 6 与 8 啮合，得低速倒车挡。

变速变向运动还广泛地应用在金属切削机床等设备上。

4. 实现大速比传动

利用定轴轮系可以在齿轮外形尺寸较小的情况下获得大的传动比，如图 6.6 所示。同样利用行星轮系也可以由很少几个齿轮获得很大的传动比，如图 6.9 中仅用两对齿轮传动，其传动比竟高达 10 000（见本章例 6.2）。值得注意的是，这类行星轮系用于减速传动时其传动比愈大，机械效率愈低。所以它只适用于某些微调机构，不宜用于传递动力。

5. 实现大功率传动

周转轮系中采用了多个均布的行星轮来同时传动（图 6.10），由于多个行星轮共同承担载荷，齿轮尺寸可以减小，又可平衡各啮合点处的径向分力和行星轮公转所产生的离心惯性力，减少了主轴承内的作用力，因此传递功率大，同时效率也较高。大功率传动越来越广泛采用周转轮系或混合轮系。

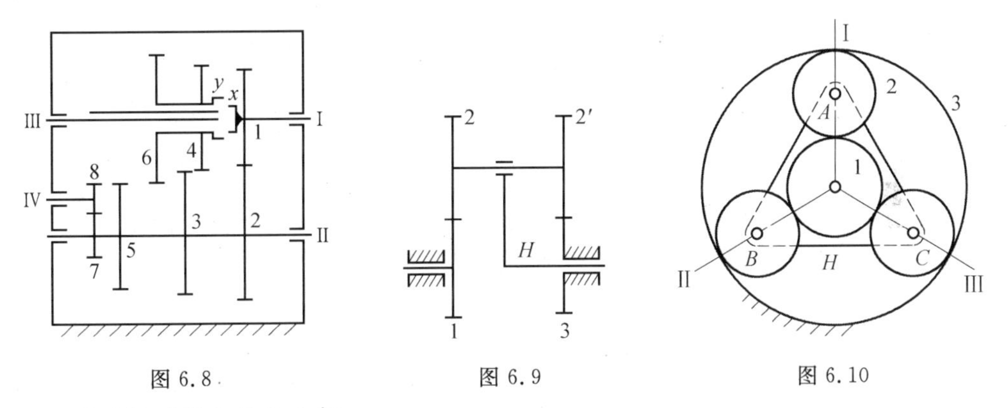

图 6.8　　图 6.9　　图 6.10

6. 实现运动的合成与分解

利用周转轮系可以实现运动的合成，如图 6.2(a)所示的差动轮系中，其系杆 H 的转速是齿轮 1 和齿轮 3 转速的合成。差动轮系具有的运动合成特性，被广泛应用于机床、计算机构和补偿调整等装置中。

同样，利用周转轮系也可以实现运动的分解，即将差动轮系中已知的一个独立运动分解为两个独立的运动。例如，本章例 6.3 中讨论的差动轮系在汽车转弯时，一个运动分解为左、右两个轮子的不同运动。

6.3　轮系的传动比计算

轮系传动比是指轮系运动时其输入轴与输出轴的角速度或转速之比，它包括计算传动比的大小和确定输入轴与输出轴两者转向关系两方面内容。

6.3.1 定轴轮系的传动比

图 6.11 所示为一定轴轮系，齿轮 1 和 2、3′和 4、4′和 5 为外啮合，齿轮 2 和 3 为内啮合。设齿轮 1 的轴为输入轴，齿轮 5 的轴为输出轴，则输入轴与输出轴之间的传动比为

$$i_{15}=\frac{\omega_1}{\omega_5}=\frac{n_1}{n_5}$$

因为相互啮合的一对齿轮传动比的大小与齿数成反比，因此，该轮系中各对啮合齿轮的传动比的大小为

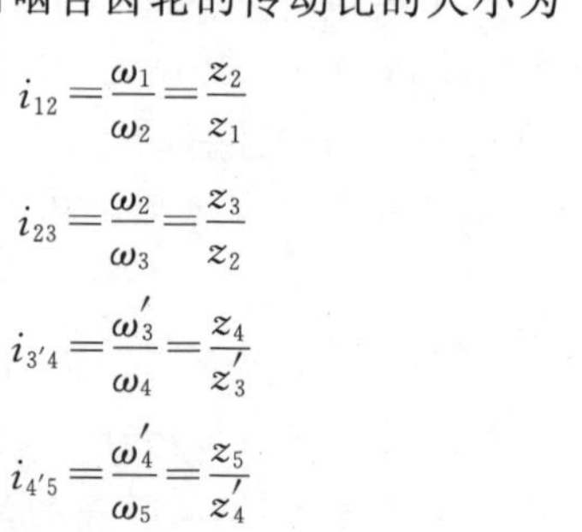

$$i_{12}=\frac{\omega_1}{\omega_2}=\frac{z_2}{z_1}$$

$$i_{23}=\frac{\omega_2}{\omega_3}=\frac{z_3}{z_2}$$

$$i_{3'4}=\frac{\omega_3'}{\omega_4}=\frac{z_4}{z_3'}$$

$$i_{4'5}=\frac{\omega_4'}{\omega_5}=\frac{z_5}{z_4'}$$

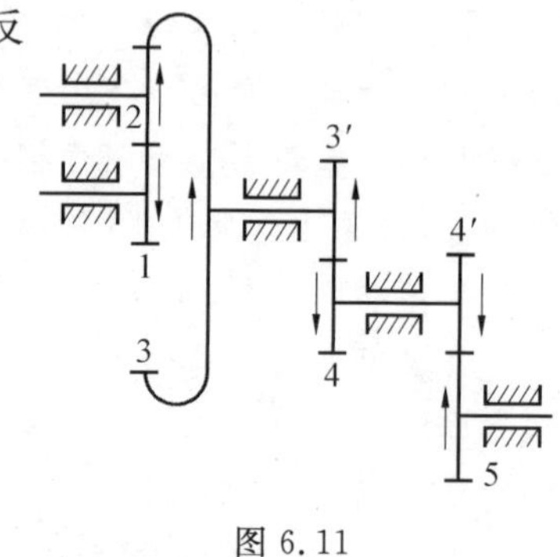

图 6.11

将以上各式连乘并考虑到 $\omega_3=\omega_3'$，$\omega_4=\omega_4'$ 得

$$i_{12}\cdot i_{23}\cdot i_{3'4}\cdot i_{4'5}=\frac{\omega_1\cdot\omega_2\cdot\omega_3'\cdot\omega_4'}{\omega_2\cdot\omega_3\cdot\omega_4\cdot\omega_5}=\frac{\omega_1}{\omega_5}$$

即

$$i_{15}=\frac{\omega_1}{\omega_5}=i_{12}\cdot i_{23}\cdot i_{3'4}\cdot i_{4'5}=\frac{z_2\cdot z_3\cdot z_4\cdot z_5}{z_1\cdot z_2\cdot z_3'\cdot z_4'}$$

上式说明，定轴轮系的传动比为组成该轮系的各对啮合齿轮传动比的连乘积，也可以表示成各对啮合齿轮中所有从动轮齿数的连乘积与所有主动轮齿数的连乘积之比。

设 A 表示输入轴，B 表示输出轴，则定轴轮系的传动比计算公式为

$$i_{AB}=\frac{\omega_A}{\omega_B}=\frac{\text{从 }A\text{ 到 }B\text{ 传动路线中所有从动轮齿数连乘积}}{\text{从 }A\text{ 到 }B\text{ 传动路线中所有主动轮齿数连乘积}} \tag{6.1}$$

如果定轴轮系中各对啮合齿轮均为圆柱齿轮传动，即各轮的轴线都相互平行，则称该类轮系为平面定轴轮系。如果定轴轮系中含有圆锥齿轮、蜗杆蜗轮等空间齿轮传动，即各轮的轴线不相互平行，则称该类轮系为空间定轴轮系。

平面定轴轮系和空间定轴轮系的传动比的大小均可用式(6.1)计算，但转向的确定有不同的方法。

平面定轴轮系中的转向关系可用"＋""－"号来表示，"＋"号表示转向相同，"－"号表示转向相反。一对外啮合圆柱齿轮传动两轮的转向相反，其传动比前应加注"－"号；一对内啮合圆柱齿轮传动两轮的转向相同，其传动比前应加注"＋"号。设轮系中有 m 对外啮合齿轮，则在式(6.1)右侧的分式前应加注$(-1)^m$。若传动比的计算结果为正，则表示输入轴与输出轴的转向相同，若为负则表示转向相反。

在计算传动比时，图 6.11 中的齿轮 2 既作过主动齿轮，又作过从动齿轮，因此它不改变轮系传动比大小，但是增加了一对外啮合，因此改变了输出轴的转向，这种齿轮称为惰

轮。

空间定轴轮系含有轴线不平行的齿轮传动，其传动比前的"+""−"号没有实际意义。因此空间定轴轮系输入轴与输出轴之间的转向关系不能用上述方法来确定，而必须在机构运动简图上用画箭头来表示，如图 6.12 所示。

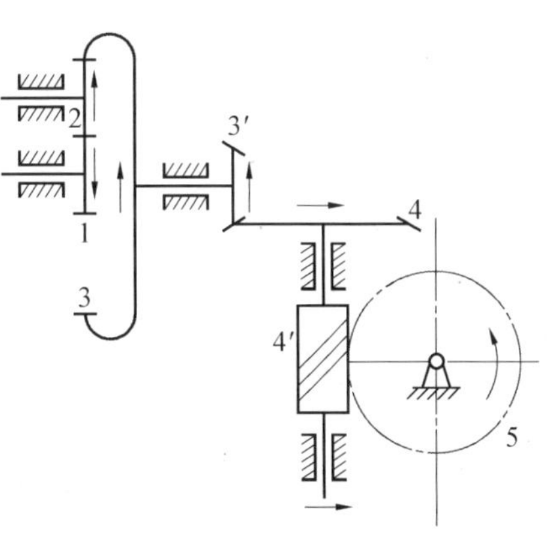

图 6.12

对于圆锥齿轮传动，表示方向的箭头应该同时背离啮合点即箭尾对箭尾，或同时指向啮合点即箭头对箭头，如图 6.12 和图 6.13 所示。

对于蜗杆蜗轮传动，可用左、右手规则进行判断。如果是右旋蜗杆，用左手规则判断，即以左手握住蜗杆，四指指向蜗杆的转向，则拇指的指向为啮合点处蜗轮的线速度方向，如图 6.14 所示。如果是左旋蜗杆，则用右手规则来判断。

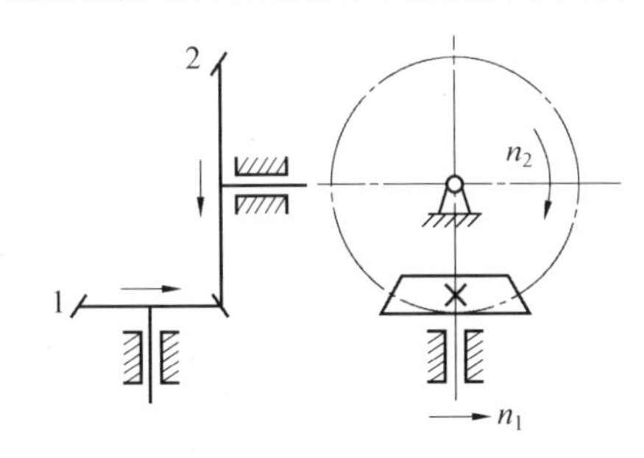

图 6.13

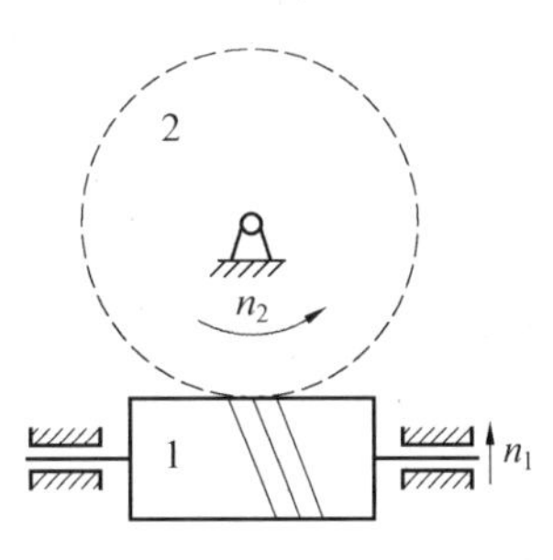

图 6.14

例 6.1 在图 6.15 所示的钟表传动中，E 为擒纵轮，N 为发条盘，S、M 及 H 分别为秒针、分针和时针。设 $z_1=72$，$z_2=12$，$z_3=64$，$z_4=8$，$z_5=60$，$z_6=8$，$z_7=60$，$z_8=6$，$z_9=8$，$z_{10}=24$，$z_{11}=6$，$z_{12}=24$，求秒针与分针的传动比 i_{SM} 及分针与时针的传动比 i_{MH}。

解 如图所示，由发条盘 N 驱动齿轮 1 转动。齿轮 2、3、9 和分针 M 安装在同一根轴上，转速相同。通过齿轮 1 与齿轮 2 的啮合使分针 M 转动；通过齿轮 3、4、5 和 6 的传动，可使秒针 S 转动；通过齿轮 9、10、11 和 12 的传动可使时针 H 转动。

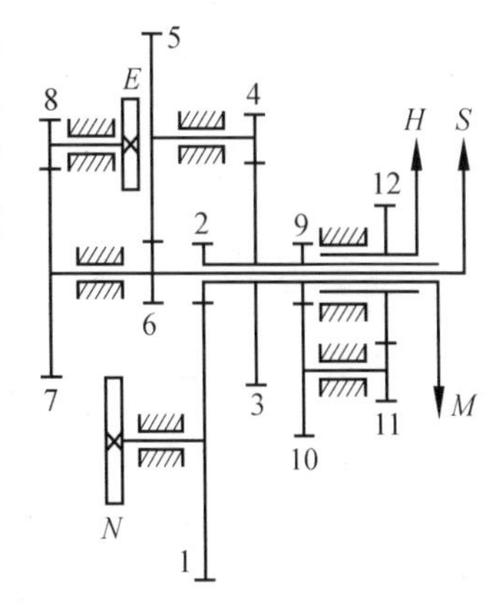

图 6.15

秒针 S 与齿轮 6 联动，分针 M 与齿轮 3 联动，所以

$$i_{SM}=(-1)^2\ \frac{z_5\cdot z_3}{z_6\cdot z_4}=\frac{60\times 64}{8\times 8}=60$$

i_{SM} 为正，说明秒针与分针转向相同。

时针 H 与齿轮 12 联动，分针 M 与齿轮 9 联动，所以

$$i_{MH}=(-1)^2\ \frac{z_{10}\cdot z_{12}}{z_9\cdot z_{11}}=\frac{24\times 24}{8\times 6}=12$$

i_{MH} 为正，说明分针与时针转向相同。

6.3.2 周转轮系的传动比

在周转轮系中，由于行星轮的轴线不是固定的，因此不能直接利用求解定轴轮系传动比的方法来计算周转轮系的传动比。

周转轮系传动比计算最常用的方法是转化机构法，其基本思想是设法把周转轮系转化成定轴轮系，然后间接地利用定轴轮系传动比的计算公式来求解周转轮系的传动比。下面以图6.16所示的周转轮系为例，说明转化机构法的基本思想和计算方法。

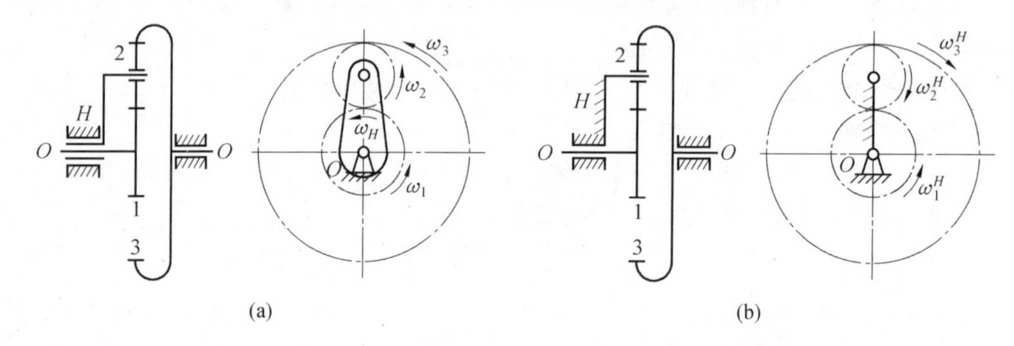

图 6.16

在图6.16(a)所示的周转轮系中，设 ω_1、ω_2、ω_3 及 ω_H 分别表示齿轮1、2、3及系杆 H 的角速度，若给整个周转轮系加上一个与系杆 H 的角速度大小相等、方向相反的公共角速度 $-\omega_H$ 后，则系杆 H 的角速度变为零，即系杆 H 将变为静止不动，如图6.16(b)所示。根据相对运动原理，这样并不影响轮系中各构件之间的相对运动关系。此时，整个周转轮系便转化为一个假想的定轴轮系，称此假想的定轴轮系为原来周转轮系的转化机构。

表6.1为转化前后各构件的角速度。表中所列转化机构中各构件的角速度 ω_1^H、ω_2^H 和 ω_3^H 的右上角都标注有角标 H，表示这些构件相对系杆 H 的角速度。

表 6.1 转化前后各构件的角速度

构件名称	原周转轮系中各构件的角速度	转化机构中各构件的角速度
系杆 H	ω_H	$\omega_H^H=\omega_H-\omega_H=0$
中心轮 1	ω_1	$\omega_1^H=\omega_1-\omega_H$
行星轮 2	ω_2	$\omega_2^H=\omega_2-\omega_H$
中心轮 3	ω_3	$\omega_3^H=\omega_3-\omega_H$

既然周转轮系的转化机构为一定轴轮系，那么转化机构中输入轴和输出轴的传动比就可用定轴轮系传动比的计算方法求出，转向也可用定轴轮系的判断方法来确定。图6.16(b)所示转化机构中齿轮1对齿轮3的传动比为

$$i_{13}^H=\frac{\omega_1^H}{\omega_3^H}=\frac{\omega_1-\omega_H}{\omega_3-\omega_H}=(-1)^1\ \frac{z_3}{z_1}=-\frac{z_3}{z_1}$$

等式右边的“－”号表示在转化机构中轮1和轮3的转向相反。

同理，可将以上分析方法推广到一般情况。设周转轮系的两个中心轮分别为齿轮 A、

K，则转化机构中齿轮 A 与 K 之间的传动比为

$$i_{AK}^{H}=\frac{\omega_A^H}{\omega_K^H}=\frac{\omega_A-\omega_H}{\omega_K-\omega_H}=\pm\frac{\text{从 }A\text{ 到 }K\text{ 传动路线中所有从动轮齿数的连乘积}}{\text{从 }A\text{ 到 }K\text{ 传动路线中所有主动轮齿数的连乘积}} \tag{6.2}$$

对于差动轮系，给定三个基本构件的角速度 ω_A、ω_K 和 ω_H 中的任意两个，便可由式(6.2)求出第三个，从而可求出三个基本构件中任意两个构件之间的传动比。

对于行星轮系，两个中心轮中必有一个是固定的，例如中心轮 K 固定，则其角速度 $\omega_K=0$，给定另外两个基本构件的角速度 ω_A、ω_H 中的任意一个，便可由式(6.2)求出另一个。也可以直接由式(6.2)求出两者之间的传动比 i_{AH}。

将 $\omega_K=0$ 代入式(6.2)得

$$i_{AK}^{H}=\frac{\omega_A-\omega_H}{\omega_K-\omega_H}=\frac{\omega_A-\omega_H}{0-\omega_H}=1-\frac{\omega_A}{\omega_H}=1-i_{AH}$$

故

$$i_{AH}=1-i_{AK}^{H} \tag{6.3}$$

上式表明，在中心轮 K 固定的行星轮系中，活动中心轮 A 对系杆 H 的传动比，等于 1 减去转化机构中的中心轮 A 对原固定中心轮 K 的传动比。

应用式(6.2)时应注意：

(1)该式只适用于齿轮 A、K 与系杆 H 的回转轴线重合或平行时的情况。

(2)等号右侧"±"号的判断方法同定轴轮系。即如果由 A 到 K 之间只含有圆柱齿轮传动，则由 $(-1)^m$ 来确定，m 为从 A 到 K 传动路线中的外啮合齿轮对数。如果含有圆锥齿轮传动或蜗杆蜗轮传动，则用画箭头的方法来确定。若齿轮 A、K 轴线平行，可用"±"号表示齿轮 A、K 的转向关系，即齿轮 A、K 转向相同(表示齿轮 A、K 转向的箭头方向相同)时，式的右侧为"+"号，相反时为"−"号。若齿轮 A、K 轴线不平行，则不能用"±"号来表示转向，只能以箭头方向表示转向。

(3)将各个角速度的数值代入时，必须带有"±"号。可先假定某一已知构件的转向为正号，则另一构件的转向与其相同时取正号，而与其相反时取负号。

例 6.2 图 6.9 所示的 $2K-H$ 型行星轮系中，已知 $z_1=100$，$z_2=101$，$z'_2=100$，$z_3=99$，试求输入系杆 H 对输出轮 1 的传动比 i_{H1}。

解 齿轮 1、双联齿轮 $2-2'$、齿轮 3 和系杆 H 组成行星轮系，由式(6.3)有

$$i_{1H}=1-i_{13}^{H}$$

$$i_{13}^{H}=(-1)^2\frac{z_2\cdot z_3}{z_1\cdot z'_2}=\frac{101\times 99}{100\times 100}=\frac{9\ 999}{10\ 000}$$

$$i_{1H}=\frac{\omega_1}{\omega_H}=1-\frac{9\ 999}{10\ 000}=\frac{1}{10\ 000}$$

所以

$$i_{H1}=\frac{1}{i_{1H}}=10\ 000$$

这种转化机构的传动比 i_{13}^{H} 为正值的行星轮系称为正号机构。该轮系中各齿轮的齿数相差不多，却可以获得很大的传动比，但是效率很低。反行程，即齿轮 1 为主动时，可能发生自锁。

例 6.3 图 6.17 所示为汽车后轮传动的差动轮系(常称为差速器)。发动机通过传动轴驱动锥齿轮 5。齿轮 4 与齿轮 5 啮合,其上固连着系杆 H 并带动行星轮 2 转动。中心轮 1 和 3 的齿数相等,即 $z_1=z_3$,并分别和汽车的左、右两个后轮相连。齿轮 1、2、3 及系杆 H 组成一差动轮系。试分析该差速器的工作原理。

解 这个差动轮系转化机构的传动比 i_{13}^H 为

$$i_{13}^H=\frac{n_1-n_H}{n_3-n_H}=-\frac{z_3}{z_1}=-1$$

上式右端的"—"号表明该轮系转化机构中的圆锥齿轮 1 和 3 的转向相反,它是通过对两对圆锥齿轮 z_1、z_2 和 z_2、z_3 画箭头的办法来确定的。如图 6.18 所示,表示齿轮 1 转向的箭头与表示齿轮 3 转向的箭头方向相反,所以 i_{13}^H 取负值。

考虑到 $z_1=z_3$,由上式可得

$$2n_H=n_1+n_3 \tag{a}$$

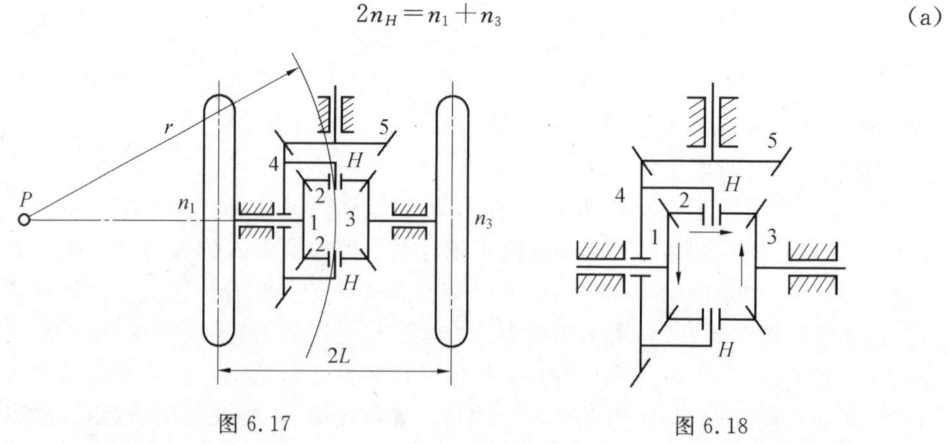

图 6.17　　　　图 6.18

由于它是自由度为 2 的差动轮系,因此,只有圆锥齿轮 5 为主动时,圆锥齿轮 1 和 3 的转速是不能确定的,但 n_1+n_3 却总是系杆转速的 2 倍。

当汽车直线行驶时,可认为两个车轮与地面没有滑动,故两车轮所滚过的距离相同,其转速也相等,所以有 $n_1=n_3$,即 $n_1=n_3=n_H=n_4$,行星轮 2 没有自转运动。此时,整个周转轮系形成一个同速转动的刚体一起随轮 4 转动。

当汽车左转弯时,由于右车轮比左车轮滚过的距离大,所以右车轮要比左车轮转动快一些。由于车轮与路面的滑动摩擦远大于其间的滚动摩擦,故在 2 自由度条件下,车轮只能在路面上纯滚动。当汽车的车轮在路面上纯滚动向左转弯时,车轮 1 和车轮 3 相对弯道中心 P 的转动角速度是相等的,则其转速应与弯道半径成正比,即

$$\frac{n_1}{n_3}=\frac{r-L}{r+L} \tag{b}$$

式中,r 为弯道半径;L 为轮距的一半。

联立式(a)和式(b),解得

$$n_1=\frac{r-L}{r}n_H$$

$$n_3=\frac{r+L}{r}n_H$$

可见，此时行星轮除和系杆 H 一起公转外，还绕系杆 H 做自转，系杆 H 的转速 n_H 通过差动轮系分解成 n_1 和 n_3 两个转速，这两个转速随弯道半径的不同而不同。

此例说明，由空间齿轮组成的周转轮系，在确定其转化机构的传动比 i_{AK}^H 的正负号时，必须用画箭头的方法确定，它与主动件的转向无关。两轮转向相同时为"+"号，转向相反时为"−"号。

6.3.3 复合轮系的传动比

复合轮系由定轴轮系和周转轮系或者由两个以上的周转轮系组成，因此其传动比不能用上面所讨论的方法直接计算。必须首先分清组成它的定轴轮系和周转轮系，再分别应用定轴轮系和周转轮系传动比的计算公式计算，然后根据这些轮系的组合方式联立解出所求的传动比。

因此，计算复合轮系传动比的首要问题是如何正确地划分复合轮系中的定轴轮系和周转轮系，其中关键是找出各个周转轮系。找周转轮系的方法是：先找出轴线位置不固定的行星轮，支持行星轮的构件就是系杆(有时系杆不一定呈简单的杆状)；而几何轴线与系杆的回转轴线相重合，且直接与行星轮相啮合的定轴齿轮就是中心轮。这样的行星轮、系杆和中心轮便组成一个周转轮系。其余的部分可按照上述同样的方法继续划分，若有行星轮存在，同样可以找出与此行星轮相对应的周转轮系。若没有行星轮存在，则为定轴轮系。下面通过例题说明复合轮系传动比的计算方法和步骤。

例 6.4 在图 6.19 所示轮系中，已知 ω_6 和各轮齿数 $z_1=50$，$z_1'=30$，$z_1''=60$，$z_2=30$，$z_2'=20$，$z_3=100$，$z_4=45$，$z_5=60$，$z_5'=45$，$z_6=20$，求 ω_3 的大小和方向。

解 轴线位置不固定的双联齿轮 $2-2'$ 是行星轮，与双联齿轮 $2-2'$ 啮合的齿轮 1 和 3 为中心轮，而支持双联齿轮 $2-2'$ 旋转的 H 则为系杆。因此，齿轮 1、$2-2'$、3 和 H 组成一差动周转轮系。由于轮系中再没有其他的行星轮，所以其余的齿轮 6、$1''-1'$、$5-5'$、4 组成一定轴轮系。

周转轮系转化机构的传动比为

$$i_{13}^H=\frac{\omega_1-\omega_H}{\omega_3-\omega_H}=(-1)^1\ \frac{z_2 z_3}{z_1 z_2'}=-\frac{30\times100}{50\times20}=-3 \tag{a}$$

式中，ω_1、ω_H 由定轴轮系求得

$$\omega_1=\omega_1''=\omega_6\times(-\frac{z_6}{z_1''})=\omega_6\times(-\frac{20}{60})=-\frac{1}{3}\omega_6$$

$$\omega_H=\omega_4=\omega_6\times(-\frac{z_6 z_1' z_5'}{z_1'' z_5 z_4})=\omega_6\times(-\frac{20\times30\times45}{60\times60\times45})=-\frac{1}{6}\omega_6$$

将 ω_1、ω_H 代入式(a)，得

$$\frac{\omega_1-\omega_H}{\omega_3-\omega_H}=\frac{-\frac{1}{3}\omega_6-(-\frac{1}{6}\omega_6)}{\omega_3-(-\frac{1}{6}\omega_6)}=-3$$

解得 $\omega_3=-\frac{1}{9}\omega_6$，齿轮 3 与齿轮 6 的转动方向相反。

例 6.5 在图 6.20 所示的电动卷扬机减速器中，各齿轮的齿数为：$z_1=24$，$z_2=52$，$z_2'=21$，$z_3=97$，$z_3'=18$，$z_4=30$，$z_5=78$，求 i_{1H}。

解 在该轮系中，双联齿轮 $2-2'$ 的几何轴线随着构件 H（卷筒）转动，所以是行星轮；支持它运动的构件 H 就是系杆；和行星轮相啮合的齿轮 1 和 3 是两个中心轮。这两个中心轮都能转动，所以齿轮 1、$2-2'$、3 和系杆 H 组成一个差动轮系。齿轮 $3'$、4 和 5 组成一个定轴轮系。齿轮 $3'$ 和 3 是同一构件，齿轮 5 和系杆 H 是同一构件，也就是说差动轮系的两个基本构件被定轴轮系封闭起来了。这种通过一个定轴轮系把差动轮系的两个基本构件（中心轮或系杆）联系起来而组成的自由度为 1 的复杂行星轮系，通常称为封闭式行星轮系。

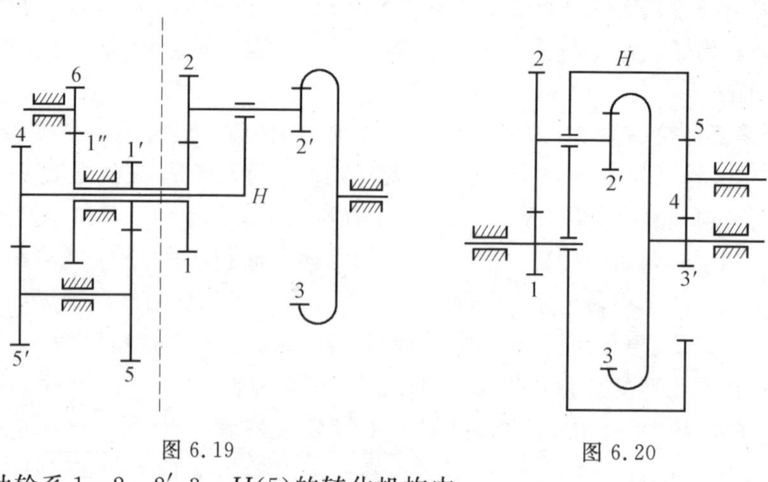

图 6.19　　　　图 6.20

在差动轮系 $1-2-2'$、$3-H(5)$ 的转化机构中

$$i_{13}^{H}=\frac{\omega_1-\omega_H}{\omega_3-\omega_H}=-\frac{z_2 z_3}{z_1 z_2'} \tag{a}$$

在定轴轮系 $5-4-3'$ 中

$$i_{35}=\frac{\omega_3}{\omega_5}=-\frac{z_5}{z_3'} \tag{b}$$

由式(b)解出 ω_3 代入式(a)，并考虑到 $\omega_5=\omega_H$，整理得

$$i_{1\mathrm{H}}=\frac{\omega_1}{\omega_H}=1+\frac{z_3 z_2}{z_2' z_1}+\frac{z_5 z_3 z_2}{z_3' z_2' z_1}=1+\frac{97\times 52}{21\times 24}+\frac{97\times 78\times 52}{18\times 21\times 24}=54.38$$

齿轮 1 和系杆 H 的转向相同。

例 6.6 在图 6.21 所示的轮系中，已知各轮的齿数 $z_1=20$，$z_2=30$，$z_3=z_4=12$，$z_5=36$，$z_6=18$，$z_7=68$，求该轮系的传动比 i_{1H}。

解 这是一个双重周转轮系。按照复合轮系划分步骤，首先找到轴线不固定、绕着某一轴线回转的行星齿轮 2、6；支持行星轮 2、6 转动的是系杆 H；与行星轮 2 和 6 相啮合、轴线固定并与系杆 H 轴线共线的齿轮 1、7 为中心轮，它们构成第一个周转轮系。在其余齿轮中，行星齿轮 4、支持行星轮 4 转动的系杆 h 和中心轮 3 和 5 构成了第二个周转轮系。第二个周转轮系的一端中心轮 3 与第一个周转轮系的行星轮 2 是一体的双联齿轮，另一端系杆 h 与第一个周转轮系的行星轮 6 为一体，因此，可以把第二个周转轮系看作串联于第一个周转轮系中。双重周转轮系的传动比计算问题可以通过二次转化机构来解决。第一次是在行星轮系 1—2—6—7—H 中使系杆 H 固定形成转化机构，第二次是在行星轮系 3—4—5—h 中使系杆 h 固定形成转化机构。

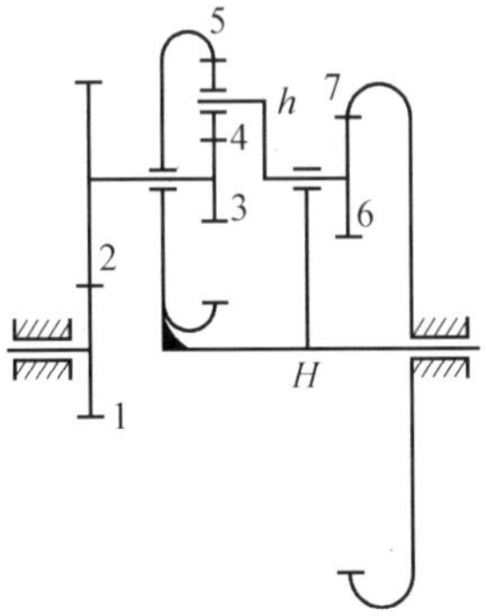

在固定系杆 H 所形成的转化机构中，中心轮 1、7 之间的传动比为

$$i_{17}^{H}=\frac{\omega_1-\omega_H}{\omega_7-\omega_H}=-\frac{z_2}{z_1}\cdot i_{26}^{H}\cdot\frac{z_7}{z_6} \qquad \text{(a)}$$

图 6.21

注意到 $i_{26}^{H}=i_{3h}^{H}$，i_{3h}^{H} 为固化系杆 H 时，齿轮 3 和系杆 h 之间的传动比可以通过固定 h 而形成的转化机构来求解：

$$(i_{35}^{h})^{H}=\frac{\omega_3^H-\omega_h^H}{\omega_5^H-\omega_h^H}=-\frac{z_5}{z_3} \qquad \text{(b)}$$

式中，$\omega_5^H=\omega_5-\omega_H=0$，则由式(b)可得

$$i_{3h}^{H}=\frac{\omega_3^H}{\omega_h^H}=1+\frac{z_5}{z_3}$$

将 $i_{26}^{H}=i_{3h}^{H}$ 代回式(a)，并注意到 $\omega_7=0$，整理后得

$$i_{17}^{H}=\frac{\omega_1-\omega_H}{\omega_7-\omega_H}=-\frac{z_2z_7}{z_1z_6}(1+\frac{z_5}{z_3})$$

由于 $\omega_7=0$，整理后得

$$1-\frac{\omega_1}{\omega_H}=-\frac{z_2z_7}{z_1z_6}(1+\frac{z_5}{z_3})$$

$$i_{1H}=\frac{\omega_1}{\omega_H}=1+\frac{z_2z_7}{z_1z_6}\cdot(1+\frac{z_5}{z_3})=1+\frac{30\times68}{20\times18}\cdot(1+\frac{36}{12})=23.67$$

传动比为正值，说明齿轮 1 和系杆 H 转向相同。

6.4 行星轮系的设计

设计行星轮系时，其各轮齿数和行星轮数目的选择必须满足下列四个条件。对于不同的行星轮系，满足下列四个条件的具体关系式将有所不同。现以图 6.22 所示的单排 2K—H 型行星轮系为例加以讨论。

6.4.1 传动比条件

行星轮系必须能实现给定的传动比 i_{1H}

$$i_{1H}=1-i_{13}^{H}=1+\frac{z_3}{z_1}$$

故

$$z_3=(i_{1H}-1)z_1 \qquad (6.4)$$

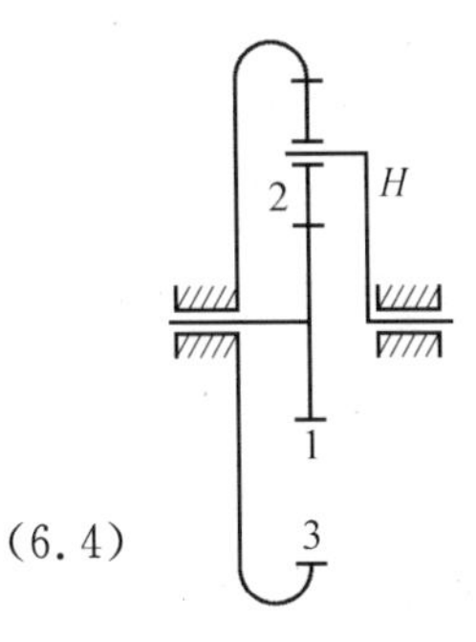

图 6.22

6.4.2 同心条件

系杆的回转轴线应与中心轮的轴线相重合。若采用标准齿轮或高度变位齿轮传动，则同心条件为

$$r_1+r_2=r_3-r_2$$

即

$$z_1+z_2=z_3-z_2$$

或

$$z_2=(z_2-z_1)/2$$

上式表明两中心轮的齿数应同时为奇数或偶数。

如采用角变位齿轮传动，则同心条件按节圆半径计算，$r'_1+r'_2=r'_3+r''_2$。这里，齿轮 2 与齿轮 3 啮合的节圆半径 r''_2 可能不等于齿轮 2 与齿轮 1 啮合的节圆半径 r'_2。

6.4.3 装配条件

为使各个行星轮都能均匀分布地装入两个中心轮之间，行星轮的数目与各轮齿数之间必须有一定的关系。否则，当第一个行星轮装好后，中心轮 1 和 3 的相对位置就确定了，而均布的各行星轮中心的位置也是确定的，在一般情况下其余行星轮轮齿便可能无法同时装入内、外两中心轮的齿槽中。

如图 6.23 所示，设 k 为均布的行星轮数，则相邻两行星轮间所夹的中心角为 $2\pi/k$，现将第一个行星轮在位置 Ⅰ 装入，设齿轮 3 固定，使系杆 H 沿逆时针方向转过 $\varphi_H=2\pi/k$ 达到位置 Ⅱ。这时，中心轮 1 转过角 φ_1。由于

$$\frac{\varphi_1}{\varphi_H}=\frac{\varphi_1}{2\pi/k}=\frac{\omega_1}{\omega_H}=i_{1H}=1-i_{13}^H=1+\frac{z_3}{z_1}$$

则

$$\varphi_1=\left(1+\frac{z_3}{z_1}\right)\frac{2\pi}{k}$$

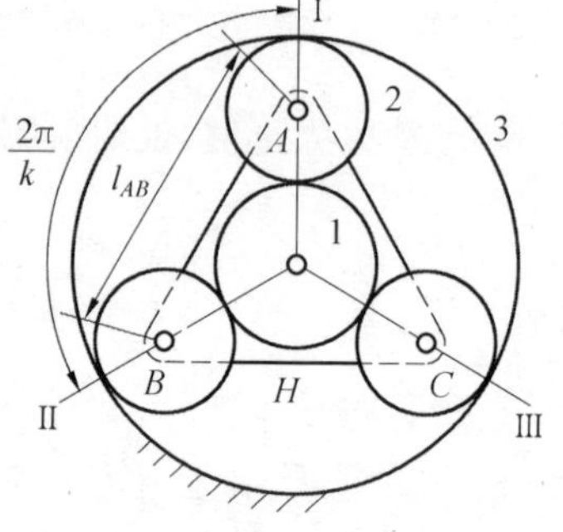

图 6.23

现若在位置 Ⅰ 又能装入第二个行星轮，则此时中心轮 1 在位置 Ⅰ 的轮齿相位应与其回转 φ_1 之前在该位置时的轮齿相位完全相同，即 φ_1 所对弧必须刚好是其齿距的整数倍，也就是说，φ_1 对应于整数个齿。设 φ_1 对应于 N 个齿，因每个齿距所对的中心角为 $2\pi/z_1$，所以

$$\varphi_1=N\frac{2\pi}{z_1}=\left(1+\frac{z_3}{z_1}\right)\frac{2\pi}{k}$$

即

$$N=\frac{z_1+z_3}{k} \tag{6.5}$$

所以这种行星轮系的装配条件是两中心轮的齿数 z_1 与 z_3 之和应能被行星轮个数 k 所整除。

6.4.4 邻接条件

保证相邻两行星轮不致相碰，称为邻接条件。由图 6.23 可见，相邻两行星轮的中心距 l_{AB} 应大于行星轮齿顶圆直径 d_{a2}，齿顶才不致相碰。若采用标准齿轮，则

$$2(r_1+r_2)\sin\frac{\pi}{k}>2(r_2+h_a^* m)$$

$$(z_1+z_2)\sin\frac{\pi}{k}>z_2+2h_a^* \tag{6.6}$$

为了设计时便于选择各轮的齿数，通常把前三个条件合并为一个总的配齿公式，即

$$z_1:z_2:z_3:N=z_1:\frac{z_1(i_{1H}-2)}{2}:z_1(i_{1H}-1):\frac{z_1 i_{1H}}{k} \tag{6.7}$$

确定各轮齿数的步骤是：先根据式(6.7)选定 z_1 和 k，使得在给定传动比 i_{1H} 的前提下，N、z_2 和 z_3 均为正整数，最后验算邻接条件。如果不满足，则应减少行星轮数目 k 或增加齿轮 z_1 的齿数。如 z_1 和 k 的选择不能达到给定的传动比 i_{1H}，也可以适当地变动 i_{1H}。

以上讨论的四个条件关系式适用于单排 $2K-H$ 型行星轮系且采用标准齿轮传动或高度变位齿轮传动的场合，当用角变位齿轮传动时，因分度圆不是节圆，邻接条件关系式和同心条件关系式应有所变化。

例 6.7 设计如图 6.2(b)所示的行星轮系，要求实现传动比 $i_{1H}=3.8$，均布行星轮数为 $k=4$，采用标准齿轮，$h_a^*=1$，$\alpha=20°$，试选择各轮的齿数。

解 由式(6.7)得

$$z_1:z_2:z_3:N=z_1:\frac{z_1(3.8-2)}{2}:z_1(3.8-1):\frac{z_1\times 3.8}{4}=z_1:0.9z_1:2.8z_1:\frac{38}{40}z_1$$

为使上式右边各项均为正整数及各轮的齿数均大于 $z_{min}=17$，故取 $z_1=20$，于是得 $z_2=0.9\times 20=18$，$z_3=2.8\times 20=56$，$N=19$。

验算邻接条件

$$(20+18)\sin\frac{\pi}{4}=26.87>18+2$$

故满足要求。

6.5 特殊行星传动简介

随着生产与科学技术的迅猛发展，渐开线少齿差行星传动、摆线针轮行星传动和谐波齿轮传动等都获得了比较广泛的应用。这几种类型的传动具有结构紧凑、传动比大、质量轻和效率高等一系列优点。现简单介绍如下。

6.5.1 渐开线少齿差行星传动

渐开线少齿差行星传动的基本原理如图 6.24 所示。通常，内齿中心轮 1 固定，系杆

H 为输入轴,输出轴 V 与行星轮 2 用等角速比机构 3 相连接,所以 V 的转速就是行星轮 2 的绝对转速。在 6.1 节中已经介绍,这种行星传动称为 $K-H-V$ 行星轮系。

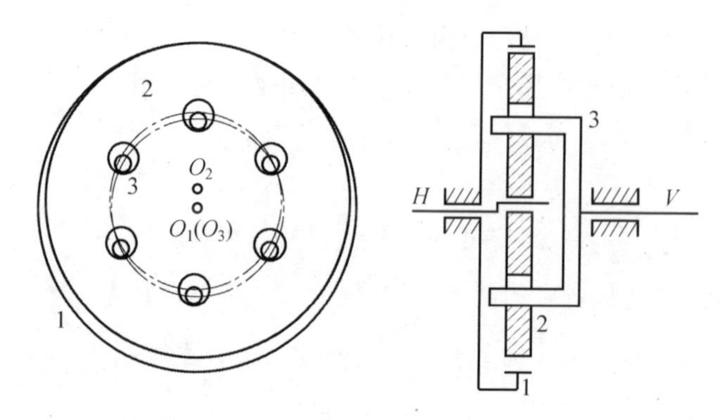

图 6.24

这种轮系的传动比用下式计算:

$$i_{21}^{H}=\frac{\omega_2-\omega_H}{\omega_1-\omega_H}=\frac{\omega_2-\omega_H}{0-\omega_H}=\frac{z_1}{z_2}$$

解得

$$i_{2H}=1-\frac{z_1}{z_2}=\frac{z_2-z_1}{z_2}=-\frac{z_1-z_2}{z_2}$$

因 $\omega_V=\omega_2$,故

$$i_{HV}=i_{H2}=\frac{1}{i_{2H}}=-\frac{z_2}{z_1-z_2} \tag{6.8}$$

由式(6.8)可知,两轮齿数差愈少,传动比愈大,当齿数差 $z_1-z_2=1$ 时,称为一齿差行星传动,这时传动比出现最大值

$$i_{HV}=i_{H2}=-z_2$$

需要注意的是:

(1)少齿差行星传动输入轴和输出轴的转向相反。

(2)为保证一齿差行星传动的内、外齿轮装配要求,渐开线齿廓的行星轮和内齿轮均需要变位,以避免产生干涉而不能转动。

少齿差行星传动常采用销孔输出机构作为等角速比机构,使输出轴 V 绕固定轴线转动。关于该机构的结构和工作原理以及其他形式的输出机构,可参看有关书籍。

6.5.2 摆线针轮行星传动

图 6.25 所示为摆线针轮行星传动示意图,由系杆 H、行星轮 2(摆线齿轮)、中心轮 1(内齿针轮)和输出机构 V 组成的 $K-H-V$ 行星轮系,其工作原理和结构与渐开线少齿差行星传动基本相同。

摆线针轮行星传动的传动比计算与渐开线少齿差行星传动计算相同。因为这种传动的摆线行星轮齿数 z_2 与内齿针轮的齿数 z_1 之差总是等于 1,即 $z_1-z_2=1$,所以按式(6.8),其传动比为

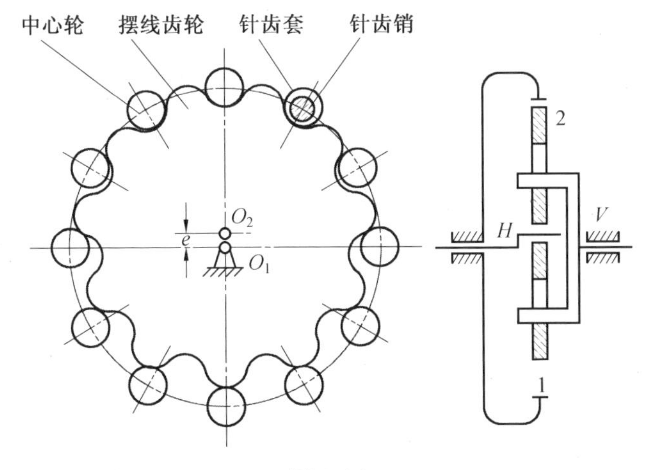

图 6.25

$$i_{HV}=i_{H2}=\frac{1}{i_{2H}}=-\frac{z_2}{z_1-z_2}=-z_2$$

摆线针轮行星传动与渐开线少齿差行星传动的不同之处在于齿廓曲线。其中心轮1是固定在基体上的针齿销和针齿套组成的圆柱形针齿而形成的内齿轮，而行星轮2的齿廓曲线则是短幅外摆线的等距线，因此该齿轮通常称为摆线齿轮。

根据行星轮齿廓短幅外摆线等距线的形成过程，可以证明摆线针轮行星传动同样符合齿廓啮合基本规律，并满足连续传动条件，而理论上有一半的轮齿同时参与啮合。因此，摆线针轮行星传动具有重合度大、传动平稳、承载能力强、传动效率高和使用寿命长等一系列优点；其缺点是加工精度要求高，需要在专门的机床上进行磨制。

6.5.3 谐波齿轮传动

谐波齿轮传动的主要组成部分如图6.26所示，H为波发生器，它相当于行星轮系中的系杆；内齿轮1为刚轮，其齿数为z_1，它相当于中心轮；齿轮2为柔轮，其齿数为z_2，可产生较大的弹性变形，它相当于行星轮。系杆H(称为波发生器)的外缘尺寸大于柔轮内孔直径，所以将它装入柔轮内孔后，柔轮即变成椭圆形，椭圆长轴处的轮齿与刚轮轮齿相啮合，而短轴处与刚轮轮齿脱开，其他各点则处于啮合和脱离的过渡状态。一般情况下，刚轮固定不动，当主动件波发生器H回转时，柔轮与刚轮的啮合区也就跟着发生转动。由于柔轮齿数比刚轮少z_1-z_2个，所以当波发生器转过一周时，柔轮相对刚轮少啮合z_1-z_2个齿，亦即柔轮与原位比较相差z_1-z_2个齿距角，从而反转$\frac{z_1-z_2}{z_2}$周，因此得传动比i_{H2}为

$$i_{H2}=\frac{n_H}{n_2}=-\frac{1}{(z_1-z_2)/z_2}=-\frac{z_2}{z_1-z_2} \tag{6.9}$$

式(6.9)和渐开线少齿差行星传动的传动比公式(6.8)完全一样。

按照波发生器上装的滚轮数不同，可有双波传动(图6.26)和三波传动(图6.27)等，而最常用的是双波传动。

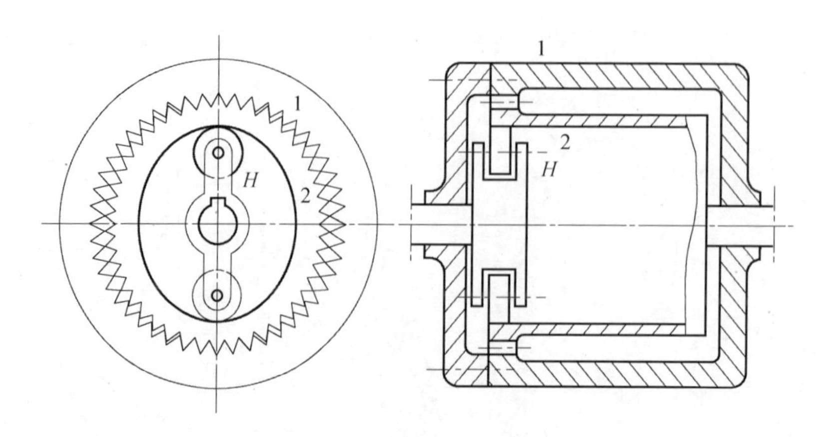

图 6.26

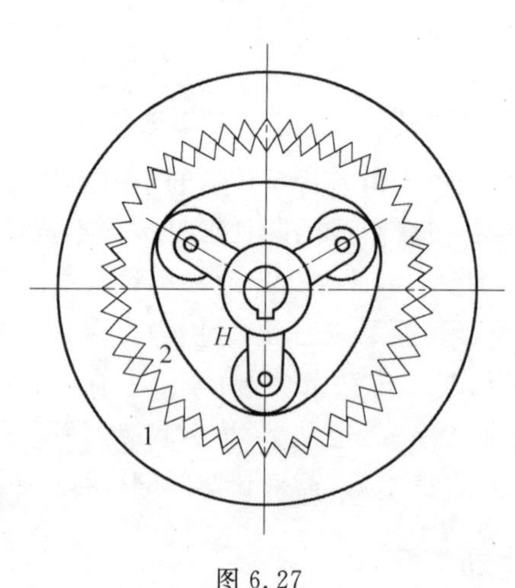

图 6.27

谐波齿轮传动的齿数差应等于波数或波数的整数倍。为了实际加工的方便，谐波齿轮的齿形多采用渐开线齿形。

谐波齿轮传动的主要优点有：传动比大，传动比变化范围宽（单级传动比范围为 50～400）。由于同时啮合的齿数多，所以传动平稳、运动精度高、承载能力强，而且其传动效率高、结构简单、体积小、质量轻（柔轮可直接输出，不需要专门的输出机构），因此其适应范围很广。谐波齿轮传动技术发展迅速，应用广泛，在机械制造等行业，特别是在军工机械和精密机械等方面得到日益广泛的应用。其主要缺点是：柔轮工作时周期性弹性变形，易产生疲劳损坏。

习　题

6.1　已知题图 6.1 所示轮系中各轮的齿数分别为：$z_1=z_3=15$，$z_2=30$，$z_4=25$，$z_5=20$，$z_6=40$，求传动比 i_{16}，并指出如何改变 i_{16} 的符号。

6.2　在题图 6.2 所示的手摇提升装置中，已知各轮齿数为：$z_1=20$，$z_2=50$，$z_3=15$，$z_4=30$，$z_6=40$，$z_7=18$，$z_8=51$，蜗杆 $z_5=1$ 且为右旋，求传动比 i_{18} 并指出提升重物时手

柄的转向。

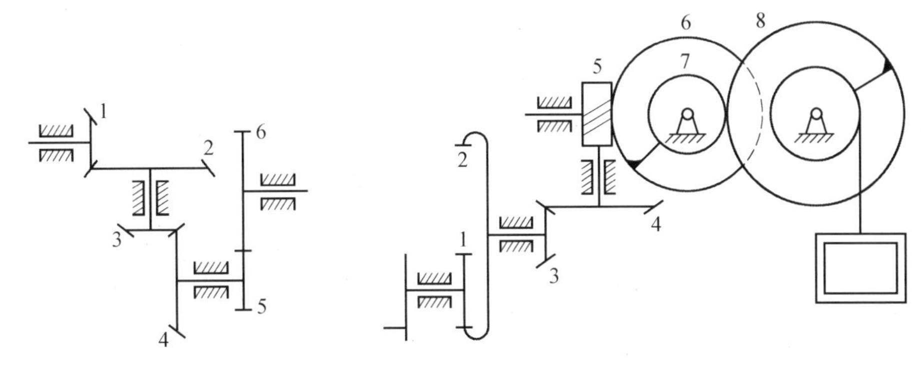

题图 6.1　　　　题图 6.2

6.3　在题图 6.3 所示的蜗杆传动中，试分别在左、右两图上标出蜗杆 1 的旋向和转向。

6.4　题图 6.4 所示为一滚齿机工作台的传动机构，工作台与蜗轮 5 相固连。已知 $z_1 = z_1' = 20$，$z_2 = 35$，$z_4' = 1$（右旋），$z_5 = 40$，滚刀 $z_6 = 1$（左旋），$z_7 = 28$。若要加工一个 $z_5' = 64$ 的齿轮，试确定挂轮组各轮的齿数 z_2' 和 z_4。

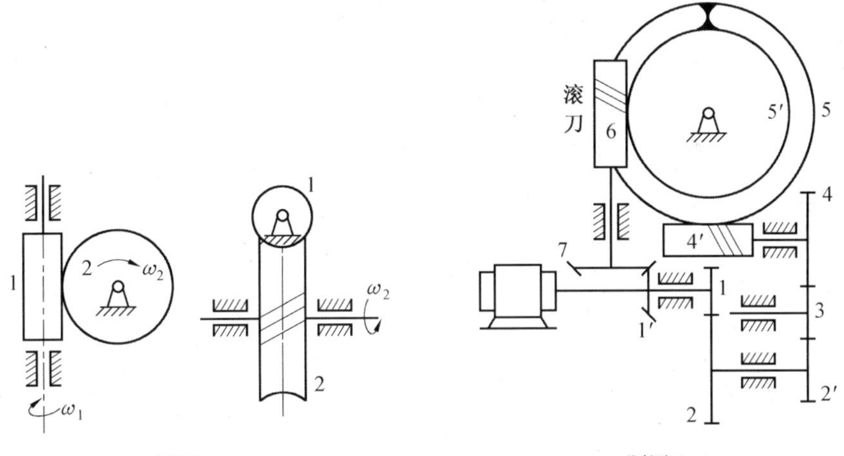

题图 6.3　　　　题图 6.4

6.5　在题图 6.5 所示的轮系中，已知 $z_1 = 20$，$z_2 = 30$，$z_3 = 18$，$z_4 = 68$，齿轮 1 的转速 $n_1 = 150$ r/min，求系杆 H 的转速 n_H 的大小和方向。

6.6　在题图 6.6 所示轮系中，已知 $z_1 = 60$，$z_2 = 15$，$z_3 = 18$，各轮均为标准齿轮，且模数相同。试确定 z_4 并计算传动比 i_{1H} 的大小及系杆 H 的转向。

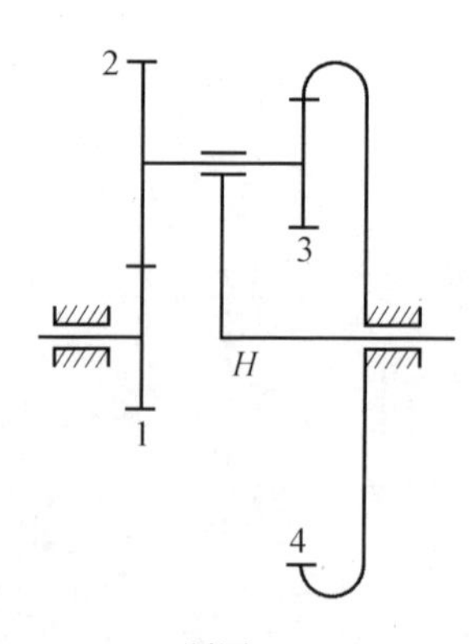

题图 6.5

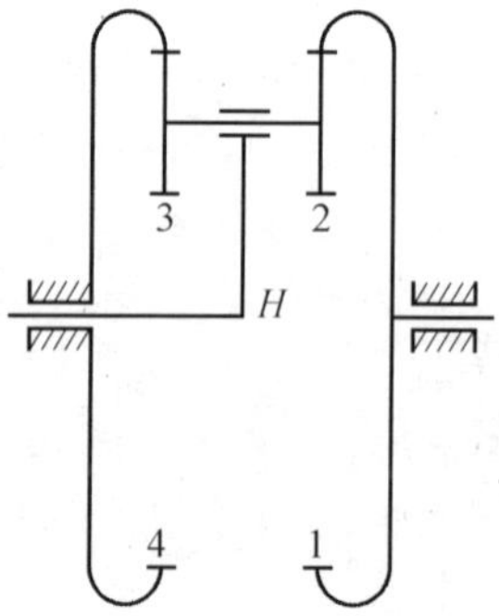

题图 6.6

6.7 题图 6.7 所示轮系中,已知 $z_1=z_4=40$,$z_2=z_5=30$,$z_3=z_6=100$,齿轮 1 的转速 $n_1=100$ r/min。求系杆 H 的转速 n_H 的大小和方向。

6.8 在题图 6.8 所示的双级行星齿轮减速器中,各齿轮的齿数为:$z_1=z_6=20$,$z_3=z_4=40$,$z_2=z_5=10$,试求:

(1)当齿轮 4 固定时,传动比 i_{1H_2}。

(2)当齿轮 3 固定时,传动比 i_{1H_2}。

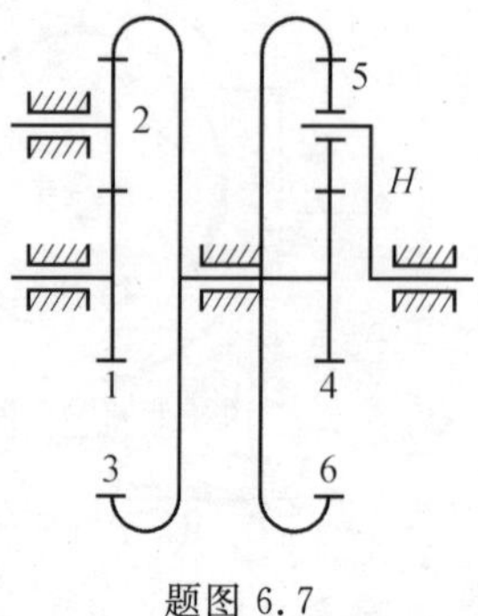

题图 6.7

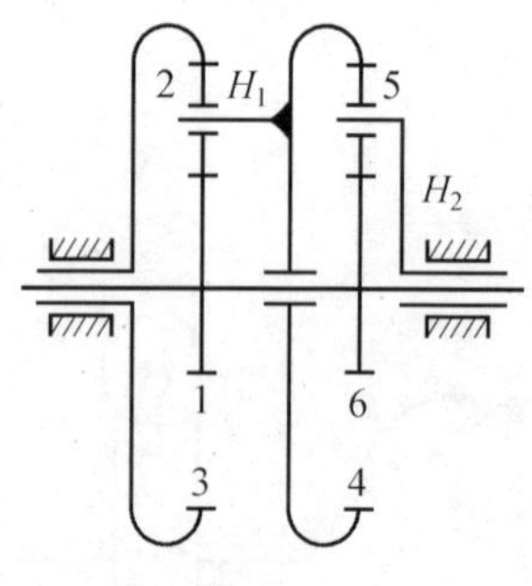

题图 6.8

6.9 如题图 6.9 所示,在双螺旋桨飞机的减速器中,已知 $z_1=26$,$z_2=z_2'=20$,$z_4=30$,$z_5=z_5'=18$,齿轮 1 的转速 $n_1=15\ 000$ r/min,求螺旋桨 P 和 Q 的转速 n_P、n_Q 的大小和方向。

6.10 在题图 6.10 所示的脚踏车里程表的机构中,C 为车轮轴,各轮齿数为 $z_1=17$,

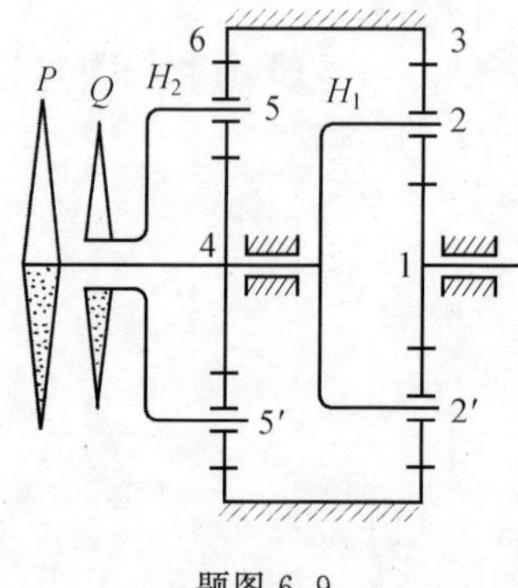

题图 6.9

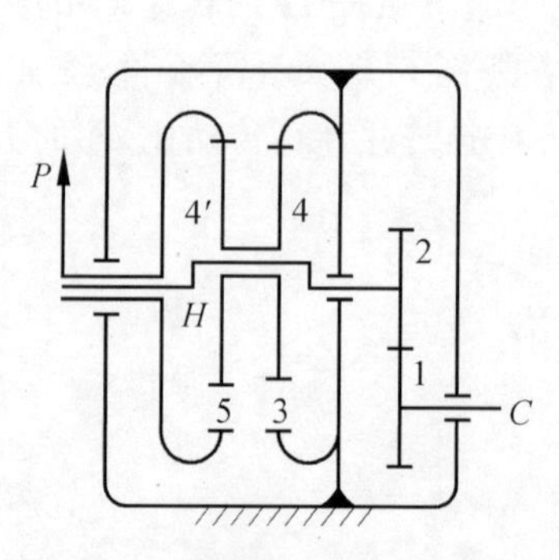

题图 6.10

$z_3=23$，$z_4=19$，$z_4'=20$，$z_5=24$。设轮胎受压变形后使 28 in(英寸，1 in＝2.54 cm)的车轮的有效直径为 0.7 m，当车行 1 km 时，表上的指针刚好回转一周，求齿轮 2 的齿数 z_2。

6.11 在题图 6.11 所示的三爪电动卡盘的传动轮系中，各轮齿数为 $z_1=6$，$z_2=z_2'=25$，$z_3=57$，$z_4=56$，求传动比 i_{14}。

6.12 在题图 6.12 所示的串联行星轮系中，已知各轮的齿数，求传动比 i_{aH}。

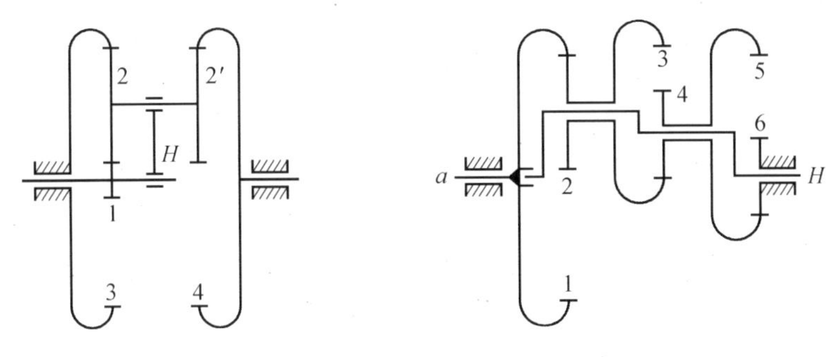

题图 6.11　　题图 6.12

6.13 在图示的增速器中，已知各轮齿数，求传动比 i_{16}。

6.14 试设计图示的 $2K-H$ 行星轮系中各轮的齿数。

(1)当 $i_{1H}=\dfrac{18}{5}$时，行星轮个数 $k=3$，各齿轮模数相同且为标准齿轮。

(2)当 $i_{1H}=\dfrac{16}{3}$时，行星轮个数 $k=4$，各轮模数相同，但为提高齿轮的传动质量并减轻质量而采用变位齿轮。

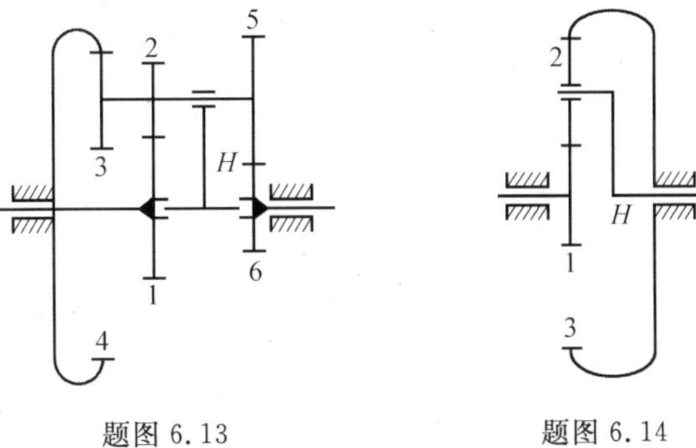

题图 6.13　　题图 6.14

第7章 其他常用机构

组成机器的机构除了前面各章讨论的连杆机构、凸轮机构和齿轮机构等几种主要机构外，还有一些其他类型的机构，本章将对经常用到的诸如棘轮机构、槽轮机构和不完全齿轮机构等几种机构的工作原理、类型、特点及用途进行简要介绍。

7.1 棘轮机构

7.1.1 棘轮机构的工作原理

如图7.1所示为一种外啮合棘轮机构，它由摆杆1、驱动棘爪2、棘轮3、止动棘爪4与机架5组成。当图中摆杆沿顺时针方向转动时，安装在摆杆上的驱动棘爪2插入棘轮3的齿槽，带动棘轮随摆杆一同转动；当摆杆沿逆时针方向转动时，止动棘爪4阻止棘轮反向转动，此时棘轮静止不动，驱动棘爪则从棘轮的齿背上滑过。因此当摆杆做往复摆动时，棘轮只做单向间歇转动。为保证棘爪工作可靠，需利用弹簧使驱动棘爪和止动棘爪与棘轮轮齿始终保持接触。

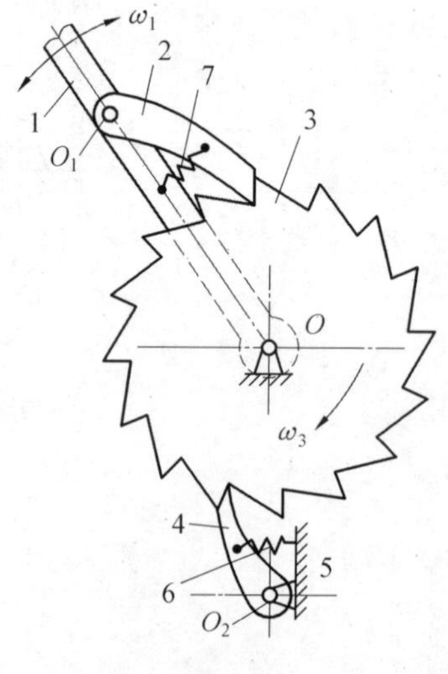

图7.1

1—摆杆；2—驱动棘爪；3—棘轮；4—止动棘爪；5—机架；6、7—弹簧

7.1.2 棘轮机构的类型

棘轮机构可以按多种情况进行分类。

(1)根据其结构形式可以分为外啮合棘轮机构(图 7.1)、内啮合棘轮机构(图 7.2)和棘条棘爪机构(图 7.3)。

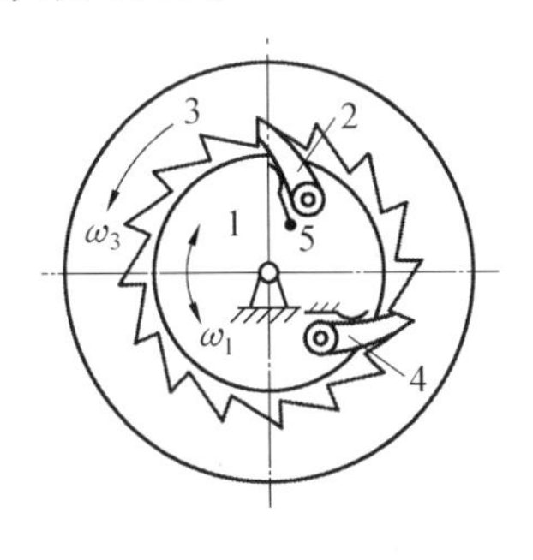

图 7.2

1—摆动盘;2—驱动棘爪;3—棘轮;
4—止动棘爪;5—弹簧片

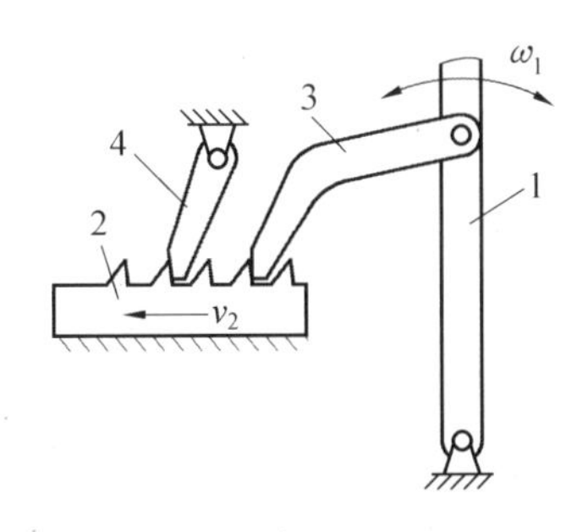

图 7.3

1—摆杆;2—棘条;
3—驱动棘爪;4—止动棘爪

外啮合棘轮机构结构简单,制造和安装方便,而内啮合棘轮机构结构紧凑、外形尺寸小。

(2)根据棘轮机构的动作方式可以分为单动式棘轮机构(图 7.1)和双动式棘轮机构(图 7.4)。

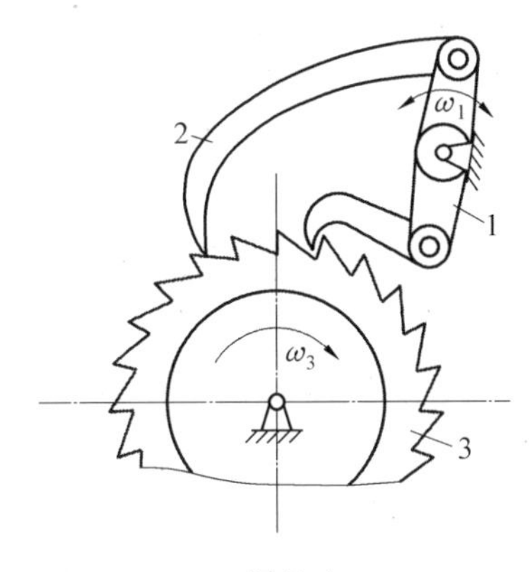

图 7.4

1—摆杆;2—棘爪;3—棘轮

单动式棘轮机构的摆杆往复摆动时,只有一个方向的运动可以驱动棘轮转动;而双动式棘轮机构的摆杆两端各装了一个驱动棘爪,摆杆的往复摆动均可驱动棘轮向同一方向转动。

(3)根据棘轮可实现的转动方向可以分成单向式棘轮机构(图 7.1、图 7.4)和双向式棘轮机构(图 7.5)。

单向式棘轮机构中棘轮的转动方向是不可改变的,双向式棘轮机构的棘轮轮齿为梯形或矩形等对称形状,通过调整棘爪的放置位置或作用方向即可改变棘轮的转动方向。

(4)根据棘轮机构的驱动原理可分为齿式棘轮机构和摩擦式棘轮机构。

前面列举的棘轮机构是通过棘爪与棘轮轮齿的啮合作用驱动棘轮转动的,称为齿式棘轮机构。图 7.6 和图 7.7 所示的棘轮机构通过摩擦力驱动棘轮转动,称为摩擦式棘轮

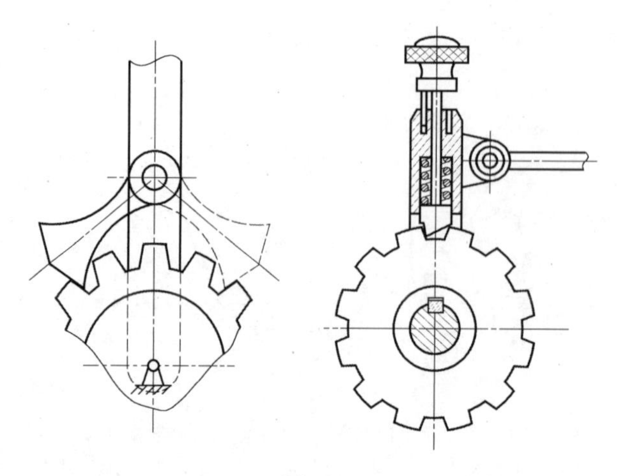

图 7.5

机构。

图 7.6 所示为偏心楔块式摩擦棘轮机构，它的结构与齿式棘轮机构相似，只是用扇形偏心楔块 2 代替棘爪，用摩擦轮 3 代替棘轮，利用楔块与摩擦轮间的摩擦力来驱动摩擦轮转动。机构中，当摆杆 1 逆时针转动时，楔块 2 在摩擦力的作用下楔紧摩擦轮 3，带动摩擦轮 3 同向转动；摆杆 1 顺时针转动时，楔块 2 不再与摩擦轮 3 楔紧，同时由于止动楔块 4 的阻止作用，摩擦轮静止不动，楔块从摩擦轮表面滑过。

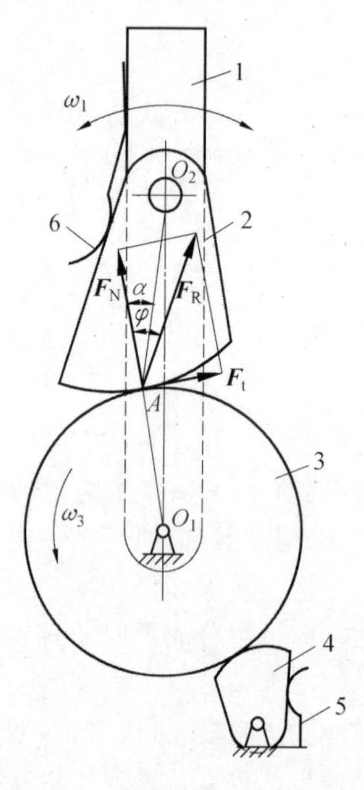

图 7.6

1—摆杆；2—扇形偏心楔块；3—摩擦轮；4—止动楔块；5、6—弹簧片

图 7.7 为滚子楔紧式棘轮机构，这是另一种常用的摩擦式棘轮机构。它由星轮 1、滚子 2、外套筒 3 及弹簧顶杆 4 所构成，滚子位于外套筒与星轮之间楔形间隙处。当滚子向

楔形间隙的小端运动时(此时可以是外套筒为主动件逆时针转动,通过摩擦力带动滚子滚向楔形间隙小端,也可以是星轮为主动件顺时针转动,使楔形间隙小端向滚子侧运动),可使滚子在楔形间隙的小端将外套筒与星轮楔紧成一体,从而使从动件随主动件一起转动;反之,当滚子向楔形间隙的大端运动时,将使外套筒和星轮脱开,从动件不随主动件转动。弹簧顶杆 4 的作用是使滚子在初始状态下与外套筒表面保持接触,从而使外套筒能更可靠地带动滚子滚动。

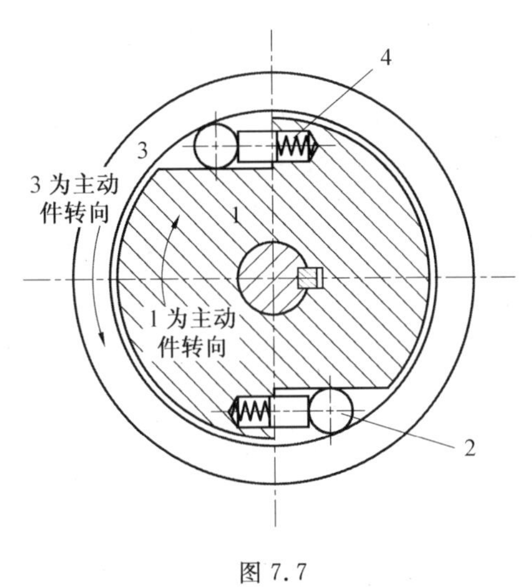

图 7.7

1—星轮;2—滚子;3—外套筒;4—弹簧顶杆

齿式棘轮机构靠摆杆上的棘爪推动棘齿而运动,棘轮转角是棘轮齿距角的整数倍。在摆角一定的条件下,棘轮的转角是不能改变的。为实现在摆角一定的条件下棘轮转角的调整,可安装如图 7.8 所示的棘轮罩,通过改变棘轮罩的位置,可以调整在摆杆摆角范围之内外露的棘轮轮齿数。

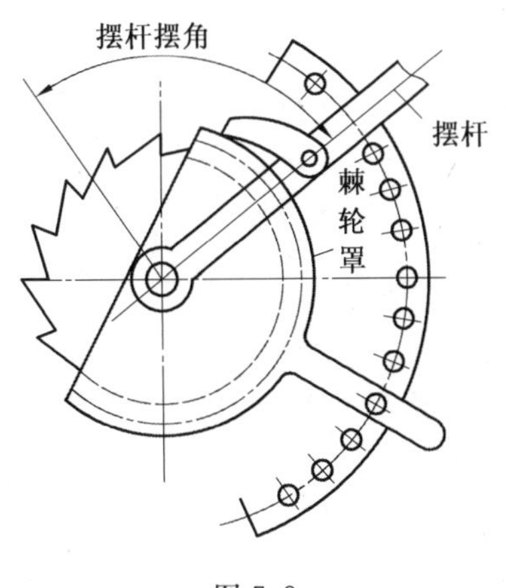

图 7.8

7.1.3 棘爪可靠工作的条件

如图 7.9 所示，棘轮工作齿面与径向线之间的夹角 θ，称为棘轮齿面角，其作用是将棘爪导入棘轮齿根，使棘爪与棘轮的啮合更为可靠。棘爪与棘轮工作齿面接触时的受力状况如下。

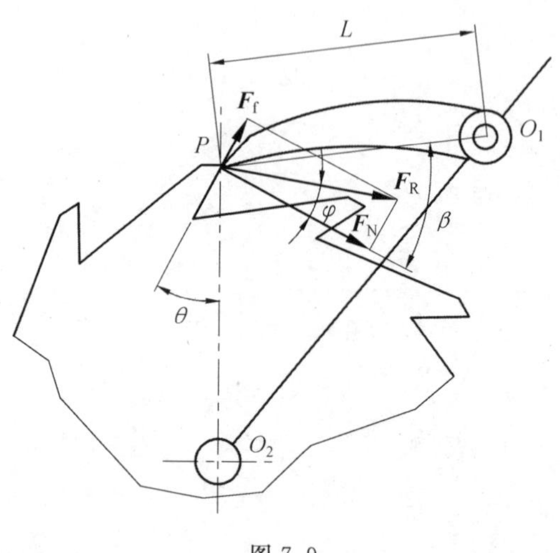

图 7.9

设棘爪与棘轮的起始啮合点在齿顶 P 处，棘轮工作齿面对棘爪的作用力包括法向反力 $\boldsymbol{F}_N$ 和齿面摩擦力 $\boldsymbol{F}_f$，其中齿面摩擦力 $\boldsymbol{F}_f$ 有阻止棘爪滑向棘轮齿根的作用。为使棘爪顺利滑入棘轮齿根并于齿根处啮紧，法向反力 $\boldsymbol{F}_N$ 对 O_1 点之矩应大于摩擦力 $\boldsymbol{F}_f$ 对 O_1 点的反向力矩，或棘轮对棘爪总反力 $\boldsymbol{F}_R$ 的作用线必须在棘爪轴心 O_1 和棘轮轴心 O_2 之间穿过。即有

$$F_N L\sin\beta > F_f L\cos\beta$$

因为

$$F_f = f\cdot F_N = \tan\varphi\cdot F_N$$

故有

$$\beta > \varphi \tag{7.1}$$

式中，L 为棘爪长；β 为接触点处棘轮齿面法线与 O_1P 之间的夹角；f 为棘爪与棘轮齿面的摩擦系数；φ 为摩擦角。

为使传递相同转矩时棘爪的受力尽可能小，通常使棘爪在棘轮的齿顶处接触时，棘爪与棘轮的齿顶圆相切，即 O_1P 与 O_2P 垂直，此时 $\beta=\theta$，因此需保证棘轮齿面角 θ 大于摩擦角 φ。当材料的摩擦系数 $f=0.2$ 时，摩擦角 $\varphi\approx 11°18'$，因此一般取 $\theta=20°$。

7.1.4 棘轮机构的应用

棘轮机构是一种单向运动机构，与往复运动机构结合使用可实现间歇运动，在生产中主要用于止逆、间歇进给及超越等动作的控制，以下为一些典型应用实例。

在起重机、卷扬机等机械中，常用棘轮机构作为防止逆转的止逆器，使提升的重物能停止在任何位置上，以防止由于停电等原因造成事故。图7.10所示即为提升机的棘轮止逆器。

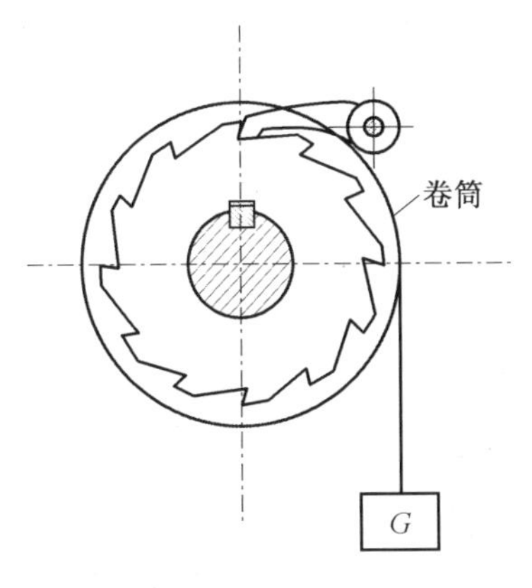

图7.10

图7.11所示为棘轮机构用于快速超越运动的例子。所谓超越是指两同轴转动的构件，其中一个构件的转速超越另一构件时，将两构件固连在一起，反之则互相脱开。如自行车后轴链轮的转速低于后车轮转速时，车轮与链轮脱开，只有骑车人蹬动链轮使之速度提高到车轮转速时，两者才固连在一起而推动车轮前进，这就是后链轮(俗称飞轮)内的棘轮的作用。在图7.11中，运动由蜗杆1传到蜗轮2，通过安装在蜗轮2上的棘爪3驱动与棘轮4固连的输出轴5按ω_5方向慢速转动。当需要输出轴5快速转动时，可按输出轴5转动方向快速转动输出轴5上手柄，这时由于手动转速大于蜗轮转速，所以棘爪在棘轮齿背滑过，从而在蜗轮继续转动时，可用快速手动来实现输出轴5超越蜗轮2的运动。

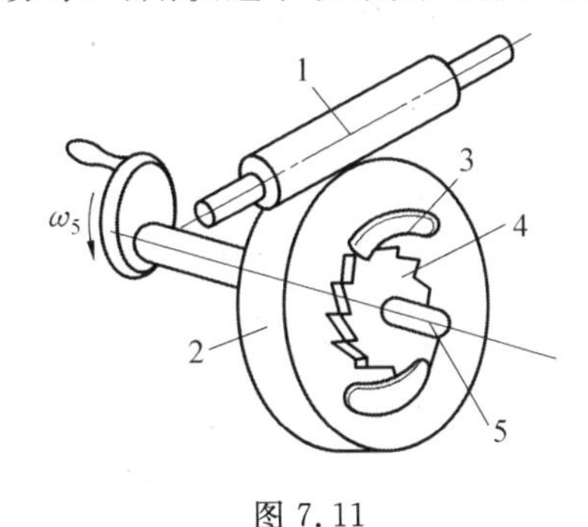

图7.11

1—蜗杆；2—蜗轮；3—棘爪；4—棘轮；5—输出轴

7.2 槽轮机构

7.2.1 槽轮机构的工作原理

图7.12所示为外啮合槽轮机构，它是由装有圆柱销A的主动拨盘1和开有径向槽

的从动槽轮 2 组成的高副机构。设主动拨盘做顺时针转动，拨盘 1 上的圆柱销在图示位置处进入槽轮 2 的径向槽中，带动槽轮沿逆时针方向转动。当拨盘转过 $2\Phi_1$ 角度时，圆柱销从槽轮的径向槽中脱离，拨盘继续转动而槽轮停止运动，直至拨盘再次转至图 7.12 所示位置进入槽轮下一个径向槽中。因此，当主动拨盘做连续转动时，槽轮做间歇转动。

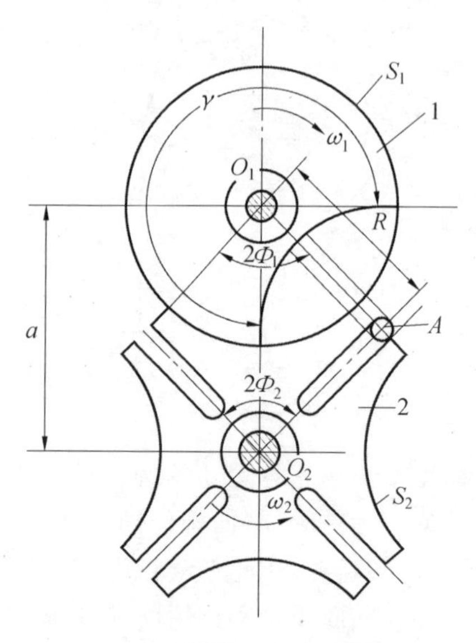

图 7.12
1—主动拨盘；2—从动槽轮

在拨盘圆柱销脱离槽轮径向槽期间，为保证槽轮能够保持固定位置不动，在主动拨盘与从动槽轮上设置了锁止弧 S_1 和 S_2。锁止弧为以主动件回转中心为圆心的一段匹配圆弧，可以实现主动件自由转动而从动件位置固定。

7.2.2 槽轮机构的基本类型

常见的槽轮机构有两种类型：一种是如图 7.12 所示的外啮合槽轮机构，其主动拨盘与从动槽轮转向相反；另一种是如图 7.13 所示的内啮合槽轮机构，其主动拨盘与从动槽轮转向相同。

7.2.3 槽轮机构的运动性质

1. 外槽轮机构

在一个运动循环周期内槽轮运动时间 t_2 与运动循环周期时间 t_1 之比称为运动系数，用 τ 表示。对于如图 7.12 所示的单销外槽轮机构，当拨盘等速转动时，运动系数 τ 可以表示为槽轮运动时拨盘对应的转角 $2\Phi_1$ 与整周转角 2π 的比值。由于在圆柱销 A 进入与脱出径向槽的位置处，槽口方向与圆柱销中心的运动圆周相切，若外从动槽轮 2 上均布的径向槽数为 z，则槽轮转动时主动拨盘 1 的转角 $2\Phi_1$ 可以表示为

$$2\Phi_1=\pi-2\Phi_2=\pi-\frac{2\pi}{z}$$

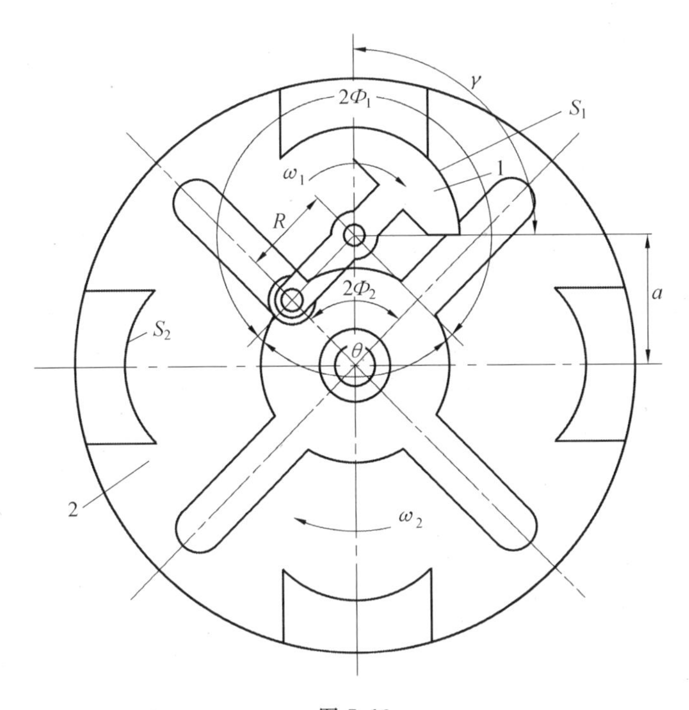

图 7.13

1—主动拨盘；2—从动槽轮

因此外槽轮机构运动系数为

$$\tau=\frac{t_2}{t_1}=\frac{2\Phi_1}{2\pi}=\frac{\pi-\frac{2\pi}{z}}{2\pi}=\frac{1}{2}-\frac{1}{z}=\frac{z-2}{2z} \tag{7.2}$$

在一个运动循环内槽轮停歇时间 τ' 可由 τ 值按下式计算：

$$\tau'=t_1-t_2=t_1\left(1-\frac{t_2}{t_1}\right)=t_1(1-\tau) \tag{7.3}$$

因槽轮的运动时间 $t_2>0$，故由式(7.2)可得 $z>2$，即径向槽的数目 z 应大于 2，这样槽轮机构的运动系数 $\tau<0.5$，也就是说单圆柱销外槽轮机构的运动时间总小于其停歇时间。

为提高运动系数，可采用如图 7.14 所示的多圆柱销拨盘。若拨盘上均布 k 个圆柱销，当其转动一周时，槽轮将被拨动 k 次，则运动系数 τ 为单圆柱销槽轮机构 k 倍，故

$$\tau=k\cdot\frac{t_2}{t_1}=\frac{k(z-2)}{2z} \tag{7.4}$$

由于运动系数 $\tau<1$ 时槽轮才能出现停歇，故

$$k<\frac{2z}{z-2} \tag{7.5}$$

2. 内槽轮机构

对于图 7.13 所示的内槽轮机构，槽轮运动时拨盘对应的转角 $2\Phi_1$ 可以表示为

$$2\Phi_1=2\pi-\theta=2\pi-(\pi-2\Phi_2)=\pi+2\Phi_2=\pi+\frac{2\pi}{z}$$

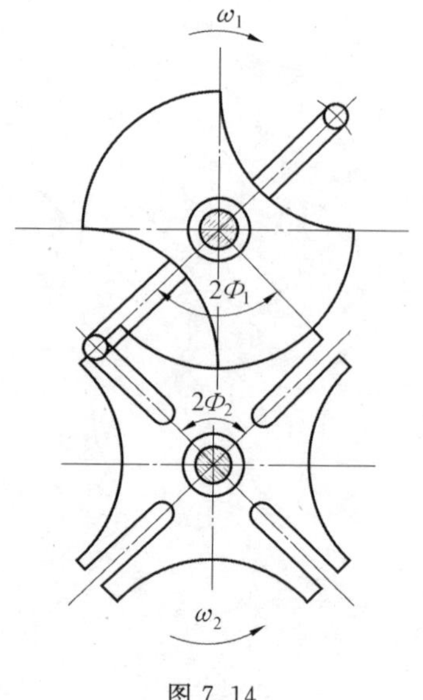

图 7.14

其运动系数 τ 为

$$\tau=\frac{2\Phi_1}{2\pi}=\frac{1}{2}+\frac{1}{z}=\frac{z+2}{2z} \tag{7.6}$$

由式(7.6)可知,内槽轮机构的运动系数总大于 0.5,圆柱销数只能为 1。

7.2.4 槽轮机构的类型选择与设计计算

内槽轮的运动平稳性比外槽轮好,但机构的尺寸较大,另外在有些生产线上(如多工位自动机工作台等),由于需要尽量增加停歇时间的比例,即希望采用较小的 τ 值,故在这些场合不宜采用内槽轮机构。此外,槽轮槽数越少,角加速度变化越大,运动平稳性就越差;但槽轮槽数越多,机构的尺寸也越大,因此,设计时槽轮的槽数应选择适当。当槽数 $z>9$时,τ 的改变很小,因此一般设计中选取槽数 $z=4\sim8$。

内、外槽轮机构主要参数的计算公式见表 7.1,表中的符号如图 7.12 和图 7.13 所示。

表 7.1 内、外槽轮机构主要参数的计算公式

名 称	符号	外啮合槽轮机构计算公式	内啮合槽轮机构计算公式
圆销的回转半径	R	$R=a\sin\frac{\pi}{z}$	$R=a\sin\frac{\pi}{z}$
锁止弧张角	γ	$\gamma=2\pi\left(\frac{1}{k}+\frac{1}{z}-\frac{1}{2}\right)$	$\gamma=2\pi\left(\frac{1}{2}-\frac{1}{z}\right)$
运动系数	τ	$\tau=\frac{k(z-2)}{2z}$	$\tau=\frac{z+2}{2z}$
圆柱销回转半径与中心距的比值	λ	$\lambda=\frac{R}{a}=\sin\Phi_2=\sin\frac{\pi}{z}$	$\lambda=\frac{R}{a}=\sin\Phi_2=\sin\frac{\pi}{z}$

续表 7.1

名　称	符号	外啮合槽轮机构计算公式	内啮合槽轮机构计算公式
槽轮角位移	φ_2	$\varphi_2=\arctan\left(\dfrac{\lambda\sin\varphi_1}{1-\lambda\cos\varphi_1}\right)$	$\varphi_2=\arctan\left(\dfrac{\lambda\sin\varphi_1}{1+\lambda\cos\varphi_1}\right)$
槽轮角速度	ω_2	$\omega_2=\dfrac{\lambda(\cos\varphi_1-\lambda)}{1-2\lambda\cos\varphi_1+\lambda^2}\cdot\omega_1$	$\omega_2=\dfrac{\lambda(\cos\varphi_1+\lambda)}{1+2\lambda\cos\varphi_1+\lambda^2}\cdot\omega_1$
槽轮角加速度	ε_2	$\varepsilon_2=\dfrac{\lambda(\lambda^2-1)\sin\varphi_1}{(1-2\lambda\cos\varphi_1+\lambda^2)^2}\cdot\omega_1^2$	$\varepsilon_2=\dfrac{\lambda(\lambda^2-1)\sin\varphi_1}{(1+2\lambda\cos\varphi_1+\lambda^2)^2}\cdot\omega_1^2$

7.2.5　槽轮机构的应用

槽轮机构是一种典型的间歇运动机构，其结构简单、制造方便、工作可靠。但工作时有一定程度的冲击，故一般不宜用于高速转动的场合。

图 7.15 所示为电影放映机的间歇卷片机构，图 7.16 所示为槽轮机构用作间歇转位机构。

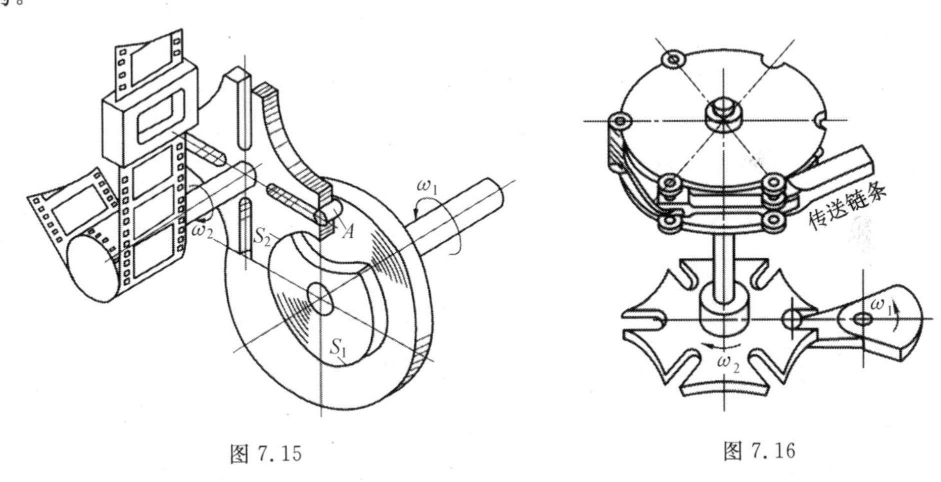

图 7.15　　　　图 7.16

7.3　不完全齿轮机构

7.3.1　不完全齿轮机构的工作原理

不完全齿轮机构(图 7.17)是由普通渐开线齿轮机构演变而成的一种间歇运动机构。它与普通齿轮机构的主要不同之处是轮齿没有布满整个节圆圆周，因此当主动轮连续回转时，从动轮做间歇转动。为保证从动轮停歇在确定位置而不发生游动现象，在主动轮上设有外凸的锁止弧 S_1，从动轮上设有内凹的锁止弧 S_2，两者配合时可使主动轮保持连续转动而从动轮静止不动。

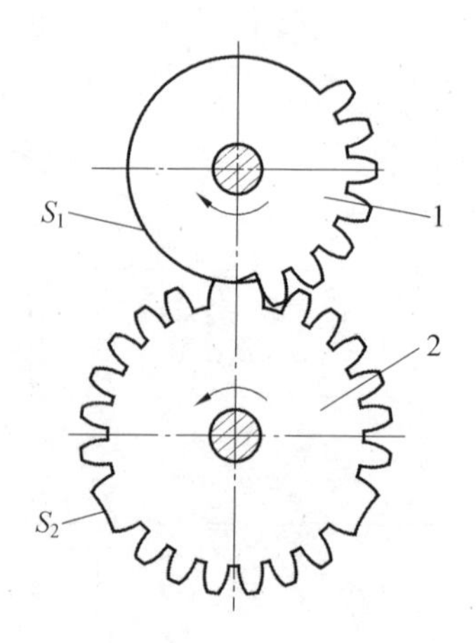

图 7.17

1—主动齿轮;2—从动齿轮

7.3.2 不完全齿轮机构的类型

外啮合不完全齿轮机构(图 7.17)是常见的不完全齿轮机构,也有内啮合不完全齿轮机构(图 7.18)和齿轮齿条不完全齿轮机构(图 7.19)。

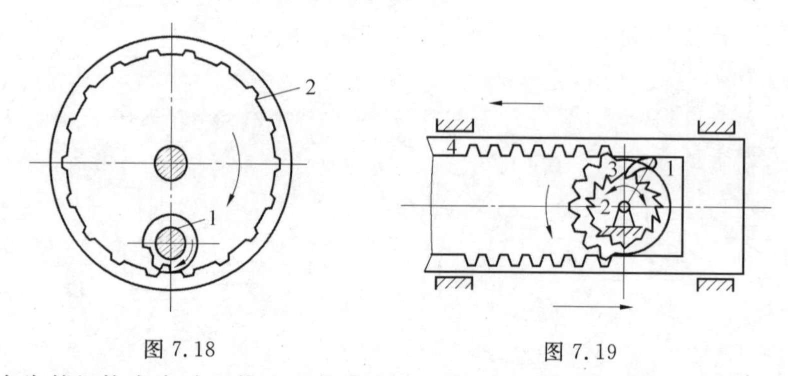

图 7.18　　图 7.19

不完全齿轮机构在启动和停止时都会产生刚性冲击,因此,对于转速较高的不完全齿轮机构,可在两轮端面上分别装上瞬心线附加杆,如图 7.20 所示,K、L 为首齿进入啮合前的瞬心线附加杆,接触点 C' 为两轮相对瞬心。此时

$$\omega_2=\frac{\overline{O_1C'}}{\overline{O_2C'}}\cdot\omega_1$$

传动中 C' 点渐渐沿中心线 O_1O_2 向两齿轮啮合节点 C 移动,如果开始运动时 C' 与 O_1 重合,ω_2 可由零逐渐增大,不发生冲击,瞬心线的形状可根据 ω_2 的变化要求设计。同样末齿脱离啮合时也可以借助另一对瞬心线附加杆使 ω_2 平稳地减小至零。

7.3.3 不完全齿轮机构的应用

不完全齿轮机构结构简单、制造方便,从动轮的运动时间和停歇时间的比例不受机构结构的限制。没有瞬心线附加杆的不完全齿轮机构,从动件在转动开始和末了时冲击较

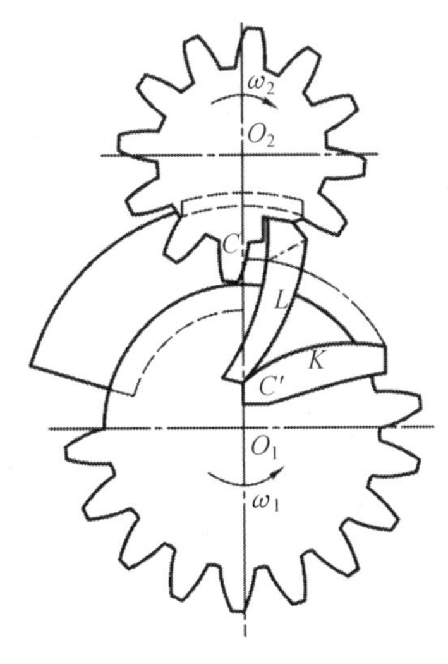

图 7.20

大，只宜用于低速轻载的场合。不完全齿轮机构多用在一些有特殊运动要求的专用机械中，如图 7.21 所示为一种用于雷达的变速扫描机构。输入轴上安装了不完全齿轮 1 和 2，输出轴上安装了不完全齿轮 3 和 4。当输入轴以 ω_1 匀速转动时，由于输入轴和输出轴间通过不完全齿轮对 1 和 3 以及不完全齿轮对 2 和 4 交替传动，因此输出轴的转速 ω_2 在两种速度中来回变化，实现了雷达的变速扫描。为避免齿轮切换时产生干涉或冲击，在输入轴和输出轴上安装由柱销和槽构成的瞬心机构。不完全齿轮机构在多工位的自动机中，也常用它作为工作台的间歇转位和间歇进给机构，在计数器中应用也很多。

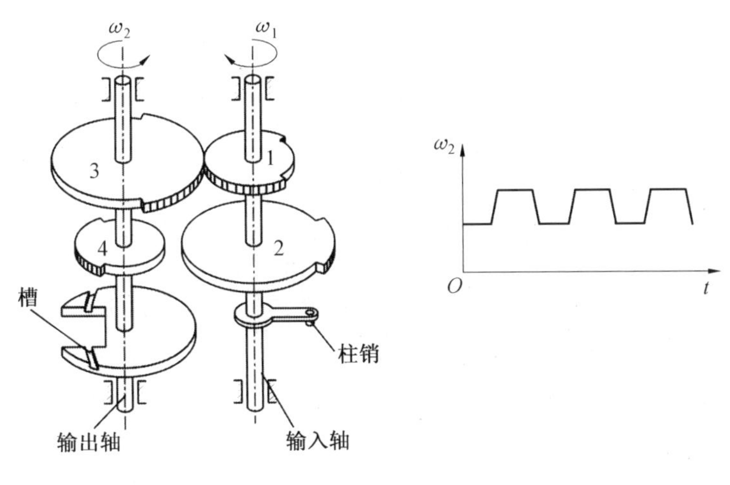

图 7.21

7.4 万向联轴器

7.4.1 单万向联轴器结构与运动情况

图 7.22 为单万向联轴器结构图，主动轴 1 和从动轴 3 端部都带有叉，两叉与十字头 2 组成轴线垂直的转动副 B 和 C。轴 1 和轴 3 与机架组成转动副 A 和 D。转动副 A 和 B、B 和 C 及 C 和 D 的轴线分别互相垂直，并都相交于十字头中心 O，因此轴 1 与轴 3 间允许有夹角 β。单万向联轴器可以传递两不平行轴间的运动，当主动轴 1 转动一周，从动轴 3 也随着转动一周，但主动轴 1 与从动轴 3 间的瞬时传动比却不为常数。其两轴角速度比关系为

$$\frac{\omega_3}{\omega_1}=\frac{\cos\beta}{1-\sin^2\beta\cos^2\varphi_1} \tag{7.7}$$

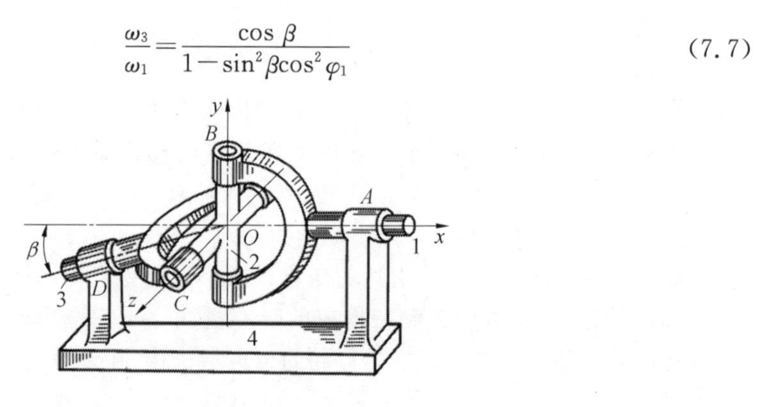

图 7.22

式(7.7)说明，主动轴 1 以等角速度 ω_1 输入运动，从动轴 3 的输出角速度是变化的。两轴夹角 β 一定，当轴 1 转角 $\varphi_1=0°$ 或 180°时，分母值最小，传动比值最大，其值为 $\left(\frac{\omega_3}{\omega_1}\right)_{\max}=\frac{1}{\cos\beta}$；而当 $\varphi_1=90°$ 或 270°时，分母值最大，传动比值最小，其值为 $\left(\frac{\omega_3}{\omega_1}\right)_{\min}=\cos\beta$。

当两轴夹角 β 变化时，角速度的比值也将改变，图 7.23 为不同轴夹角 β 时，传动比 $i_{31}=\omega_3/\omega_1$ 随 φ_1 变化曲线。由图可知，传动比的变化幅度随轴夹角 β 的增加而增大。为使 ω_3 波动不过大，一般情况下两轴夹角 β 最大不超过 45°。

7.4.2 双万向联轴器

由于单万向联轴器从动轴 3 的角速度 ω_3 周期变化，因而传动中将产生附加动载荷，使轴发生振动。为避免从动轴 3 产生角速度变化，可采用如图 7.24 所示的双万向联轴器。双万向联轴器是由左右两单万向联轴器组成，由于传动中主、从动轴相对位置有变化，因此两端两万向联轴器间距离也相对发生变化，图中中间轴 M 的两部分用滑键连接，以适应这种变化。双万向联轴器所连接的输入、输出两轴既可以是平行的(图 7.24(a))，又可以是相交的(图 7.24(b))。

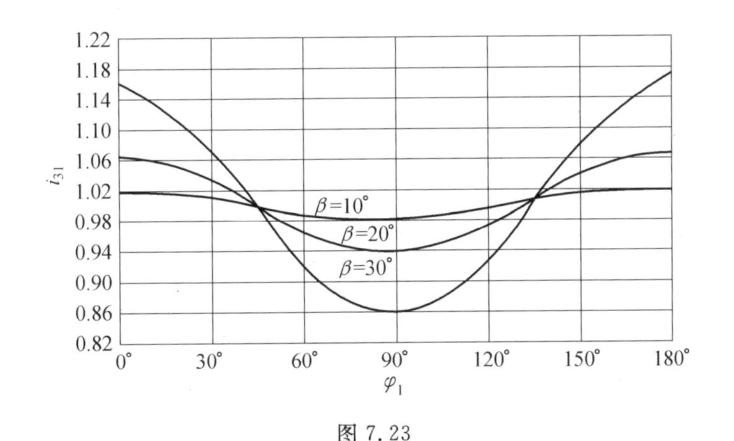

图 7.23

(a)

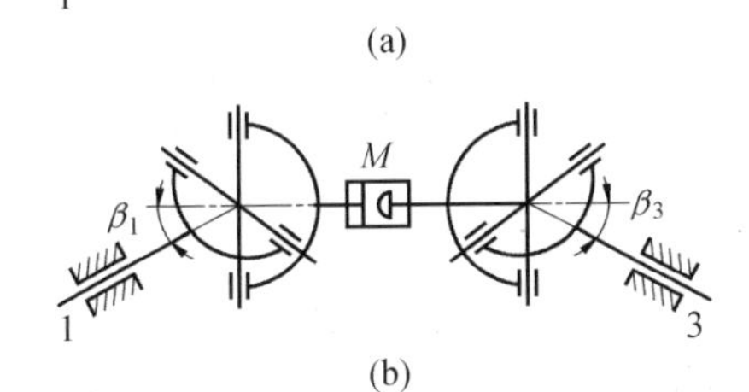

(b)

图 7.24

7.4.3 万向联轴器的应用

单万向联轴器结构上的特点使它能传递不平行轴的运动，并且当工作中两轴夹角发生变化时仍能继续传递运动，因此安装、制造精度要求不高。双万向联轴器常用来传递相交轴(图 7.24(b))或平行轴(图 7.24(a))的运动，当位置发生变化从而使两轴夹角发生变化时，不但可以继续工作，而且在满足一定的条件时，还能保证两轴等角速度比传动。

图 7.25(a)所示的双万向联轴器传递汽车变速箱输出轴与后桥车架弹簧支承上的后桥差速器输入轴间的运动。汽车行驶时由道路不平或振动引起变速箱与差速器相对位置发生变化，双万向联轴器仍能继续传递动力和运动。

图 7.25(b)是用于轧钢机轧辊传动中的双万向联轴器，它可以适应不同厚度钢坯的轧制。

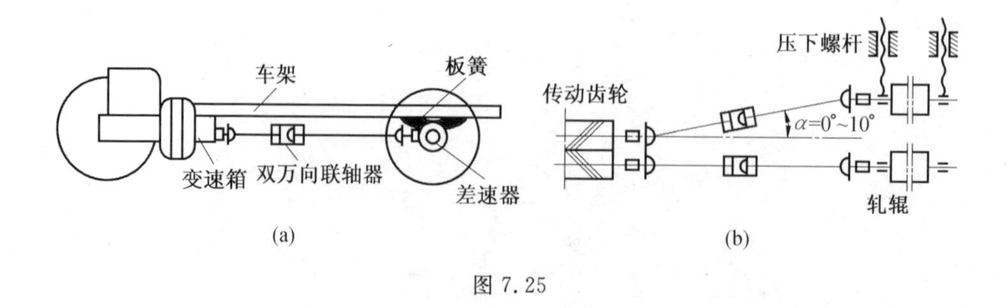

图 7.25

7.5 凸轮式间歇运动机构

7.5.1 凸轮式间歇运动机构的工作原理

常用的凸轮间歇机构有两种形式:圆柱凸轮式间歇运动机构(图 7.26)和蜗杆凸轮式间歇运动机构(图 7.27)。

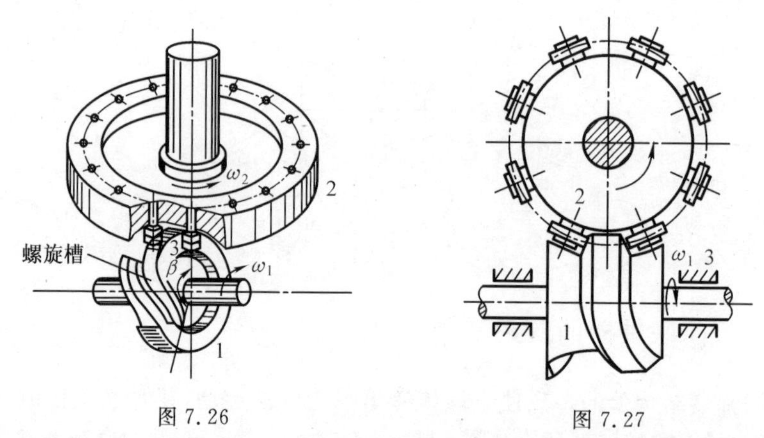

图 7.26　　图 7.27

图 7.26 的圆柱凸轮式间歇运动机构是由圆柱凸轮 1、转盘 2 和机架组成的。转盘 2 端面均布的凸起(或滚子)3 嵌于圆柱凸轮 1 的凹槽中,凸轮凹槽由圆弧槽和螺旋曲线槽组合而成。如螺旋曲线槽对应的中心角度为 β,当转盘 2 端面均布的凸起(或滚子)嵌于圆柱凸轮 1 的螺旋曲线槽的起点,而主动圆柱凸轮转过螺旋曲线槽对应的角度 β 时,圆柱凸轮 1 的螺旋曲线槽推动转盘 2 上的凸起(或滚子),使转盘转过角度 $2\pi/z$,其中 z 为凸起(或滚子)数;当圆柱凸轮转过圆弧槽时,转盘 2 静止不动,并靠圆弧槽定位。因此,按转盘 2 的运动要求设计的圆柱凸轮连续转动时,就可以得到转盘的间歇转动。

图 7.27 的蜗杆式凸轮间歇运动机构的凸轮形似蜗杆,均布在转盘 2 上的滚子卡紧在蜗杆凸脊的两侧,蜗杆凸脊有圆弧型和螺旋曲线型两种。蜗杆转动时,螺旋曲线型凸脊可以使转盘旋转,圆弧型凸脊使转盘保持静止不动,连续转动的蜗杆使转盘实现间歇转动。通过调整凸轮与转盘的中心距,可以消除滚子与凸脊间的间隙或补偿磨损。

7.5.2 凸轮式间歇运动机构的应用

与棘轮机构、槽轮机构和不完全齿轮机构等间歇运动机构相比较，凸轮式间歇运动机构的转位精度高，且不需要专门的定位装置，当合理地选择转盘的运动规律时，可以使机构传动平稳、冲击振动较小、动力特性较好，因此它主要用于高速转位的分度装置中。电机矽钢片高速冲槽机采用的蜗杆式凸轮分度机构，其转位频率为300次/min。在一些包装机械中采用的凸轮分度机构，其分度频率高达1 500次/min。目前，蜗杆式凸轮间歇运动机构的分度频率已经达到2 000次/min。由于其优点明显，应用广泛，目前国内外已组织专业化生产。

图7.28所示为钻孔攻丝机的转位机构，运动由变速箱传给圆柱凸轮1，经转盘2及与2固连的齿轮3传到齿轮4，使与4固连的工作台5获得间歇转位。

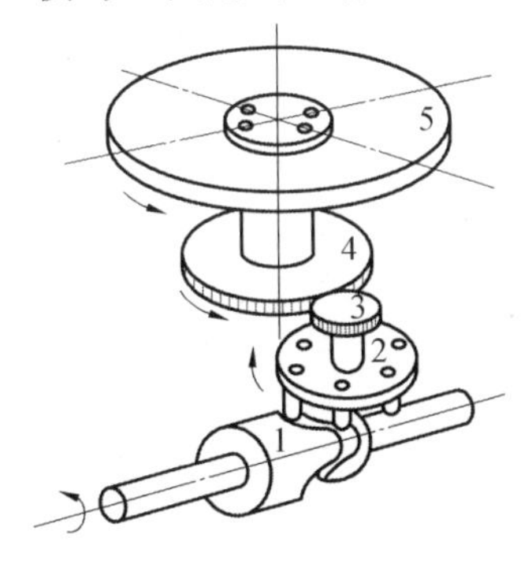

图7.28

习　　题

7.1　偏心楔块式摩擦棘轮机构的偏心楔块是半径等于50 mm的圆弧，中心距$\overline{O_1O_2}=100$ mm，摩擦轮直径$d_1=100$ mm，摩擦系数$f=0.1$。试按$\alpha=0.8\varphi$的条件确定偏心楔块的几何尺寸(转动中心与圆弧中心间偏距e，转动中心到楔紧点距离l)。

7.2　外槽轮机构中，已知主动拨盘等速回转，槽轮槽数$z=6$，槽轮运动角Ψ'与停歇角Φ'之比$\frac{\Psi'}{\Phi'}=2$。试求：

(1)槽轮机构的运动系数τ。

(2)圆销数K。

7.3　已知外槽轮机构的槽数$z=8$，主动拨盘的角速度$\omega_1=10$ rad/s。试求主动拨盘上圆柱销在什么位置时，槽轮的角加速度α_2最大？

7.4　设在n个工位的自动机中，用不完全齿轮来实现工作台的间歇转位运动，若主、从动齿轮的假想齿数(即补全的齿数)相等，试求从动轮运动时间t_2与停歇时间t'_2之比$\frac{t_2}{t'_2}$。

7.5　在单万向联轴器中,轴 1 以 1 500 r/min 等速转动,轴 3 变速转动,其最高转速为 1 732 r/min。试求:

(1)轴 3 的最低转速。

(2)在轴 1 转一转过程中,φ_1 为哪些角度时,两轴的转速相等?

第8章 机械的运动方案及机构的创新设计

8.1 概　述

在机械设计过程中，为了保证能够成功地创造出满足设计要求的装置、产品或系统所应当遵循的逻辑过程，称之为设计过程。关于设计过程有不同的表述，但总体上大同小异，一般概括为产品规划与任务分解、方案设计和详细设计三个阶段。产品规划与任务分解阶段主要包括设计需求与设计约束条件的分析或分解，形成设计要求或设计任务书，以作为设计决策与评价的依据；方案设计阶段要根据产品的功能要求进行工艺动作的构思和分解，拟定执行构件的动作，提出机械运动方案和机构运动简图；详细设计阶段要完成产品的结构尺寸、强度、精度以及全部生产图纸设计并形成技术文件。

在机械的设计过程中，总体方案至关重要，其中机构运动方案设计尤为重要。机构运动方案设计就是根据设计要求，提出机器的基本功能和机构组成，通过类型和尺度综合及方案优选形成机构运动简图。机构运动方案设计是一个创新设计的过程，同一问题可以有多种不同的运动方案，各种运动方案又可能各具特色。

在机构运动方案确定后，才能进行具体的强度和结构设计及动力分析。

一个机械系统一般是由原动机通过不同类型的传动机构和执行机构经适当组合而成的，用以实现不同运动或达到所需的工艺要求。

机械运动方案设计的目的是从运动学角度考虑绘制出性能完全满足设计要求的机构运动简图。首先，选择好执行机构。一般情况下，不止一种机构可以实现所要求的运动。其次，选择好动力源。不同动力源，对于同一部机器的设计有着非常显著的影响。最后，传动系统的设计。传动系统直接影响着执行机构的工作性能，又是整个运动方案设计中最复杂的部分，通常以借鉴前人的经验来进行一部机器的设计。因此，在设计中，没有一成不变的模式，但一般应考虑和遵循如下原则：传动链应尽可能短、机械效率应尽可能高、传动比分配应尽可能合理、传动机构的安排顺序应尽可能恰当、机械的安全运转必须保证。

8.2 传动机构的选择

每一部机器都是由原动机、执行机构及传动机构组成的。原动机有电、液、气几种主要形式，如电动机、液压马达、气马达以及直线油缸、气缸等。电动机的应用最为广泛。原动机的选择可查阅相关的机械设计手册。

减速器是传动系统设计中常用的一种部件，一般与原动机通过联轴器直接相连，它可以作为标准部件在工程设计中直接选取,也可以根据不同用途而专门设计。减速器有多种类型和结构形式,如圆柱齿轮减速器、蜗杆蜗轮减速器、少齿差减速器、谐波齿轮减速器和摆线针轮减速器等,这些都是在设计中经常被选用的减速器。各种类型减速器的基本特征可参考相关的机械设计手册。

传动机构设计是机械运动方案设计的基础。为完成同一设计任务,虽然机械运动的可行方案是多种多样的,但各种方案所选用的基本传动机构却是有限的。为了得到更好的方案,必须深刻地理解各种传动机构的基本特点和适用范围,几种常用传动机构的基本特性见表8.1,可供设计时参考。

表8.1 几种常用传动机构的基本特性

	齿轮机构	蜗杆蜗轮机构	带传动	链传动	连杆机构	凸轮机构	螺旋机构
优点	传动比准确,外廓尺寸小,效率高,寿命长,功率及速度范围广,适宜于短距离传动	传动比大,可实现反向自锁,用于空间交错轴传动,传动平稳	中心距变化范围广,可用于长距离传动,可吸振,能起到缓冲及过载保护作用	中心距变化范围广,可用于长距离传动,平均传动比准确,特殊链可用于传送物料	适用于宽广的载荷范围,可实现不同的运动轨迹,可用于急回、增力、加大或缩小行程等	能实现各种运动规律,机构紧凑	可改变运动形式:转动变移动,传力比较大
缺点	制造精度要求高	效率较低	有打滑现象,轴上受力较大	有振动冲击,有多边形效应	设计复杂,不宜高速运动	易磨损,主要用于运动的传递	滑动螺旋刚度较差,效率不高
效率	开式:0.92~0.96;闭式:0.96~0.99	开式:0.5~0.7;闭式:0.7~0.9;自锁:0.4~0.45	平带:0.92~0.98;V带:0.92~0.94;同步带:0.96~0.98	开式:0.9~0.93;闭式:0.95~0.97	在运动过程中效率随时发生变化	随运动位置和压力角不同,效率亦不同	滑动:0.3~0.6;滚动:0.85~0.98
速度	6级精度直齿:$v \leqslant 18$ m/s;6级精度非直齿:$v \leqslant 36$ m/s;5级精度直齿:$v \leqslant 200$ m/s;圆弧齿轮:$v \leqslant 100$ m/s	滑动速度 $v \leqslant 15 \sim 35$ m/s	V带:$v \leqslant 25$ m/s;同步带:$v \leqslant 50$ m/s	滚子链:$v \leqslant 15$ m/s;齿形链:$v \leqslant 30$ m/s			

续表 8.1

	齿轮机构	蜗杆蜗轮机构	带传动	链传动	连杆机构	凸轮机构	螺旋机构
功率	渐开线齿轮：≤50 000 kW；圆弧齿轮：≤6 000 kW；锥齿轮：≤1 000 kW	小于 750 kW；常用为 50 kW 以下	V 带：≤40 kW；同步带：≤200～750 kW；	最大可达 3 500 kW；通常为 100 kW 以下			
传动比	一对圆柱齿轮：$i \leqslant 8$，通常：$i \leqslant 5$；一对锥齿轮：$i \leqslant 8$，通常 $i \leqslant 3$	开式：$i \leqslant 100$，常用：$i \leqslant 15 \sim 60$；闭式：$i \leqslant 60$，常用：$i \leqslant 10 \sim 40$	平带：$i \leqslant 5$；V 带：$i \leqslant 7$；同步带：$i \leqslant 10$	滚子链：$i \leqslant 7 \sim 10$；齿形链：$i \leqslant 15$			
其他	主要用于传动机构	主要用于传动机构	常用于传动链的高速端	常用于传动链中速度较低处	既可作为传动机构，又可作为执行机构	主要用于执行机构	主要用于转变运动形式，可作为调整机构

8.3 机构的运动协调及运动循环图

一部机器的工作任务经常是由多个执行构件共同完成的，各执行构件间必然有一定的动作协同关系，如与主动件运动转角间的关系、执行件之间的时间节拍关系等。确定这种关系的最直观的方法就是采用运动循环图来描述。

运动循环图主要有三种表达形式：直线式、圆周式及直角坐标式。在机械执行构件较少时，直线式运动循环图动作时序清晰明了，如图 8.1(a)所示。圆周式运动循环图容易清楚地看出各执行构件的运动与机械主动件或定标件的相位关系，它给凸轮机构的设计、安装和调试带来方便，其缺点是同心圆较多，看上去较杂乱，如图 8.1(b)所示。直角坐标式运动循环图是用执行构件的位移线图表示其运动时序的，是将其工作行程、空回行程及停歇区段分别以上升、下降及水平直线表示，这种运动线图能清楚地表示出执行构件的位移情况及相互关系，如图 8.1(c)所示。

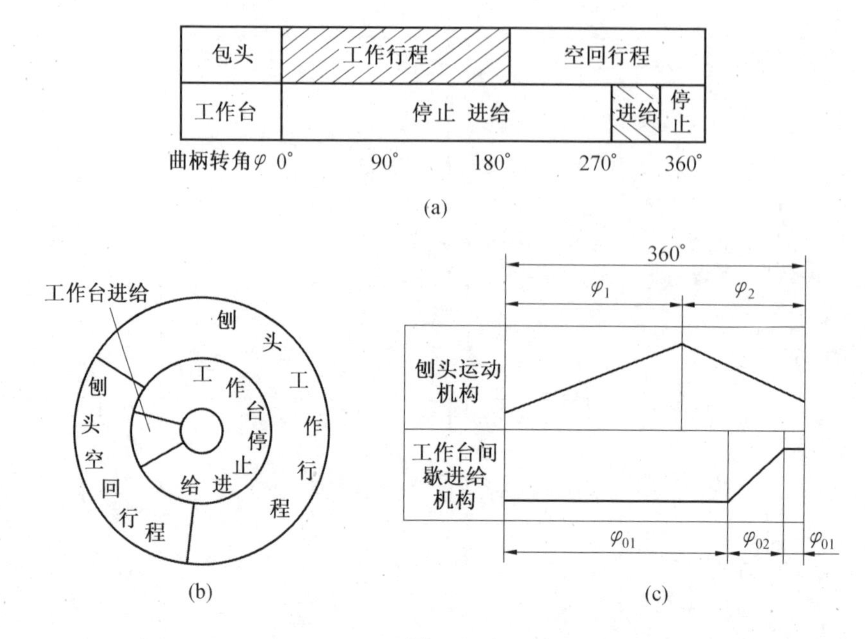

图 8.1

运动循环图的绘制应以机械中的主动件或选取其他有特征的构件为定标件,首先以其动作时间、转角或位移为起点,再确定其他执行构件的动作时序。

现以牛头刨床为例讨论运动循环图的绘制方法。牛头刨床工作的最终目的是刨削出合格的工件表面。其结构及传动系统简图如图 8.2 所示。为完成整个工件表面的刨削,夹紧工件的工作台必须有垂直于刀具运动方向的移动,且每次移动距离可调,以适应对工件表面刨削的加工效率和工件不同表面粗糙度的要求,这一运动称为工作台的横向进给运动;为了使刀具能与被加工工件接触,并刨削掉多余的金属表面层,工作台及刀架应能上下运动,称为工作台及刀架的垂直进给运动;为刨削掉多余金属,刀具的前后往复移动称为切削运动。上述三种运动必须协调动作、有机配合才能完成工件的刨削任务。如在刀具完成了一次前进刨削返回后,工作台才能进行横向进给。工件的一层表面被刨削完成后,才能进行工作台或刀架的垂直进给。为实现以上三种运动,该牛头刨床由多种机构组成:实现切削运动的连杆机构 1,其中装有刨刀的滑枕为执行构件;实现工作台横向进给的是棘轮机构 2 及丝杠传动机构 5;实现工作台及刀架垂直进给的丝杠传动机构 3 和 4,其中工作台及刨刀为执行构件。

图 8.1(a)~(c)分别为牛头刨床的直线式、圆周式及直角坐标式运动循环图,它们都是以曲柄导杆机构中的曲柄为定标件的。曲柄回转一周为一个运动循环。由图 8.1(a)中可见,工作台的横向进给是在刨头空回行程开始一段时间以后开始,在空回行程结束以前完成的。这种安排考虑了刨刀与移动的工件不发生干涉,也考虑了设计中机构容易实现这一时序的运动。

在机械运动方案设计中,运动循环图常常需要不断地修改。运动循环图标志着机械动作节奏的快慢。一部复杂的机械由于动作节拍相当多,所以对时间的要求相当严格,这就不得不使某些执行机构的动作同时发生,但又不能在空间上干涉,因此这期间就存在着反复调整与反复设计的过程。修改完善的运动循环图会大大提高机器的生产率。

通过运动循环图可以确定各执行机构的主动件在主动轴上的方位，可以决定同轴多个凸轮间的相位差。

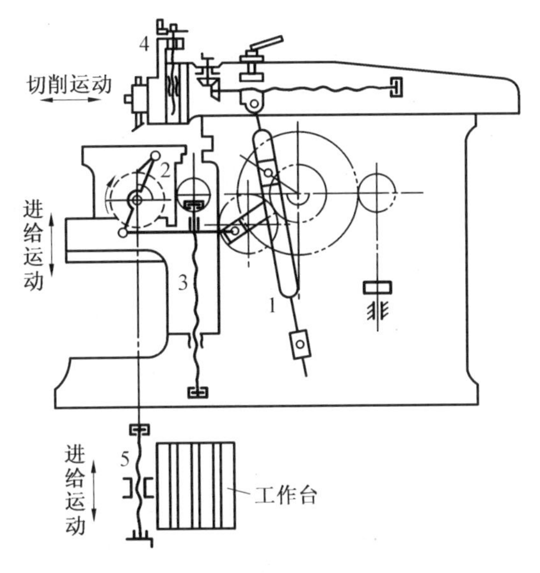

图 8.2

在同一部机器中，如自动机械，运动循环图是传动系统设计的重要依据，在较复杂的自动机和多部机器参与工作的自动线上，运动循环图又是电控设计的重要依据，所以运动循环图的设计在机械运动方案设计中显得十分重要。

为了实现各执行构件的动作配合及其时序关系，各执行构件之间的运动协调有两种方式，一种采用各种机构及机构组合来完成，另一种是对定标件与执行件之间通过运动检测单元进行运动控制。

现代机械系统中，控制器均以工业控制机或可编程控制器为主控机。各种运动关系主要由各种检测元件来检测，并通过数据采集及转换器输送至控制器。对伺服电机则由专用驱动器来驱动，用伺服电机控制的机械系统的组成一般如图 8.3 所示。

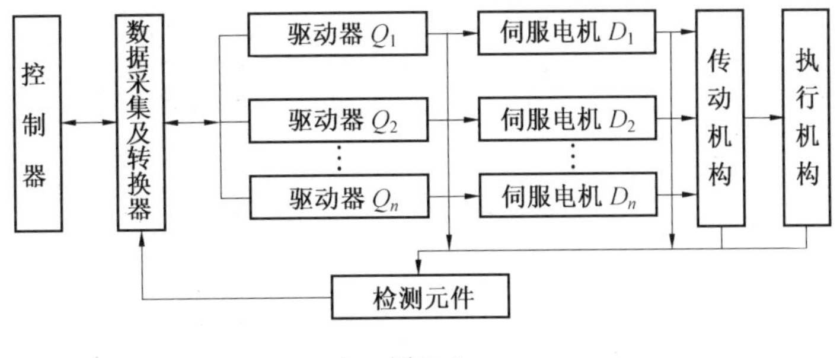

图 8.3

8.4 机械运动方案的拟定

8.4.1 按基本机构及其组合进行方案拟定

一般情况下,预定的机构运动要求不一定能由单一种类的机构来实现,而需通过多个机构的组合方式来完成。基本机构的组合大致可以划分为三种基本形式,即串接式、并联式和复合式。

(1)串接式。

如图 8.4(a)所示,主动件 1 的运动 $\varphi(t)$依次通过基本机构Ⅰ(凸轮机构)和Ⅱ(连杆机构),使从动件 2 获得某一运动规律 $\Psi(t)$,在这种机构的组合中前一机构的从动件往往是后一机构的主动件。

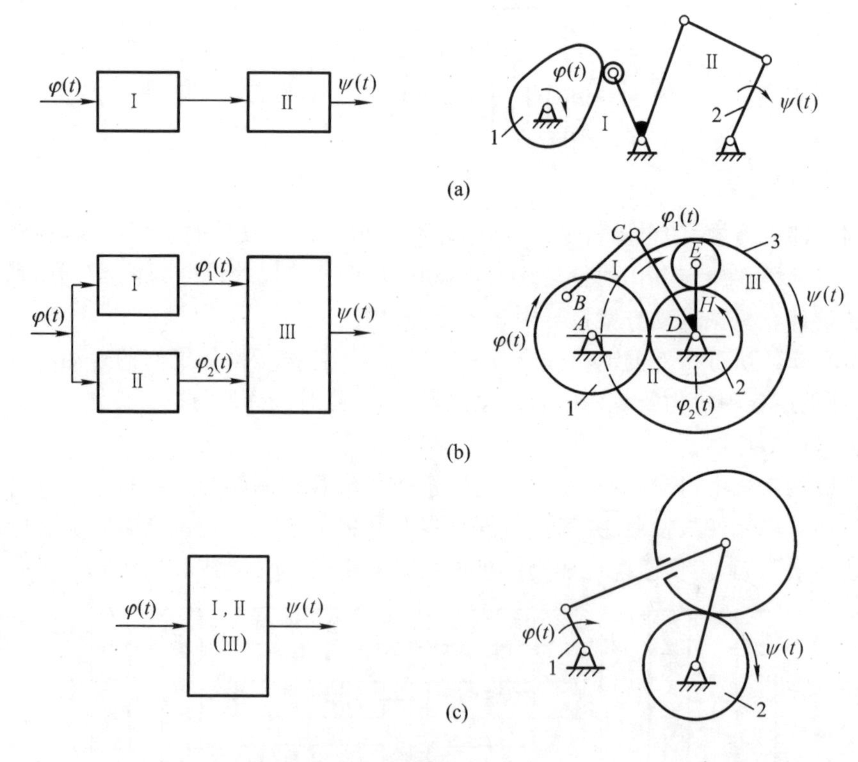

图 8.4

(2)并联式。

如图 8.4(b)所示,主动件 1 的运动 $\varphi(t)$同时传给基本机构Ⅰ(连杆机构 $ABCD$)和Ⅱ(齿轮 1 和 2 组成的齿轮机构),并将它们产生的运动 $\varphi_1(t)$和 $\varphi_2(t)$通过具有 2 个自由度的差动轮系Ⅲ(包括中心轮 2、3,行星轮 E 和系杆 H)使从动件齿轮 3 获得合成的运动规律 $\Psi(t)$。

(3)复合式。

组成复合式组合机构时，基本机构有机结合，相互依存。基本机构Ⅰ或Ⅱ中运动件的运动 $\varphi(t)$ 通过机构Ⅰ、Ⅱ中部分构件组成的差动机构Ⅲ，使运动叠加后传给从动件 2，其运动规律为 $\Psi(t)$，如图 8.4(c)中的齿轮连杆机构。

8.4.2 按运动功能进行机构方案拟定

每种基本机构都具有基本的运动特性，可以完成某种基本功能。在机构运动方案设计时，把这些基本运动功能组合起来，形成能实现机器某种分功能的子系统或实现总体功能的机械系统，这就是按机构的运动功能来进行机构的运动方案设计。机构的运动功能有时也表明其传力功能，如运动的缩小往往可实现传力的增大。图 8.5 给出了 6 种基本功能及其表示的符号。

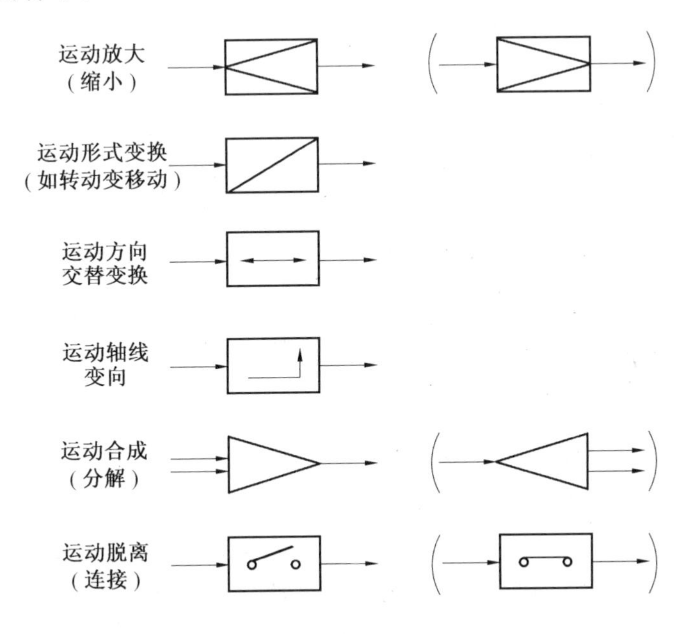

图 8.5

一种基本功能可用不同机构来实现，同种机构当其参数不同时，也可实现不同的功能。表 8.2 为同一种基本功能要求可以由不同机构实现的示例。

表 8.2　同一种基本功能要求可以由不同机构实现的示例

传动类型	基本机构	基本功能		
		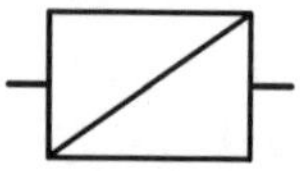	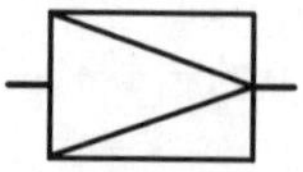	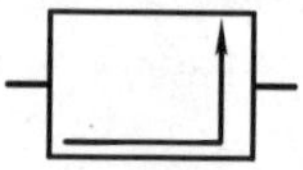
推拉传动	凸轮机构		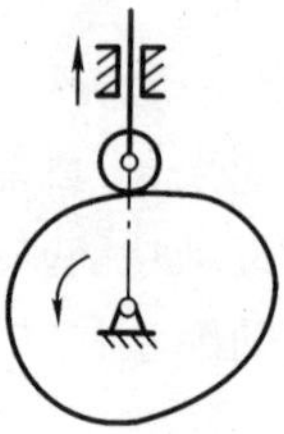	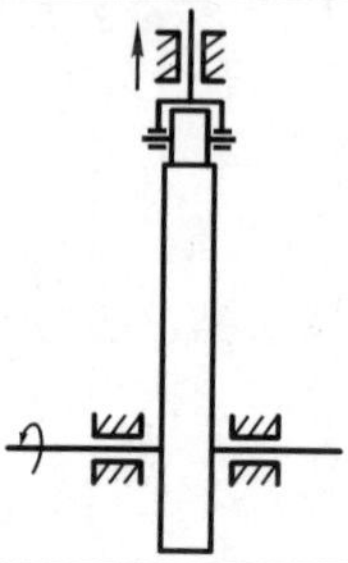
	螺旋机构	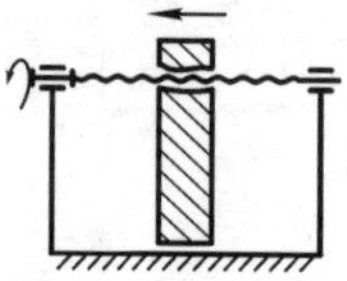	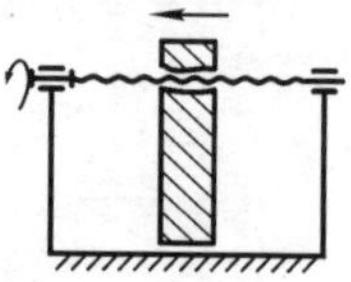	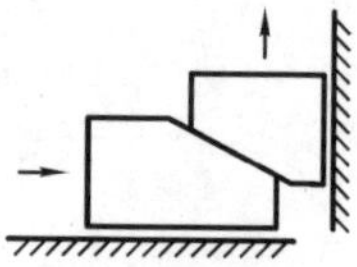
	连杆机构	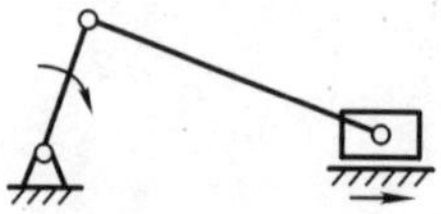	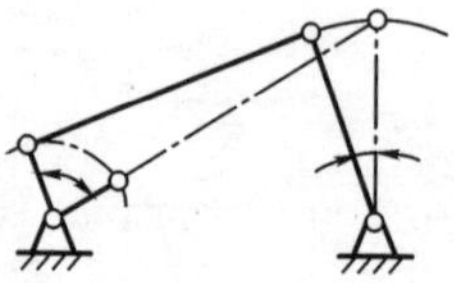	
	齿轮传动	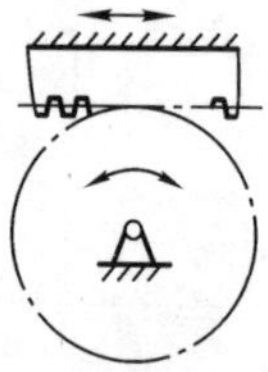	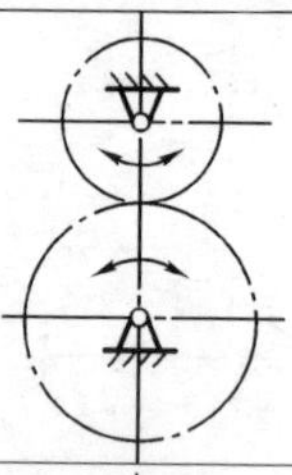	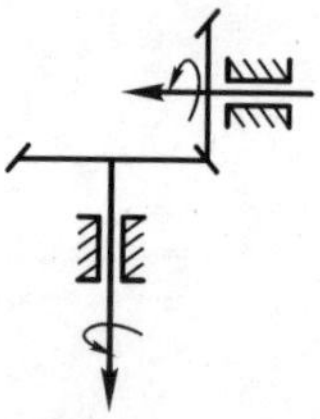
摩擦传动	挠性体传动	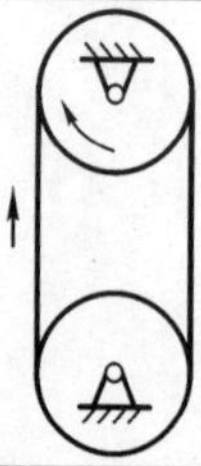	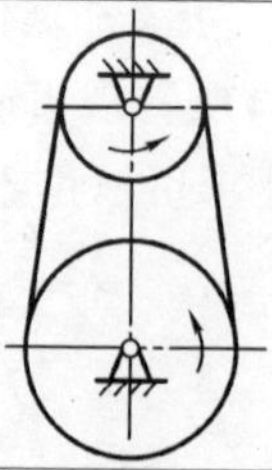	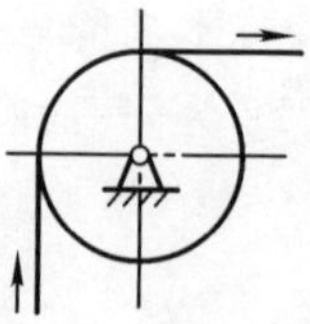
	摩擦轮传动	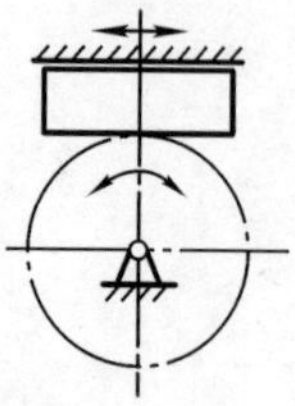	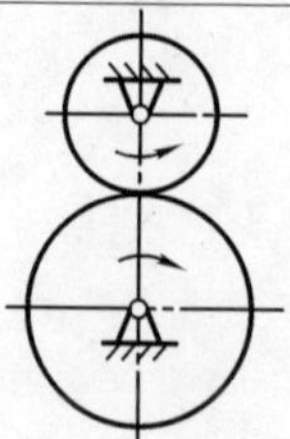	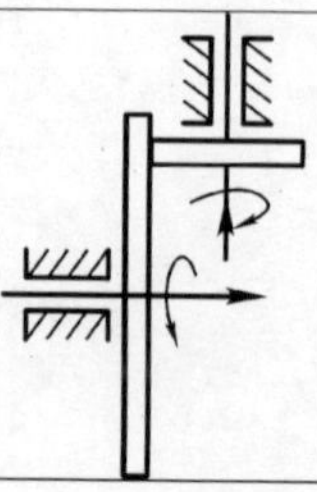

续表 8.2

传动类型	基本机构	基本功能		
流体传动	流体传动			

有些机械要求实现的功能往往需要几种基本机构组合完成,如要求将转动变为移动,在产生较大力的同时使运动轴线变向。实现这一种功能可以有如图 8.6 所示的 6 种功能变换方案。在实际设计中究竟采用哪种方案,应根据具体情况分析判定。

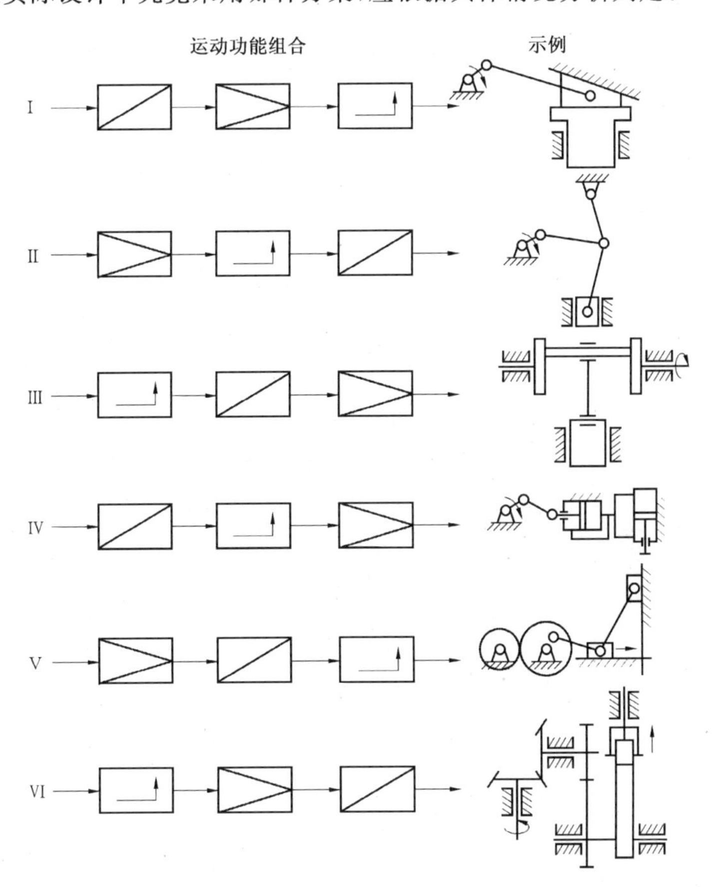

图 8.6

这种方法的关键是按功能选择相应的机构,然后将这些机构进行组合形成整体方案。

实现同一工作任务,且满足工艺要求和性能指标时,可以设计出多种机械运动方案来。必须再根据机构的功能、机构的工作性能、机构的动力性能、经济性及机构紧凑性等进行评价,以决定取舍,最后保留的设计方案应是最优方案。

8.4.3 机构运动方案设计实例——印刷机送纸机构的运动方案设计

要求:在摆放好的一叠纸张中,依序由上至下将纸张一张张送至印辊前某处待印刷。印刷速度为 30 张/min。不允许有同时送两张纸的情况发生。

1. 任务的分析及运动参数的确定

从直接要求看,任务很简单,完成一张张纸张的送出即可。但实际上进行运动方案设计之前,有许多问题必须考虑清楚,甚至应最后确定,如:

(1) 纸张送至多远的距离,不同的距离应采用不同的传送方式和传送机构,送纸的时间节拍如何?

(2) 如何将最上面的第一张纸与第二张纸分开,是采用摩擦移位分离,采用吸附,还是其他什么方式? 此处有气源吗? 为使第一、二张纸分离开,是否需要当第一张纸提起时压住第二张以下的纸张,通过什么机构来压? 与提纸机构如何配合?

(3) 驱动送纸机构是用电驱动还是液、气驱动,如果是采用电动机,电动机的位置摆放到哪里? 有多长的传动距离? 除送纸机构外,它还带动什么机构,如翻页机构、印刷机构等,这些机构之间应如何配置才最有利于印刷机的工作? 如何实现电机至送纸机构的传动?

(4) 送纸机构的执行构件应该按什么样的轨迹运动,应不应有严格的速度和加速度要求等?

在设计任务到来之后,许多与设计相关的问题,如周边环境、运动要求、特殊要求(纸张要分离等)都必须了解并分析清楚,同时应考虑出粗略的实施办法。在设计之初,任务分析十分重要。有时由于疏忽而忽略了某一点,哪怕是不甚重要的要求,也会给追加设计带来不小的麻烦,甚至会使已形成的设计方案推倒重来。

运动参数分两种,一种是用户明确提出的,如印刷速度为 30 张/min,当然送纸也应是 30 张/min;另一种是经分析后确定的,如提纸移动轨迹,用户不曾给出,而设计者则必须根据工作任务要求(工艺要求)自行确定执行构件的运动轨迹。因为后者的运动参数不是不可改变的,只要能满足工艺要求,可选用不同的执行机构,它们将会实现不同的运动规律。图 8.7(a)~(c)中的运动轨迹均可满足送纸要求。

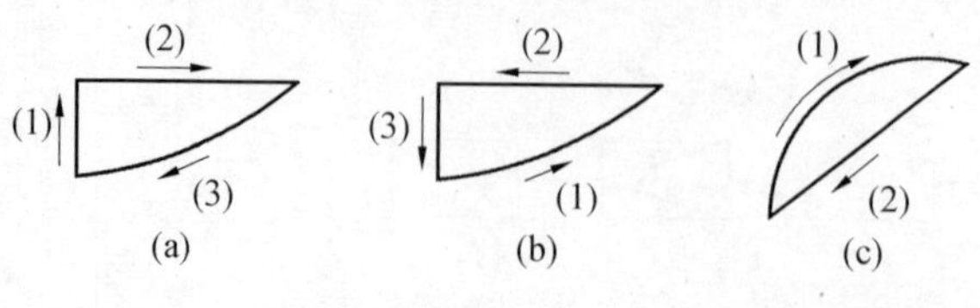

图 8.7

2. 原动机的选择和执行机构的确定

印刷机构所需的驱动力不大，且在印刷环境中不应有油液出现，否则将会使印刷品油污，因此，该印刷机应选用电机驱动。整个印刷机设备较庞大，为保证各机构协调一致工作，应由一台电动机驱动多个机构，所以送纸机构距电动机安装位置较远（约 2.5 m），传动系统设计较复杂。选择小型异步电动机中同步转速为 1 500 r/min 的一种，它的满载转速为 1 430 r/min。整个传动链的减速比为

$$i=n_{电动机}/n_{执行机构}=(1\ 430\ \text{r/min})/(30\ \text{r/min})=48$$

这种数值的传动比对于有多个减速环节的较长的传动链是合适的。如选用同步转速更低的电动机，则电机尺寸将会加大。

因纸张质量很轻，所以通常采用真空吸盘提起纸张。气动节拍快，能实现快吸快放，而且气动元器件小巧，节省空间，与液压比较又不会出现油污。在印刷车间里总是有气源存在的，所以送纸机构中采用气吸附的方式是合理的。

根据图 8.7 的运动轨迹分析，并参考已在使用的印刷机械，采用连杆机构或凸轮－连杆组合机构易实现上述运动轨迹。另外，此送纸机构应该由回转运动产生送纸运动轨迹，而电动机恰恰能给出连续回转，所以采用电动机带动凸轮－连杆机构是合适的。凸轮的运动规律易于调整，所以末端执行器的轨迹易于实现。再者，压脚必须与吸纸动作紧密配合，同步性好，利用凸轮机构来协调这些运动，不会出现配合失误的现象。因此最后选用了图 8.8 所示的执行机构的设计方案。

在上述机械运动方案设计中，可以提出多种设计方案，如图 8.9(a)、图 8.9(b)所示。通过计算机仿真，可以发现其运动性能（轨迹、速度甚至加速度）的优劣。图 8.9(a)方案可实现图 8.7(b)所示的轨迹。

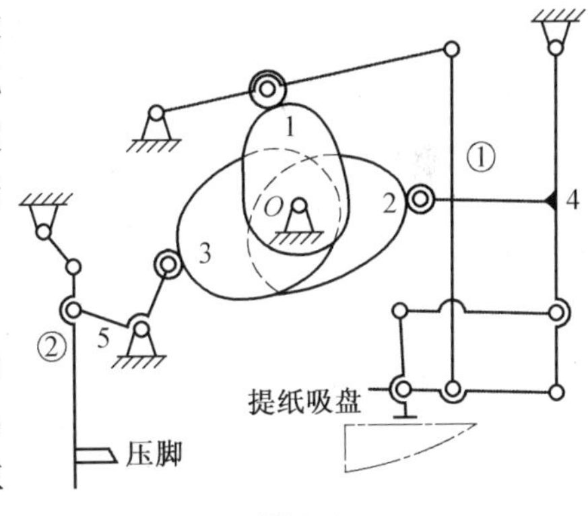

图 8.8

3. 绘制机构的运动循环图

以图 8.8 机构为例，凸轮轴 O 上安装有三个凸轮：凸轮 1，凸轮 2 与七杆机构 4 组成组合机构①，凸轮 3 与四杆机构 5 组成组合机构②。凸轮 1 主要负责运动轨迹的上升段，凸轮 2 主要负责运动轨迹的水平段，凸轮 1、2 共同负责运动轨迹的返回段。凸轮 3 控制四杆机构 5 的压脚完成对第二张以下纸张的压紧功能。

机构①与②之间具有确定的运动配合关系，即在最上面的一张纸被机构①吸起时，同时机构②的压脚压住下面的一叠纸张，以防被吸起的纸将下面的纸带走。机构①中凸轮 1 与凸轮 2 之间也有准确的角度相位关系，其值依执行构件的运动轨迹确定。

以轴 O 回转一周为一个运动循环，以凸轮 1 的推程起点为绘制运动循环图的起点，可得到图 8.10 所示的直线式运动循环图。

每个凸轮中推程、回程及休止角度的大小取决于运动轨迹及完成某一轨迹段的动作时间。当运动轨迹和动作时间调整后，相应的凸轮转角应随之发生变化。

从图 8.8 中还可以看出，凸轮在轴 O 上的安装相位角与各自的从动件所在空间位置

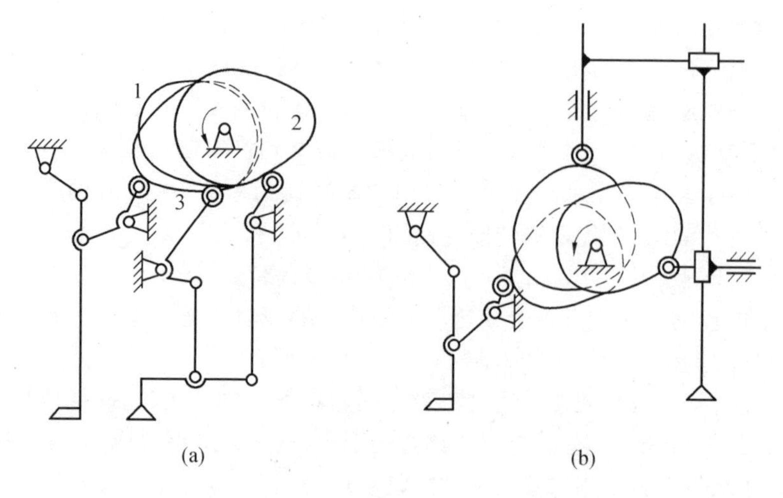

图 8.9

凸轮 1	推程	远休止	回程	近休止	
凸轮 2	近休止	推程	回程	近休止	
凸轮 3	近休止	推程	近休止	回程	近休止

图 8.10

有关,与运动循环图中的角度值并非一致。各凸轮在轴 O 上的相位安装错误,将会破坏执行构件原已设定的运动规律及运动配合关系。

4. 机械传动系统的设计

遵循机械运动方案设计的准则,考虑该机器的特点,其传动系统设计如图 8.11 所示。分配总传动比 $i=48$,V 带传动比 $i_{带}$ 取为 2.5,两对圆柱齿轮的传动比可分别取为 3 及 3.2。二级锥齿轮用于转换传动轴的方向,带动其他机构。其中,第一对圆锥齿轮传动比取为 2,第二对圆锥齿轮传动比取为 1,则

$$i=i_{带}i_1i_2i_3i_4=2.5\times3\times3.2\times2\times1=48$$

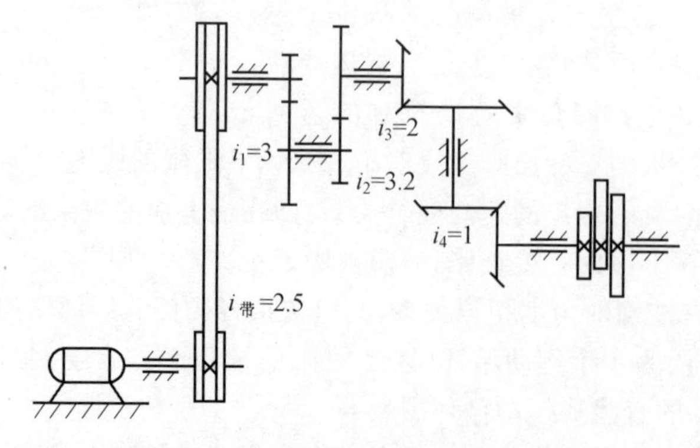

图 8.11

如果该传动链很短,且传动功率不很大,也可不用多级齿轮传动,而只应用蜗杆传动,或前面介绍的少齿差传动、谐波传动,那时,带传动也不必将传动比取为 2.5,而改取为 1

就可以了。由此可以看出，机械运动方案的设计极具灵活性，不同的设计者会对同一机械给出迥然不同的设计方案来。有时电控系统的加入会使机械传动本身大大简化。

8.5 机构的创新设计

机构的创新设计是在新构思的基础上进行的，这不仅需要熟练掌握各种机构的基本知识，还需要丰富的想象与灵感。只有开拓视野，不拘泥于古典的方法，充分吸收和应用各学科的新技术，才能创造出新机构来。本节从三个方面介绍机构的创新设计。

8.5.1 原有机构的发展

机构的创新构思可体现在原有机构的不断发展上。以减速机构为例，通常人们要求减速机构应有高的效率、小的尺寸和大的传动比。单级的齿轮减速机构，传动比一般不大于10，减速比大的场合，就需要采用多级齿轮减速机构，这势必增大机构的尺寸。为了增大齿轮传动的传动比，20世纪40年代发明了少齿差行星传动(见第6章6.5节)，其关键技术是使内外齿轮的齿数差减小，甚至减少到1，从而使传动比可以达到100甚至更多。少齿差行星传动的运动输出需要一种特殊输出机构，其效率不能太高，特别是由于其内齿轮的啮合角必须很大(为避免啮合干涉)，使行星轮轴承受力加大而成为薄弱环节，因此少齿差传动不能用于大功率传动。

为了克服少齿差传动的缺点，且保留其内啮合的优点，我国在1980年创造了一种称为三环传动的少齿差传动。这种传动不同于一般的少齿差传动(图8.12(a))，其构思是使外齿轮1的轴线O_1固定，而用一个平行双曲柄机构$O_1^HO_2^HO_2^HO_1^H$带动内齿轮2(环板)，使之做曲线平动(图8.12(b))，从而带动外齿轮1绕固定轴O_1回转。这样，可以有两个轴承支承环板，而且其尺寸不受限制，这就解决了少齿差传动中的行星轮轴承的薄弱环节问题。同时，因外齿轮1轴线固定，可直接输出，省去了输出机构。但由于平行双曲柄机构存在死点，会使机构运动不确定。因此实际应用时，是由两根相互平行的、各自相位角相差120°的三个偏心轴颈(曲柄$O_1^HO_2^H$)的高速轴带动三个环板内齿轮2，同时与一个宽齿外齿轮1啮合传动，故称为三环传动。三环传动可以传送很大的载荷，因此可用于冶金、矿山等重型机械中。

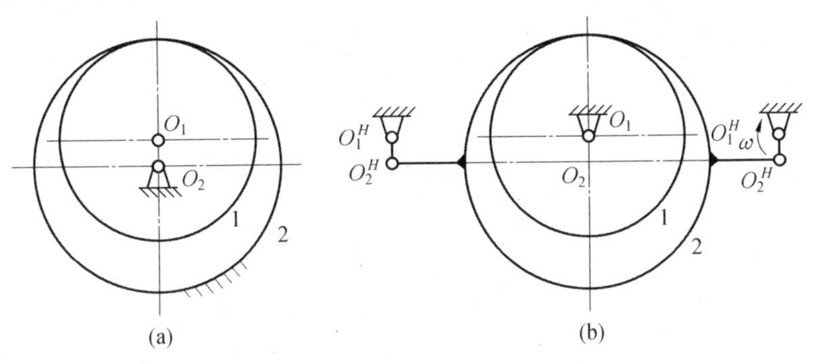

图8.12

由上例可见,新机构创新的构思方向往往在于克服旧机构的缺点,或是由旧机构转化而来的。

与少齿差传动构思相同的是摆线针轮传动和谐波传动。前者是用摆线针轮代替了渐开线齿轮,其优点是实现了齿面的滚动接触,并且理论上有半数轮齿参与啮合,从而提高了传动效率和承载能力。后者是用波发生器的转动使柔轮在刚轮内爬行,由于柔轮与刚轮齿数差小(一般为 2),且借助柔轮易于变形的特点,因此两轮互相接触的齿数很多,从而提高其承载能力。由以上例子可以看出,机构的创新往往是在原机构的基础上发展起来的。

随着生产中提出新的要求,这种发展是层出不穷的。就少齿差传动来说,在机器人传动中,过去常采用谐波传动,但由于其刚性较差,又发展了所谓的 RV 传动(可参阅有关资料),其刚性极佳,回差很小,成为机器人应用中的最佳选择。

8.5.2 新机构的创造

图 8.13 所示为一种利用纤维连杆将正逆旋转变换成直线往复运动的执行元件。它是根据绳梯扭曲能变短这一事实研究出来的,巧妙地将简单原理应用于实际机构中,因该机构具有传递柔软运动的特点,被用于假手的研制中。这是新机构创造中的形象思维,是建立在崭新的设想上的。它需要对某事物反复思考,需要经验和灵感,一旦新机构构思完成,再经仔细设计与完善并应用到实践中,将给生活与生产带来进步。

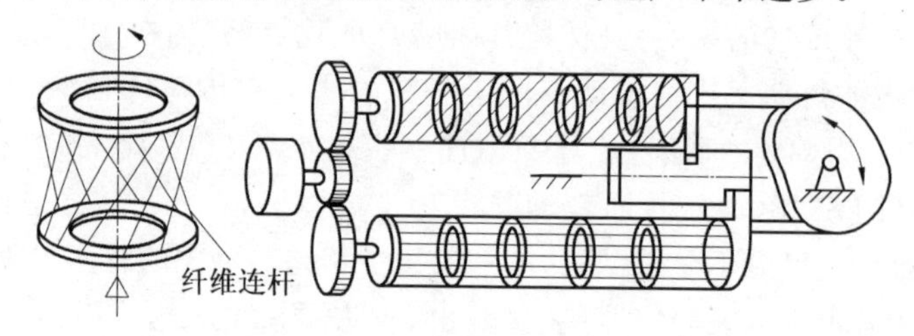

图 8.13

8.5.3 组合机构

将几个机构采用并联封闭的形式组合后形成的机构称为组合机构。此时,机构的输出特性发生很大变化,这是机构创新设计的一个重要方面。目前,组合机构已有多种应用。

(1) 齿轮一连杆组合机构。

齿轮一连杆组合机构种类很多,它由定传动比的齿轮机构与变传动比的连杆机构组合而成,可实现复杂多变的轨迹和运动输出,应用较广泛。

图 8.14 所示为实现复杂运动规律的齿轮一连杆机构,常用于包装机械中。图 8.14 中,啮合点 $M_{BC'}$ 与 M_{CD} 分别为两对啮合齿轮的相对瞬心,根据三心定理,$M_{BC'}$、M_{CD} 连线与固定铰链 A、D 中心连线的交点 P_{51} 为输出齿轮 5 与主动齿轮 1 的相对瞬心。因此,主、从动轮传动比 i_{51} 为

$$i_{51}=\frac{\omega_5}{\omega_1}=\pm\frac{e}{f}$$

当 P_{51} 位于机架上两固定铰链中心 A、D 之间时，主、从动轮转向相反，传动比 i_{51} 取负值；否则取正值。当 P_{51} 与点 A 重合时，$e=0$，由上式知，$\omega_5=0$。改变机构尺寸参数，可使 P_{51} 点始终在 AD 之外，或瞬时与点 A 重合，或在点 A 左右移动，可得到齿轮 5 单向变速转动，或瞬时停歇变速转动，或具有反向转动的变速转动，以适应不同的运动要求。图 8.15为该机构不同的传动比图线。

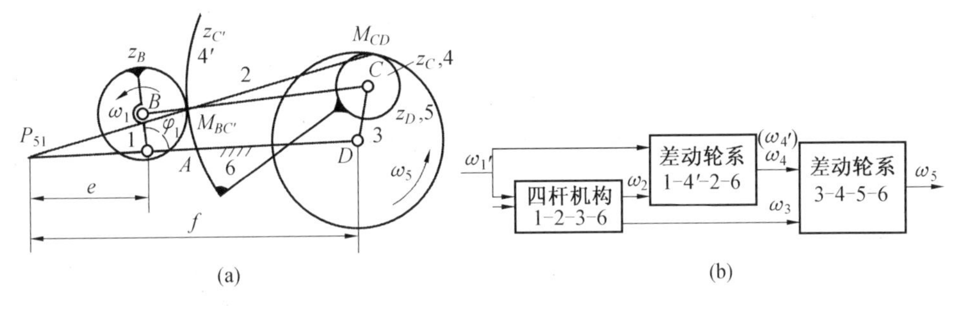

图 8.14

图 8.16 所示为一种实现预定轨迹的齿轮—连杆机构，该机构为相啮合两齿轮上各有一转动副与杆组（RRR 杆组）相连接。两曲柄（齿轮）相对位置不同时，杆组内副点 M 的轨迹会各不相同，当曲柄 A_0A 对应曲柄 B_0B_{I} 时，内副点 M 形成轨迹 $m_{\mathrm{I}}—m_{\mathrm{I}}$，当曲柄 A_0A 对应曲柄 B_0B_{II} 时，形成轨迹 $m_{\mathrm{II}}—m_{\mathrm{II}}$。改变两曲柄（齿轮）的转速比，可使轨迹周期变化，从而可得到更为复杂的轨迹曲线。

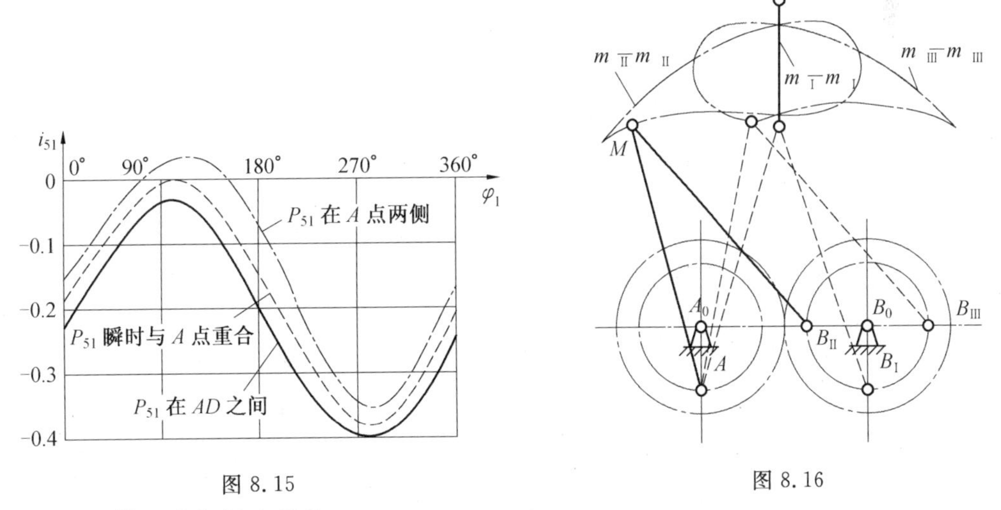

图 8.15　　图 8.16

(2)凸轮—连杆组合机构。

凸轮—连杆组合机构的形式很多，这类组合机构容易精确实现从动件预定的运动轨迹或运动规律。

图 8.17 所示为凸轮—导杆滑块组合机构。其中，A 处的滑槽是主动件，它带动杆 1 回转，其上滚子 4 将在凸轮槽中滚动。设计合适的凸轮廓线可使从动件滑块 3 精确实现

预定的运动规律。该机构也可看作是可变曲柄长度的对心曲柄滑块机构。据此，对图8.14(a)所示的齿轮－连杆机构的主动曲柄1的长度L_{AB}也可由凸轮廓线约束，使之成为可变长度曲柄，则输出齿轮5的运动更精确，更复杂多变，这时的机构称为凸轮－齿轮－连杆组合机构。

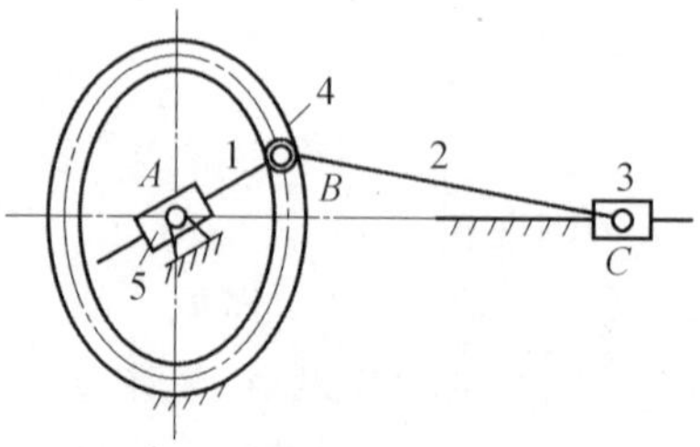

图 8.17

组合机构的形式是多种多样的，上面仅就常见的几种进行了简单的介绍。

(3) 其他形式机构的组合。

另一类机构的组合，是引进了非刚性构件或气体、液体等中间介质，由于这些中间介质的运动规律可以由电、液控制，因此将机构组合与程序控制有机地结合在一起，在现代工业中已有广泛的应用。

① 带有挠性件的机构组合。图8.18所示的机构由链传动机构与滑块机构组合而成，可使滑块5在很长的行程内实现往复等速运动。滑块在换向点做简谐运动，反向冲击小，换向平稳。

② 具有气体、液体等中间介质的机构组合。图8.19所示为挖掘机机构，三个摆动液压缸分别安装于前一机构的某一杆件上，推动后一机构的某杆件运动，形成开式链机构。缸Ⅰ工作时，使杆1绕A点摆动，缸Ⅱ使杆2绕杆1上的F点转动，而缸Ⅲ则驱动平行曲柄机构$HIJK$运动，从而使挖掘头4实现挖掘运动。

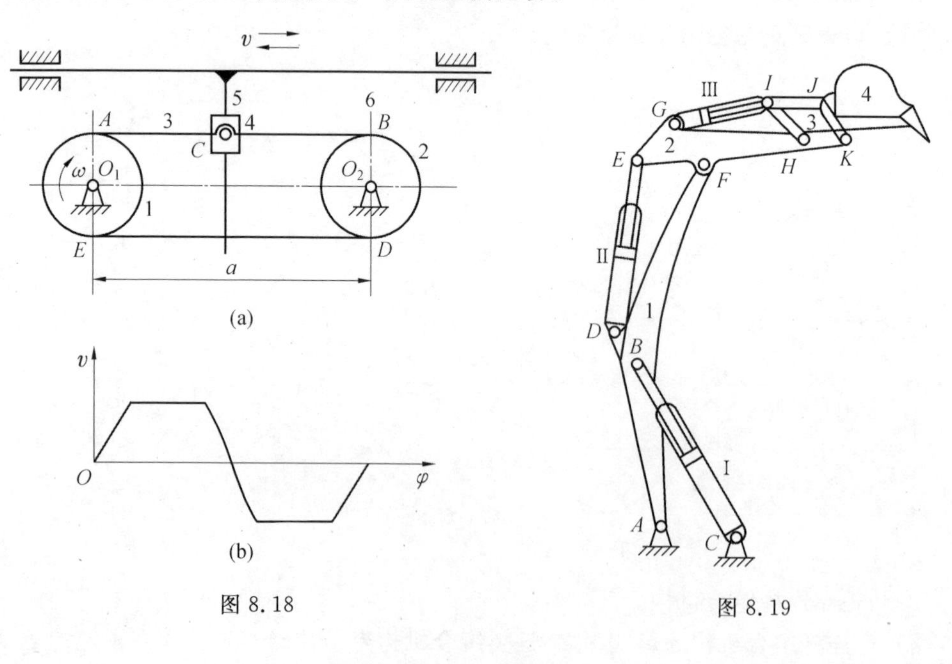

图 8.18

图 8.19

习　题

8.1 机械运动方案设计中的运动循环图的作用是什么？为什么运动循环图要有修

改和完善过程？

8.2 按本章对牛头刨床的运动要求，根据你所掌握的牛头刨床的工作情况，自拟工艺参数，进行两种运动方案设计(可忽略力的影响)。

8.3 根据图 8.7(b)的运动轨迹，应用你所学过的机构的基本知识，设计两种机构运动方案，并阐述其优缺点。

8.4 至少提出两种机械运动方案，实现厚度为 5 mm 的矩形(400 mm×200 mm)钢板从位置 $ABCD$ 到位置 $A'B'C'D'$ 的翻转及搬运(题图 8.4)。搬运前后中心 O 可以重合，也可以不重合。

8.5 题图 8.5 所示为油田抽油机，为实现抽油唧筒 a 的上下运动(假定为 2 m)，虚线 d 处应采用何种机构运动方案？

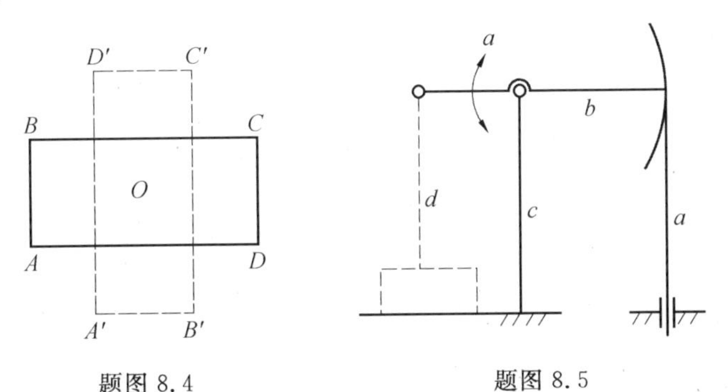

题图 8.4　　题图 8.5

8.6 给出一机械升降平台的运动方案设计。升降平台用于摄像记者在高空摄像，最高升高高度为 10 m，要求能随时在任何高度停止。(必须保证记者人身安全)

附　　录

附录Ⅰ　常用Ⅱ级杆组的运动分析数学模型

1. RPR Ⅱ级组

图Ⅰ.1是由2个构件与2个外回转副和1个内移动副组成的RPR Ⅱ级组。

已知两构件尺寸 l_i、l_j、l_k 及两外转动副 B、D 的参数 x_B、y_B、$\dot{x}_B$、$\dot{y}_B$、$\ddot{x}_B$、$\ddot{y}_B$、x_D、y_D、$\dot{x}_D$、$\dot{y}_D$、$\ddot{x}_D$、$\ddot{y}_D$。

求内移动副的运动参数 x_C、y_C、$\dot{x}_C$、$\dot{y}_C$、$\ddot{x}_C$、$\ddot{y}_C$，构件上 E 点参数 x_E、y_E、$\dot{x}_E$、$\dot{y}_E$、$\ddot{x}_E$、$\ddot{y}_E$ 及构件 l_j 的角位移 φ_j、角速度 ω_j、角加速度 α_j。

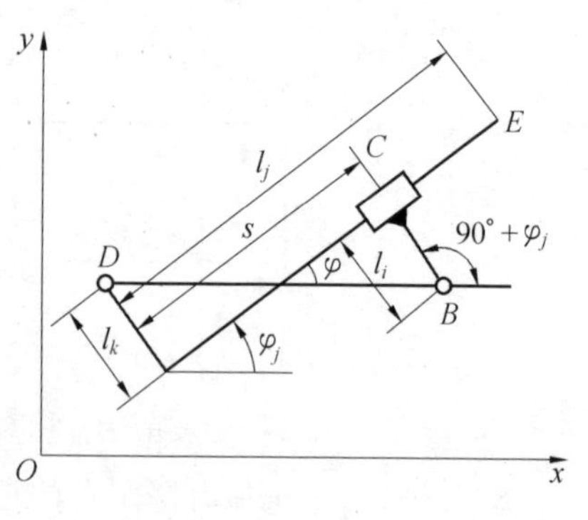

图Ⅰ.1

(1) 位置方程。

l_j 杆角位移为

$$\varphi_j=\arctan\frac{B_0 s+A_0 C_0}{A_0 s-B_0 C_0} \tag{Ⅰ.1}$$

式中，$A_0=x_B-x_D$；$B_0=y_B-y_D$；$C_0=l_i+l_k$；$s=\sqrt{A_0^2+B_0^2-C_0^2}$。

内移动副 C 的位置为

$$\begin{cases}x_C=x_B-l_i\sin\varphi_j=x_D+l_k\sin\varphi_i+s\cos\varphi_j\\ y_C=y_B-l_i\cos\varphi_j=y_D-l_k\cos\varphi_i+s\sin\varphi_j\end{cases} \tag{Ⅰ.2}$$

导杆上点 E 的位置为

$$\begin{cases}x_E=x_C+(l_j-s)\cos\varphi_j\\ y_E=y_C+(l_j-s)\sin\varphi_j\end{cases} \tag{Ⅰ.3}$$

(2) 速度方程。

$$\omega_j=\dot{\varphi}_j=[(\dot{y}_B-\dot{y}_D)\cos\varphi_j-(\dot{x}_B-\dot{x}_D)\sin\varphi_j]/G_4 \tag{Ⅰ.4}$$

$$\dot{s}=[(\dot{x}_B-\dot{x}_D)(x_B-x_D)+(\dot{y}_B-\dot{y}_D)(y_B-y_D)]/G_4 \tag{Ⅰ.5}$$

式中，$G_4=(x_B-x_D)\cos\varphi_i+(y_B-y_D)\sin\varphi_j$。

点 C 和点 E 的速度为

$$\begin{cases}\dot{x}_C=\dot{x}_B-\dot{\varphi}_j l_i\cos\varphi_j\\ \dot{y}_C=\dot{y}_B-\dot{\varphi}_j l_i\sin\varphi_j\end{cases} \tag{Ⅰ.6}$$

$$\begin{cases}\dot{x}_E=\dot{x}_D-\dot{\varphi}_j(l_j\sin\varphi_j-l_k\cos\varphi_j)\\ \dot{y}_E=\dot{y}_D+\dot{\varphi}_j(l_j\cos\varphi_j+l_k\cos\varphi_j)\end{cases} \tag{Ⅰ.7}$$

(3) 加速度方程。

$$\alpha_j=\ddot{\varphi}_j=(G_6\cos\varphi_j-G_5\sin\varphi_j)/G_4 \quad (\text{I}.8)$$

$$\ddot{s}=[G_5(x_B-x_D)+G_6(y_B-y_D)]/G_4 \quad (\text{I}.9)$$

式中，$G_5=\ddot{x}_B-\ddot{x}_D+\dot{\varphi}_j^2(x_B-x_D)+2\dot{s}\dot{\varphi}_j\sin\varphi_j$；$G_6=\ddot{y}_B-\ddot{y}_D+\dot{\varphi}_j^2(y_B-y_D)-2\dot{s}\dot{\varphi}_j\cos\varphi_j$。

点 C 和点 E 加速度为

$$\begin{cases}\ddot{x}_C=\ddot{x}_B-\ddot{\varphi}_j l_i\cos\varphi_j+\dot{\varphi}_j^2 l_i\sin\varphi_j\\ \ddot{y}_C=\ddot{y}_B-\ddot{\varphi}_j l_i\sin\varphi_j-\dot{\varphi}_j^2 l_i\cos\varphi_j\end{cases} \quad (\text{I}.10)$$

$$\begin{cases}\ddot{x}_E=\ddot{x}_D-\ddot{\varphi}_j(l_j\sin\varphi_j-l_k\cos\varphi_j)-\varphi_j^2(l_j\cos\varphi_j+l_k\sin\varphi_j)\\ \ddot{y}_E=\ddot{y}_D+\ddot{\varphi}_j(l_j\cos\varphi_j+l_k\sin\varphi_j)-\varphi_j^2(l_j\sin\varphi_j-l_k\cos\varphi_j)\end{cases} \quad (\text{I}.11)$$

2. RPP Ⅱ级组

如图Ⅰ.2 所示的是由 2 个构件与 1 个外转动副 B 及 2 个移动副(C、D)组成的 RPP Ⅱ级组。

已知杆长 $BC=l_i$，外转动副参数 x_B、y_B、$\dot{x}_B$、$\dot{y}_B$、$\ddot{x}_B$、$\ddot{y}_B$，参考点 K 的参数 x_k、y_k、$\dot{x}_k$、$\dot{y}_k$、$\ddot{x}_k$、$\ddot{y}_k$，滑块 D 的导路与 x 轴夹角 φ_j 及滑块 C 和 D 两导路之间夹角 δ。

求滑块 C 的参数 S_i、$\dot{S}_i$、$\ddot{S}_i$、x_C、y_C、$\dot{x}_C$、$\dot{y}_C$、$\ddot{x}_C$、$\ddot{y}_C$ 和滑块 D 的参数 S_j、$\dot{S}_j$、$\ddot{S}_j$、x_D、y_D、$\dot{x}_D$、$\dot{y}_D$、$\ddot{x}_D$、$\ddot{y}_D$。

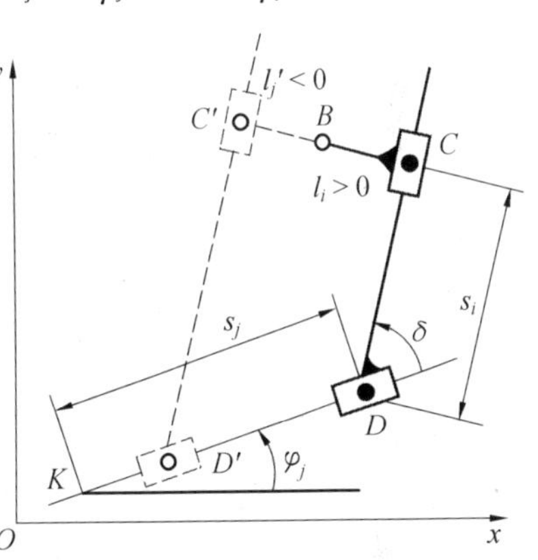

图Ⅰ.2

(1) 位置方程。

内移动副 C 的位置方程为

$$\begin{cases}x_C=x_B+l_i\sin(\varphi_j+\delta)\\ y_C=y_B-l_i\cos(\varphi_j+\delta)\end{cases} \quad (\text{I}.12)$$

$$\begin{cases}s_i=(B_2\cos\varphi_j-B_1\sin\varphi_j)/B_3\\ s_j=[B_1\sin(\varphi_j+\delta)-B_2\cos(\varphi_j+\delta)]/B_3\end{cases} \quad (\text{I}.13)$$

式中，$B_1=x_B-x_k+l_i\sin(\varphi_j+\delta)$；$B_2=y_B-y_k-l_i\cos(\varphi_j+\delta)$；$B_3=\sin(\varphi_j+\delta)\cos\varphi_j-\cos(\varphi_j+\delta)\sin\varphi_j=\sin\delta$。

外移动副 D 的位置方程为

$$\begin{cases}x_D=x_k+s_j\cos\varphi_j\\ y_D=y_k+s_j\sin\varphi_j\end{cases} \quad (\text{I}.14)$$

(2) 速度方程。

$$\begin{cases}\dot{s}_i=(B_5\cos\varphi_j-B_4\sin\varphi_j)/B_3\\ \dot{s}_j=[B_4\sin(\varphi_j+\delta)-B_5\cos(\varphi_j+\delta)]/B_3\end{cases} \quad (\text{I}.15)$$

式中，$B_4=\dot{x}_B-\dot{x}_k+\dot{\varphi}_j[l_j\cos(\varphi_j+\delta)+S_i\sin(\varphi_j+\delta)+S_j\sin\varphi_j]$；$B_5=\dot{y}_B-\dot{y}_k+$

$\dot{\varphi}_j[l_j\sin(\varphi_j+\delta)-S_i\cos(\varphi_j+\delta)-S_j\cos\varphi_j]$。

$$\begin{cases}\dot{x}_C=\dot{x}_B+\dot{\varphi}_j l_i\cos(\varphi_j+\delta)\\ \dot{y}_C=\dot{y}_B+\dot{\varphi}_j l_i\sin(\varphi_j+\delta)\end{cases} \tag{Ⅰ.16}$$

$$\begin{cases}\dot{x}_D=\dot{x}_k+\dot{S}_j\cos\varphi_j-S_j\dot{\varphi}_j\sin\varphi_j\\ \dot{y}_D=\dot{y}_k+\dot{S}_j\sin\varphi_j+S_j\dot{\varphi}_j\cos\varphi_j\end{cases} \tag{Ⅰ.17}$$

(3)加速度方程。

$$\begin{cases}\ddot{s}_i=(B_7\cos\varphi_i-B_6\sin\varphi_j)/B_3\\ \ddot{s}_j=[B_6\sin(\varphi_j+\delta)-B_7\cos(\varphi_j+\delta)]/B_3\end{cases} \tag{Ⅰ.18}$$

式中

$$\begin{aligned}B_6=&\ddot{x}_B-\ddot{x}_k+\ddot{\varphi}_j[l_i\cos(\varphi_j+\delta)+s_i\sin(\varphi_j+\delta)+s_j\sin\varphi_j]-\\&\dot{\varphi}_j^2[l_i\sin(\varphi_j+\delta)-s_i\cos(\varphi_j+\delta)-s_j\cos\varphi_j]+\\&2\dot{\varphi}_j[\dot{s}_i\sin(\varphi_j+\delta)+\dot{s}_j\sin\varphi_j];\end{aligned}$$

$$\begin{aligned}B_7=&\ddot{y}_B-\ddot{y}_k+\ddot{\varphi}_j[l_i\sin(\varphi_j+\delta)-s_i\cos(\varphi_j+\delta)-s_j\cos\varphi_j]+\\&\dot{\varphi}_j^2[l_i\cos(\varphi_j+\delta)+s_i\sin(\varphi_j+\delta)+s_j\sin\varphi_j]-\\&2\dot{\varphi}_j[\dot{s}_i\cos(\varphi_j+\delta)+\dot{s}_j\cos\varphi_j]。\end{aligned}$$

$$\begin{cases}\ddot{x}_C=\ddot{x}_B+\ddot{\varphi}_j l_i\cos(\varphi_j+\delta)-\dot{\varphi}_j^2 l_i\sin(\varphi_j+\delta)\\ \ddot{y}_C=\ddot{y}_B+\ddot{\varphi}_j l_i\sin(\varphi_j+\delta)+\dot{\varphi}_j^2 l_i\cos(\varphi_j+\delta)\end{cases} \tag{Ⅰ.19}$$

$$\begin{cases}\ddot{x}_D=\ddot{x}_k+\ddot{s}_j\cos\varphi_j-s_j\ddot{\varphi}_j\sin\varphi_j-2\dot{s}_j\dot{\varphi}_j\sin\varphi_j-s_j\dot{\varphi}_j^2\cos\varphi_j\\ \ddot{y}_D=\ddot{y}_k+\ddot{s}_j\sin\varphi_j+s_j\ddot{\varphi}_j\cos\varphi_j+2\dot{s}_j\dot{\varphi}_j\cos\varphi_j-s_j\dot{\varphi}_j^2\sin\varphi_j\end{cases} \tag{Ⅰ.20}$$

3. PRP Ⅱ级组

图Ⅰ.3是由2个构件和2个外移动副(B、D)及1个内回转副C组成的PRP Ⅱ级组。

已知两杆长l_i、l_j，两移动副导路有关参数φ_i、φ_j、$\dot{\varphi}_i$、$\dot{\varphi}_j$、$\ddot{\varphi}_i$、$\ddot{\varphi}_j$及参考点K_i、K_j的运动参数x_{ki}、y_{ki}、$\dot{x}_{ki}$、$\dot{y}_{ki}$、$\ddot{x}_{ki}$、$\ddot{y}_{ki}$、x_{kj}、y_{kj}、$\dot{x}_{kj}$、$\dot{y}_{kj}$、$\ddot{x}_{kj}$、$\ddot{y}_{kj}$。

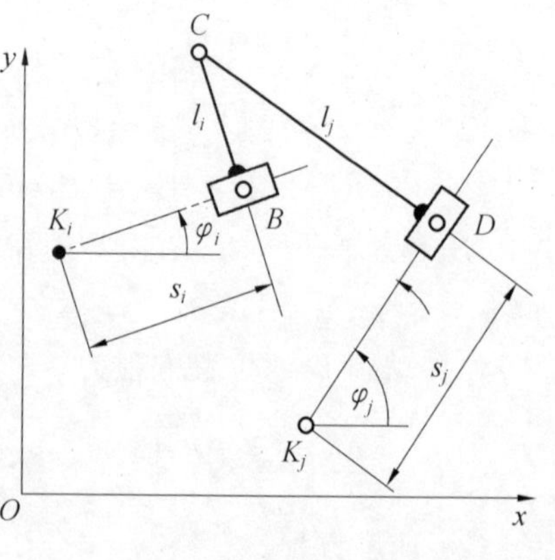

图Ⅰ.3

求滑块相对于参考点的位移s_i、s_j，速度，加速度和内回转副C的位置、速度、加速度。

(1) 位置方程。

两外移动副相对参考点的位置为

$$\begin{cases}s_i=(C_1\sin\varphi_j-C_2\cos\varphi_j)/C_3\\ s_j=(C_1\sin\varphi_i-C_2\cos\varphi_i)/C_3\end{cases} \tag{Ⅰ.21}$$

式中，$C_1=x_{kj}-x_{Ki}-l_i\sin\varphi_i-l_j\sin\varphi_j$；$C_2=y_{kj}-y_{Ki}-l_i\cos\varphi_i-l_j\cos\varphi_j$；$C_3=\sin\varphi_j-\cos\varphi_i-\cos\varphi_j\sin\varphi_j=\sin(\varphi_j-\varphi_i)$。

运动副C、B、D的位置为

$$\begin{cases} x_C = x_{Ki} + s_i\cos\varphi_i - l_i\sin\varphi_i \\ y_C = y_{Ki} + s_i\sin\varphi_i + l_i\cos\varphi_i \end{cases} \tag{Ⅰ.22}$$

$$\begin{cases} x_B = x_{Ki} + s_i\cos\varphi_i \\ y_B = y_{Ki} + s_i\sin\varphi_i \end{cases} \tag{Ⅰ.23}$$

$$\begin{cases} x_D = x_{Kj} + s_j\cos\varphi_j \\ y_D = y_{Kj} + s_j\sin\varphi_j \end{cases} \tag{Ⅰ.24}$$

（2）速度方程。

$$\begin{cases} \dot{s}_i = (C_4\sin\varphi_j - C_5\cos\varphi_j)/C_3 \\ \dot{s}_j = (C_4\cos\varphi_i - C_5\cos\varphi_i)/C_3 \end{cases} \tag{Ⅰ.25}$$

式中，$C_4 = \dot{x}_{Kj} - \dot{x}_{Ki} + \dot{\varphi}_i(l_i\cos\varphi_i + s_i\sin\varphi_i) - \dot{\varphi}_j(l_j\cos\varphi_j + s_j\sin\varphi_j)$；$C_5 = \dot{y}_{Kj} - \dot{y}_{Ki} + \dot{\varphi}_i(l_i\sin\varphi_i - s_i\cos\varphi_i) - \dot{\varphi}_j(l_j\sin\varphi_j - s_j\cos\varphi_j)$。

$$\begin{cases} \dot{x}_C = \dot{x}_{Ki} + \dot{s}_i\cos\varphi_i - \dot{\varphi}_i(s_i\sin\varphi_i + l_i\cos\varphi_i) \\ \dot{y}_C = \dot{y}_{Ki} + \dot{s}_i\sin\varphi_i + \dot{\varphi}_i(s_i\cos\varphi_i - l_i\sin\varphi_i) \end{cases} \tag{Ⅰ.26}$$

$$\begin{cases} \dot{x}_B = \dot{x}_{Ki} + \dot{s}_i\cos\varphi_i - s_i\dot{\varphi}_i\sin\varphi_i \\ \dot{y}_B = \dot{y}_{Ki} + \dot{s}_i\sin\varphi_i + s_i\dot{\varphi}_i\cos\varphi_i \end{cases} \tag{Ⅰ.27}$$

$$\begin{cases} \dot{x}_D = \dot{x}_{Kj} + \dot{s}_j\cos\varphi_j - s_j\dot{\varphi}_j\sin\varphi_j \\ \dot{y}_D = \dot{y}_{Kj} + \dot{s}_j\sin\varphi_j + s_j\dot{\varphi}_j\cos\varphi_j \end{cases} \tag{Ⅰ.28}$$

（3）加速度方程。

$$\begin{cases} \ddot{s}_i = (C_6\cos\varphi_j - C_7\sin\varphi_j)/C_3 \\ \ddot{s}_j = (C_6\sin\varphi_i - C_7\cos\varphi_i)/C_3 \end{cases} \tag{Ⅰ.29}$$

式中

$$\begin{aligned} C_6 = {} & \ddot{x}_{Kj} - \ddot{x}_{Ki} + \ddot{\varphi}_i(l_i\cos\varphi_i + s_i\sin\varphi_i) - \ddot{\varphi}_j(l_j\cos\varphi_j + s_j\sin\varphi_j) - \\ & \dot{\varphi}_i^2(l_i\sin\varphi_i - s_i\cos\varphi_i) - \dot{\varphi}_j^2(s_j\cos\varphi_j - l_j\sin\varphi_j) + \\ & 2(\dot{s}_i\dot{\varphi}_i\sin\varphi_i - \dot{s}_j\dot{\varphi}_j\sin\varphi_j) \end{aligned}$$

$$\begin{aligned} C_7 = {} & \ddot{y}_{Kj} - \ddot{y}_{Ki} + \ddot{\varphi}_i(l_i\sin\varphi_i - s_i\cos\varphi_i) - \ddot{\varphi}_j(l_j\sin\varphi_j - s_j\cos\varphi_j) + \\ & \dot{\varphi}_i^2(l_i\cos\varphi_i + s_i\sin\varphi_i) - \dot{\varphi}_j^2(l_j\cos\varphi_j + s_j\sin\varphi_j) - \\ & 2(\dot{s}_i\dot{\varphi}_i\cos\varphi_i - \dot{s}_j\dot{\varphi}_j\cos\varphi_j) \end{aligned}$$

$$\begin{cases} \ddot{x}_C = \ddot{x}_{Ki} + \ddot{s}_i\cos\varphi_i - \ddot{\varphi}_i(s_i\sin\varphi_i + l_i\cos\varphi_i) + \dot{\varphi}_i^2(l_i\sin\varphi_i - s_i\cos\varphi_i) - 2\dot{s}_i\dot{\varphi}_i\sin\varphi_i \\ \ddot{y}_C = \ddot{y}_{Ki} + \ddot{s}_i\sin\varphi_i + \ddot{\varphi}_i(s_i\cos\varphi_i - l_i\sin\varphi_i) - \dot{\varphi}_i^2(l_i\cos\varphi_i + s_i\sin\varphi_i) + 2\ddot{s}_i\dot{\varphi}_i\cos\varphi_i \end{cases} \tag{Ⅰ.30}$$

$$\begin{cases} \ddot{x}_B = \ddot{x}_{Ki} + \ddot{s}_i\cos\varphi_i - s_i\ddot{\varphi}_i\sin\varphi_i - \dot{\varphi}_i(2\dot{s}_i\sin\varphi_i + s_i\dot{\varphi}_i\cos\varphi_i) \\ \ddot{y}_B = \ddot{y}_{Ki} + \ddot{s}_i\sin\varphi_i + s_i\ddot{\varphi}_i\cos\varphi_i + \dot{\varphi}_i(2\dot{s}_i\cos\varphi_i - s_i\dot{\varphi}_i\sin\varphi_i) \end{cases} \tag{Ⅰ.31}$$

$$\begin{cases}\ddot{x}_D=\ddot{x}_{kj}+\ddot{s}_j\cos\varphi_j-s_j\ddot{\varphi}_j\sin\varphi_j-\dot{\varphi}_j(2\dot{s}_j\sin\varphi_j+s_j\dot{\varphi}_j\cos\varphi_j)\\ \ddot{y}_D=\ddot{y}_{kj}+\ddot{s}_j\sin\varphi_j+s_j\ddot{\varphi}_j\cos\varphi_j+\dot{\varphi}_j(2\dot{s}_j\cos\varphi_j-s_j\dot{\varphi}_j\sin\varphi_j)\end{cases}\quad(\text{Ⅰ}.32)$$

附录Ⅱ 位移矩阵与坐标变换

1. 刚体旋转矩阵

刚体的总位移可以用刚体的角位移和刚体上任何适当参考点的线位移的总和来表示。在坐标轴相互垂直的固定坐标系 xzy 中,刚体绕不同轴的旋转次序对刚体的最终位置是有影响的,即刚体的旋转次序是不可互换的。令刚体绕 x、y、z 轴分别旋转 γ、β 和 α 角的角位移表示如下。

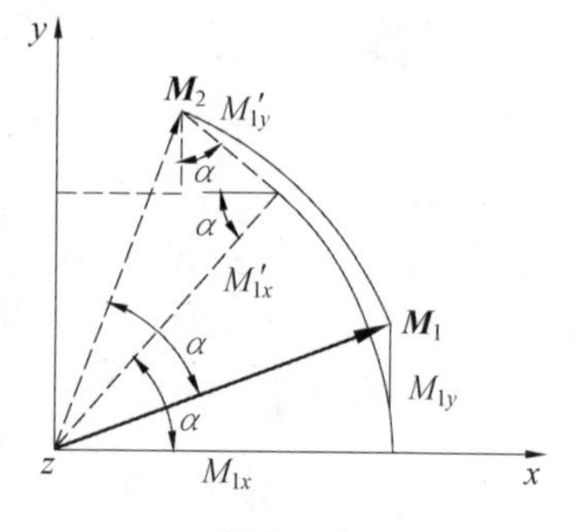

图Ⅱ.1

刚体上一个定长矢量 $\boldsymbol{M}$ 绕 z 轴旋转 α 角,如图Ⅱ.1 所示,自 $\boldsymbol{M}_1$ 到 $\boldsymbol{M}_2$,从图上可以看出

$$\begin{cases}M_{2x}=M_{1x}\cos\alpha-M_{1y}\sin\alpha\\ M_{2y}=M_{1x}\sin\alpha+M_{1y}\cos\alpha\\ M_{2z}=M_{1z}\end{cases}\quad(\text{Ⅱ}.1)$$

写成矩阵形式如下:

$$\begin{bmatrix}M_{2x}\\M_{2y}\end{bmatrix}=\begin{bmatrix}\cos\alpha & -\sin\alpha\\ \sin\alpha & \cos\alpha\end{bmatrix}\begin{bmatrix}M_{1x}\\M_{1y}\end{bmatrix}=\boldsymbol{R}_\alpha\begin{bmatrix}M_{1x}\\M_{1y}\end{bmatrix}\quad(\text{Ⅱ}.2)$$

式中,$\boldsymbol{R}_\alpha=\begin{bmatrix}\cos\alpha & -\sin\alpha\\ \sin\alpha & \cos\alpha\end{bmatrix}$为刚体平面旋转矩阵。

对于刚体平面运动中的旋转,经常写成如下简洁形式:

$$\boldsymbol{M}_2=\boldsymbol{R}_\alpha\boldsymbol{M}_1\quad(\text{Ⅱ}.3)$$

对于刚体的三维旋转,当绕 z 轴转过 α 角时得

$$\begin{bmatrix}M_{2x}\\M_{2y}\\M_{2z}\end{bmatrix}=\begin{bmatrix}\cos\alpha & -\sin\alpha & 0\\ \sin\alpha & \cos\alpha & 0\\ 0 & 0 & 1\end{bmatrix}\begin{bmatrix}M_{1x}\\M_{1y}\\M_{1z}\end{bmatrix}\quad(\text{Ⅱ}.4)$$

同理,刚体绕 y 轴旋转 β 角时得

$$\begin{bmatrix}M'_{2x}\\M'_{2y}\\M'_{2z}\end{bmatrix}=\begin{bmatrix}\cos\beta & 0 & \sin\beta\\ 0 & 1 & 0\\ -\sin\beta & 0 & \cos\beta\end{bmatrix}\begin{bmatrix}M_{1x}\\M_{1y}\\M_{1z}\end{bmatrix}\quad(\text{Ⅱ}.5)$$

刚体绕 x 轴旋转 γ 角时得

$$\begin{bmatrix}M''_{2x}\\M''_{2y}\\M''_{2z}\end{bmatrix}=\begin{bmatrix}1 & 0 & 0\\ 0 & \cos\gamma & -\sin\gamma\\ 0 & \sin\gamma & \cos\gamma\end{bmatrix}\begin{bmatrix}M_{1x}\\M_{1y}\\M_{1z}\end{bmatrix}\quad(\text{Ⅱ}.6)$$

刚体依次绕 z 轴转过 α 角,绕 y 轴转过 β 角,再绕 x 轴转过 γ 角的最后位置,按式(Ⅱ.3)格式书写如下:

$$M_2=R_{r,x}R_{\beta,y}R_{\alpha,z}M_1=R_{\alpha\beta\gamma}M_1 \tag{Ⅱ.7}$$

$$R_{\alpha\beta\gamma}=\begin{bmatrix} C_\alpha C_\beta & -S_\alpha C_\beta & S_\beta \\ S_\alpha C_\gamma+C_\alpha S_\beta S_\gamma & C_\alpha C_\gamma-S_\alpha S_\beta S_\gamma & -C_\beta S_\gamma \\ S_\alpha S_\gamma-C_\alpha S_\beta C_\gamma & C_\alpha S_\gamma+S_\alpha S_\beta C_\gamma & C_\beta C_\gamma \end{bmatrix}$$

式中，$C_\alpha=\cos\alpha$；$S_\alpha=\sin\alpha$；依此类推。

2. 刚体位移矩阵

如图Ⅱ.2中的一个刚体(用 p、q 两点表示)自第一个位置 p_1q_1 位移到第二个位置 p_2q_2 时，按式(Ⅱ.2)的表示方法可以写成

$$\begin{bmatrix} q_{2x} & -p_{2x} \\ q_{2y} & -p_{2y} \end{bmatrix}=\begin{bmatrix} \cos\theta & -\sin\theta \\ \sin\theta & \cos\theta \end{bmatrix}\begin{bmatrix} q_{1x} & -p_{1x} \\ q_{1y} & -p_{1y} \end{bmatrix} \tag{Ⅱ.8}$$

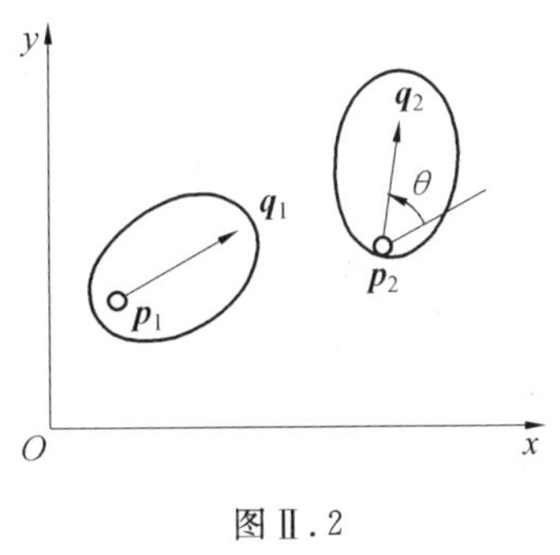

图Ⅱ.2

写成简洁形式为

$$(q_2-p_2)=R_\theta(q_1-p_1) \tag{Ⅱ.9}$$

所以

$$q_2=R_\theta(q_1-p_1)+p_2 \tag{Ⅱ.10}$$

式(Ⅱ.9)和(Ⅱ.10)为矩阵相乘或相加，它很适合于计算机计算，对于平面运动，它是一个2×2的矩阵，还可以改写成如下形式：

$$q_2=R_\theta q_1-R_\theta p_1+p_2 \tag{Ⅱ.11}$$

也可以把它写成3×3的矩阵

$$\begin{bmatrix} q_{2x} \\ q_{2y} \\ 1 \end{bmatrix}=\begin{bmatrix} \cos\theta & -\sin\theta & p_{2x}-p_{1x}\cos\theta+p_{1y}\sin\theta \\ \sin\theta & \cos\theta & p_{2y}-p_{1x}\sin\theta-p_{1y}\cos\theta \\ 0 & 0 & 1 \end{bmatrix}\begin{bmatrix} q_{1x} \\ q_{1y} \\ 1 \end{bmatrix}$$

因此，可以写成简单形式

$$\begin{bmatrix} q_2 \\ 1 \end{bmatrix}=D\begin{bmatrix} q_1 \\ 1 \end{bmatrix} \tag{Ⅱ.12}$$

式中，D 为刚体平面位移矩阵，

$$D=\begin{bmatrix} R_\theta & (p_2-R_\theta p_1) \\ 0 & 1 \end{bmatrix}$$

$$=\begin{bmatrix} \cos\theta & -\sin\theta & p_{2x}-p_{1x}\cos\theta+p_{1y}\sin\theta \\ \sin\theta & \cos\theta & p_{2y}-p_{1x}\sin\theta-p_{1y}\cos\theta \\ 0 & 0 & 1 \end{bmatrix} \tag{Ⅱ.13}$$

3. 坐标变换

为描述机构的运动，人为在构件(刚体)上设置了不同的坐标系，构件在不同坐标系下的状态关系，称之为坐标变换。

图Ⅱ.3中，两坐标系的相应坐标轴之间的夹角为 φ，$\overrightarrow{OM}$ 在动坐标系 x_1Oy_1 中的坐标值为 (x_1,y_1)，在固定坐标系 xOy 中的坐标值为 (x,y)，当由动坐标系变换到固定坐标系

时,按图中关系可得

$$x=x_1\cos\varphi-y_1\sin\varphi$$
$$y=x_1\sin\varphi+y_1\cos\varphi$$

即

$$\begin{bmatrix}x\\y\end{bmatrix}=\begin{bmatrix}\cos\varphi & -\sin\varphi\\ \sin\varphi & \cos\varphi\end{bmatrix}\begin{bmatrix}x_1\\y_1\end{bmatrix}=\boldsymbol{R}_\varphi\begin{bmatrix}x_1\\y_1\end{bmatrix} \tag{Ⅱ-14}$$

当由固定坐标系变换到动坐标系时,存在关系如下:

$$\begin{bmatrix}x_1\\y_1\end{bmatrix}=\begin{bmatrix}\cos\varphi & \sin\varphi\\ -\sin\varphi & \cos\varphi\end{bmatrix}\begin{bmatrix}x\\y\end{bmatrix}=\boldsymbol{T}\begin{bmatrix}x\\y\end{bmatrix} \tag{Ⅱ-15}$$

故有

$$\boldsymbol{T}=\begin{bmatrix}\cos\varphi & \sin\varphi\\ -\sin\varphi & \cos\varphi\end{bmatrix}=\boldsymbol{R}_\varphi^{-1}$$

式中,$\boldsymbol{T}$ 为坐标变换矩阵,它等于位移矩阵(或称旋转矩阵)的逆阵。

一般而言,若两坐标系的原点并不重合,如图Ⅱ.4 所示,两坐标原点距离为 S 时,要把 M 点的位置从一个坐标系变换到另一个坐标系中,$M(M_x,M_y)$ 与 $M_1(M_{x1},M_{y1})$ 的关系为

$$\begin{bmatrix}M_x\\M_y\end{bmatrix}=\boldsymbol{R}_\varphi\begin{bmatrix}M_{x1}\\M_{y1}\end{bmatrix}+\begin{bmatrix}S_x\\S_y\end{bmatrix} \tag{Ⅱ.16}$$

而

$$\begin{bmatrix}M_{x1}\\M_{y1}\end{bmatrix}=\boldsymbol{R}_\varphi^{-1}\begin{bmatrix}M_x & -S_x\\M_y & -S_y\end{bmatrix} \tag{Ⅱ.17}$$

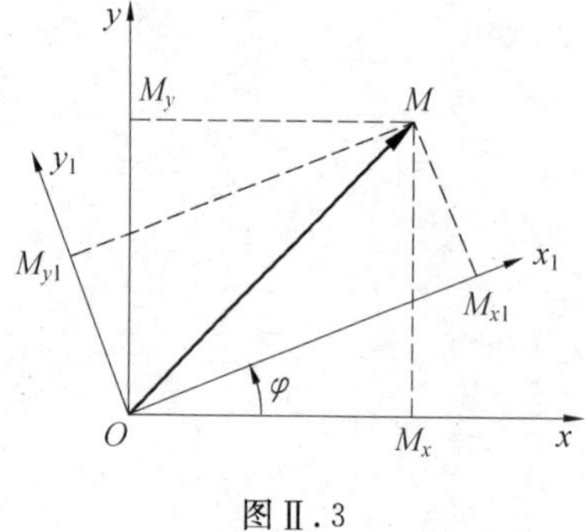

图Ⅱ.3

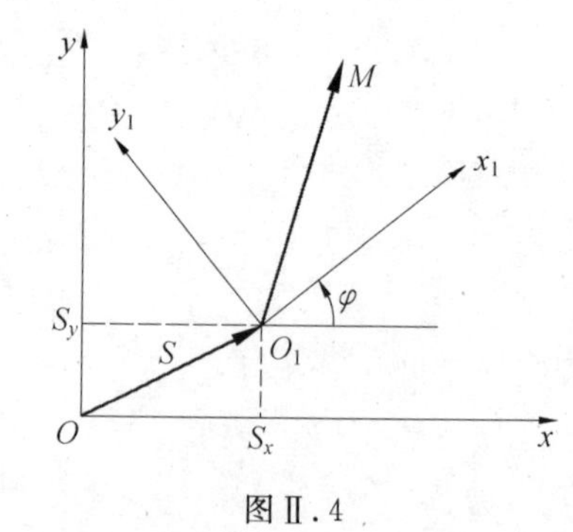

图Ⅱ.4

参考文献

[1] 邓宗全,于红英,王知行. 机械原理[M]. 3 版. 北京:高等教育出版社,2015.

[2] 孙桓,陈作模,葛文杰. 机械原理[M]. 8 版. 北京:高等教育出版社,2013.

[3] 安子军. 机械原理[M]. 4 版. 北京:国防工业出版社,2020.

[4] 廖汉元,孔建益. 机械原理[M]. 3 版. 北京:机械工业出版社,2013.

[5] 张春林,赵自强. 机械原理[M]. 北京:机械工业出版社,2013.

[6] 王德伦,高媛. 机械原理[M]. 北京:机械工业出版社,2011.

[7] 师忠秀. 机械原理[M]. 3 版. 北京:机械工业出版社,2016.

[8] 张颖,张春林. 机械原理(英汉双语)[M]. 2 版. 北京:机械工业出版社,2016.

[9] 潘存云,尹喜云. 机械原理[M]. 3 版. 长沙:中南大学出版社,2019.

[10] 谢进,万朝燕,杜立杰. 机械原理[M]. 3 版. 北京:高等教育出版社,2020.

[11] 郭为忠,于红英. 机械原理[M]. 北京:清华大学出版社,北京交通大学出版社,2010.

[12] 邓宗全,于红英,邹平,等. 机械设计手册——机构设计篇[M]. 6 版. 北京:机械工业出版社,2018.

[13] 于红英,闫辉. 机械设计基础同步辅导与习题解答[M]. 哈尔滨:哈尔滨工业大学出版社,2017.

[14] 陈明,刘福利,于红英. 机械原理学习指导与习题解答[M]. 北京:高等教育出版社,2016.

[15] 王知行,李瑰贤. 机械原理电算程序设计[M]. 哈尔滨:哈尔滨工业大学出版社,1993.

[16] 郑文纬,吴克坚. 机械原理[M]. 7 版. 北京:高等教育出版社,1997.

[17] 申永胜. 机械原理教程[M]. 3 版. 北京:清华大学出版社,2015.

[18] 马履中. 机械原理与设计[M]. 北京:机械工业出版社,2011.

[19] 邹慧君,张春林,李杞仪. 机械原理[M]. 2 版. 北京:高等教育出版社,2006.

[20] 李瑞琴. 机械原理教程[M]. 2 版. 北京:国防工业出版社,2011.

[21] 张策. 机械原理与设计[M]. 2 版. 北京:机械工业出版社,2010.

[22] 崔可维,熊健. 机械原理[M]. 北京:高等教育出版社,2012.

[23] 于靖军. 机械原理[M]. 北京:机械工业出版社,2015.

[24] 黄茂林,秦伟. 机械原理[M]. 北京:机械工业出版社,2010.

[25] 赵卫军. 机械原理[M]. 西安:西安交通大学出版社,2003.

[26] 黄锡恺. 机械原理[M]. 2 版. 北京:高等教育出版社,1958.

[27] 牧野洋. 自动机械机构学[M]. 胡茂松,译. 北京:科学出版社,1980.

[28] 王知行,李瑰贤. 关于滚子直动从动件盘形凸轮基本尺寸的讨论[J]. 机械工程学报,1986,22(4):88-93.

[29] 于红英,唐德威 ,陈照波. 直动从动件盘形凸轮设计辅助教学软件开发[J]. 中国建设教育, 2019,134(6):41-46.

[30] 华大年. 按许用压力角设计最小尺寸摆动从动杆平面凸轮的解析法[J]. 机械工程学报,1982,18(4): 74-79.

[31] 常勇,吴从忻,李延平. 关于《按许用压力角设计最小尺寸摆动从动杆平面凸轮的解析法》一文的两点注记[J]. 黑龙江商学院学报:自然科学版,1989,5(2): 49-54.

[32] 刘远伟,常勇,彭建军. 基于接触强度的最小尺寸凸轮机构设计[J]. 机械设计, 1997,14(10): 10-13.

[33] 朱景梓. 变位齿轮移距系数的选择[M]. 北京: 高等教育出版社,1964.

[34] 王知行. 渐开线齿轮变位系数选择的新方法[J]. 哈尔滨工业大学学报,1978,10(3): 129-147.

[35] 祝毓琥. 机械原理[M]. 北京: 高等教育出版社, 1986.

[36] 华大年. 机械原理[M]. 2 版. 北京: 高等教育出版社, 1994.

[37] 邹慧君. 机械设计原理[M]. 上海: 上海交通大学出版社, 1995.

[38] 曹龙华. 机械原理[M]. 北京: 高等教育出版社, 1985.

[39] 朱友民,江裕金. 机械原理[M]. 重庆: 重庆大学出版社, 1986.

[40] 昂里奥 G. 齿轮的理论与实践[M]. 王兆义,译. 北京: 机械工业出版社,1986.

[41] 张少名. 行星传动[M]. 西安: 陕西科学技术出版社,1988.

[42] 唐锡宽,金德闻. 机械动力学[M]. 北京: 高等教育出版社,1983.

[43] 柯热夫尼柯夫 C H. 机构:上册,下册[M]. 孟宪源,译. 北京: 机械工业出版社, 1981.

[44] 杨廷力. 机械系统基本理论[M]. 北京: 机械工业出版社,1996.

[45] 弗尔梅 J. 连杆机构[M]. 石则昌,译. 北京: 机械工业出版社,1989.

[46] 洪允楣. 机构设计的组合与变异方法[M]. 北京: 机械工业出版社,1982.

[47]《常见机构的原理及应用》编写组. 常见机构的原理及应用[M]. 北京: 机械工业出版社,1978.

[48] 邹慧君. 机械运动方案设计手册[M]. 上海: 上海交通大学出版社,1994.

[49] 孟宪源. 现代机构手册:上册,下册[M]. 北京: 机械工业出版社,1994.

[50]《现代机械传动手册》编辑委员会. 现代机械传动手册[M]. 北京: 机械工业出版社,1995.

[51] 和田忠太. 机构设计的构思[M]. 毕传湖,译. 北京: 机械工业出版社,1986.

[52] ANTHONY E. Machine design[M]. Ohio: A Bell & Howell Company Columbus, 1975 .

[53] SUH C H, RADCLIFFE C W. Kinematics and mechanisms design[M]. New York: John Wiley & Sons Inc, 1978.

[54] 曹惟庆. 连杆机构的分析与综合[M]. 北京:科学出版社,2002.

[55] CHRIS M M, JIMMIE B. CAD CAM from principles to practice[M]. Harlow: Addison Wesley Publishing Company, 1996.
[56] 徐灏. 机械设计手册. 第3卷[M]. 北京：机械工业出版社，1992.
[57] 列维茨卡娅 O H. 机械原理教程[M]. 董师予，译. 北京：人民教育出版社，1981.